전기공사 시공도 보는 법

구로키 노부토모 · 나카무라 아키노리 · 니시 미노루 지음

월간 전기기술편집부 옮김

BM (주)도서출판 성안당

日本 옴사 · 성안당 공동 출간

　이 책은 건축물의 전기설비에 관한 시공도를 그리거나 시공도를 볼 경우에 알아 두지 않으면 안될 기본적인 사항이나 도례(圖例)에 관하여 정리한 것이다.

　시공도를 그리거나 보고 공사를 하는 우리 전기공사 기술자에 있어서 공통되는 고객(유저)은 준공 후, 그 전기설비를 사용하여 운전하고 또한 보수 관리를 하는 사람들이다.

　전기설비도 실제로 유저 입장에서 사용해 보면 수 많은 고충이 있다. 예를 들면 사용하기가 불편하다든가 외벽 관통부에서 물이 스며들 때도 있으며 절연이 저하되고 진동이나 소음이 크다든가 또는 점검이나 보수가 용이하지 못하다는 점 등이 있다.

　이러한 고충이 없는 이른 바, 양호한 전기설비 공사를 하기 위한 가장 중요한 것 중의 하나가 시공도이다. 즉 과거의 실패 예를 되살리어 검토하고 다시는 이러한 고충이 반복되지 않도록 하면서 그것이 관계자에게 용이하게 이해될 수 있도록 표현된 시공도가 작성되지 않으면 안된다.

　시공도는 말 할 것도 없이 공사를 하는 경우의 최종적인 도면, 이른 바 지시서가 되는 것이다. 따라서 가령 설계도에 다소의 문제가 있을 지라도 시공도를 그리는 단계에서 충분히 검토되고 수정되는 것이 고충의 원인이 되는 결함을 없앨 수 있는 제1보인 것이다.

　큰 사고나 고충이 되었던 수 많은 사례를 조사해 보면 개개의 전기 기기의 고장이나 재료의 불량으로 야기된 것보다 건축물과 전기설비의 접점, 즉 설치나 관통부 등의 위치 및 시공법이 적절하지 못했던 것으로 인한 것이 많다. 따라서 이 책에서는 이러한 건축과　전기설비와의 취합 부분의 상세도(detail)에 특히 중점을 두었다. 여기에서 나타낸 상세도는 사고나 고충의 실례에 관하여 그때마다 다양한 각도에서 원인을 구명하고 공법의 개선을 반복해 온 것이기 때문에 현장의 실무에 충분히 도움이 될 것이라 확신하는 바이다.

　건축설비로서의 전기공사의 시공 범위에 관해서, 특히 취합부분의 디테일에 관해서 올바른 시공도를 그리거나 또한 그 시공도가 의도하는 바를 착오없이 이해하기 위해서는 건축에 관한 기본적인 지식이 있어야 한다. 따라서 이 책의 전반에서는 건축용어나 건축도를 보는 방식을 알기 쉽게 실례를 들어 간추린 것으로써 먼저 이것을 충분히 이해하기 바란다. 또한 올바른 시공도에 종합적으로 나타내기 위해서는 전기공사와 건축 등, 다른 공사와의 경계를 명확히 하는 동시에 상호간의 접점이 되는 부분에 관해서 면밀한 타합(打合)과 확인이 불가결한 것으로서 그 요령에 대해서도 많은 지면을 할애하여 알기 쉽게 기술했다.

또한 시공도는 일반적으로 공사가 완료된 상태를 나타내고 있지만 여기에 이르는 작업의 순서나 도중의 포인트가 되는 점이 체크되어 비로소 올바른 공사를 실행할 수 있게 된다. 따라서 모든 시공도 특히 상세도에 관해서 작업순서, 요령 및 체크 포인트를 나타내는 것이 이상적인 것으로서 그 예를 들면 QC 공정도 (확실한 작업을 하기 위한 순서표)를 나타냈기 때문에 각각의 입장에 따라서 활용될 것을 기대하는 바이다.

著者 씀

목　차

1. 우수한 시공도란?

2. 건축도와 설비도를 보는 법

3. 시공도의 작성 순서

4. 시공도를 그리는 법·보는 법

5. 부록

1. 우수한 시공도란?

   시공도는 전기설비를 시공할 때 기기나 배선 등의 수납 및 공사방법의 지시 또는 작업의 순서를 나타내는 역할을 해 내어, 건축주·설계자·현장 담당자의 의도를 현장 기술자에게 전달하는 중요한 수단이 되는 것이다. 따라서 시공도를 그리거나 이해할 수가 없다면 설계도에 표시되고 있는 기본적인 사항이나 의도를 시공에 반영시킬 수 없게 될 우려가 있고 전기설비의 품질도 저하될 수밖에 없다.

1·1 시공도의 필요성

[1] 설계도란?

설계도의 필요 조건은 다음과 같은 것이다.

  ① 건축주 (발주자)의 요구가 올바르게 표현되고 있을 것.
  ② 관공서 등으로 인허가신청·계출(신고)이 될 것.
  ③ 견적을 할 수 있을 것.
  ④ 시공도가 그려질 것.
  ⑤ 관계 법령에 위반되어 있지 않을 것.
  ⑥ 관계 단체 규격에 준할 것.

   설계도는 기본적인 사고방식, 즉 기본이 되는 기기와 배선의 조합 (기본이 되는 시스템)이나 이들의 시방 및 공사의 종류(인입 설비공사, 전등 설비공사 등)를 구체적으로 나타내는 것이다(그림 2·1 참조). 또 설비의 기능이 충분히 발휘되도록 그 기능의 포인트가 약속되어 있는 그림기호 등을 사용하여 시방서 또는 화면상에 표현되는 것이다.

   설계도는 건축주의 요구나 설계자가 의도하는 바를 시공자에게 충분히 전달하여 전기설비의 기능이 완전히 발휘될 수 있도록 명확·적절하게 표시된 것이며, 또한 공사의 시공지침이 되는 것으로 기기·재료의 수량산출, 공수(工數)의 산정 등 공사비의 견적에 중요한 역할을 해 내는 것이기도 하다.

[2] 설계도의 한계

설계도에 설계자가 의도하는 것이나 시공에 관한 사항이 모두 반영되어 시공도 없이도 설계도 그대로 시공하여 트러블, 클레임(claim)없이 시공될 수 있는 것이 이상적이다. 그러나 설계 시점에서는 시간적으로 여유가 없고 또한 기계 기구의 수납, 건축 및 다른 설비와의 취합 등, 세밀한 검토가 이루어지지 않고 있는 것이 일반적이다.

따라서 설계도 그 자체를 실제로 시공하면 조명기구가 다른 설비의 배관에 밀려 수납되지 않거나 하는 등, 상태 불량이나 손을 다시 봐야 하는 작업 등이 발생하여 헛된 비용도 발생하게 된다.

이상과 같은 점에서 설계도에는 한계가 있다는 것을 알 수 있다. 그래서 아래에 설계도의 한계가 발생하는 요인을 간추려 살펴 본다.

(1) 설계도는 단품 생산 (수주생산)이다.

동일한 건물일지라도 그대로 복사하여 사용하는 것이 아니라 설계도를 그 때마다 다시 그려야 한다.

(2) 설계도에는 취합이 이루어져 있지 않다.

설계도를 그리는 시간에 제한이 있어 건축이나 다른 설비와 충분한 취합을 이룰 여유가 없다.

(3) 설계도는 제작도가 아니다.

설계도를 그리는 시점과 시공하는 시점에서는 시간에 큰 격차가 있어, 각각 그 시점에서의 사회 정세,유행 및 건축주의 사고방식(요구)의 변화 등이 있기 때문에 설계 시점에서는 전항의 설계도에서 필요로 하는 조건, 정도의 내용에 그치는 것이 좋은 방도이며 또한 그렇게 하지 않을 수가 없다.

(4) 설계 단계에서는 치밀한 치수의 확인이 이루어지고 있지 않다.

설계 단계에서는 기기 배선 등의 수납은 건물의 구조체·수납되는 위치 등,경제적으로 영향이 큰 것에 대해서 충분히 검토하고, 영향이 작은 것에 대해서는 치밀한 치수에 대한 확인은 하지 않는 것이 일반적이다.

이상과 같이 설계도에는 한계가 있지만 전기설비를 품질관리하는 데에는 다음 공정, 고객선 등으로부터의 클레임을 분석하여 클레임의 발생이 없도록 설계 단계에서 충분히 검토하여 설계에 대처해야만 한다.

[3] 시공도란?

시공도는 설계도에 표현되고 있는 기본적인 사항, 즉 건축주의 요구와 설계자의 의도를 파악하여 설계도에서 부족한 부분 등을 보완하여 시공의 순서나 수납을 도면에 구체적으로 표시한 것이다. 기재의 시방, 설치 위치, 공사의 방법, 설비의 목적과 편리성, 안전성 및 보전의 난이도를 충분히 검토하여 설비가 그 기능을 충분히 발휘할 수 있어야 한다.

따라서 현장 작업자에 있어서 시공도는 작업의 지시서 또는 작업의 순서서의 역할도 해 내는 것이라 할 수 있다. 또한 현장 작업자가 건축이나 다른 설비의 도면을 참조하지 않더라도 필요한 내용을 모두 파악한 다음, 시공에 착수해야 한다.

예를 들면 시공도를 그릴 경우, 대부분이 설계도를 단순히 확대(예를 들면 설계도의 축척이 1/100인 경우, 시공도의 축척을 1/50로 한다)한 것만으로 설계도에 제시되고 있는 기구나 아우트렛(outlet)의 위치를 자(스케일) 등으로 설계도상에서 치수를 계측하여 그 치수를 확대한 도면에 그려 넣어 시공도로서 현장 작업원에게 넘기고 있는 경우를 흔히 볼 수 있는데 이것은 큰 차이가 있다. 이것은 전술한 바와 같이 설계도에 한계가 있기 때문이다.

[4] 설계도와 시공도의 차이

이상적인 설계도는 「설계도 ＝ 시공도」이지만 현상의 설계도에는 전술한 바와 같이 한계가 있기 때문에 전기설비 공사를 시공하여 공사의 품질을 유지해 가는 데에 있어서는 아무래도 시공도가 필요하게 된다. 그래서 현상의 설계도에 표현되고 있는 내용과 시공도에 필요한 내용의 관계를 표 1 · 1에 나타냈다. 이 표로써 현상의 설계도에 표현되고 있는 내용과 시공도에 필요한 내용이 일치되고 있지 않다는 것을 알 수 있을 것이다. 때문에 시공해 가는 데에 있어서는 시공도가 필요하다는 것을 이해할 수 있다.

예를 들면 설계도에는 공사의 방법, 사용 재료, 조명 기구의 배치 방식, 그 설치 대수 및 설치 위치의 표준, 스위치의 설치 개수, 설치 위치의 표준 및 그에 해당하는 범위 또한 분전반의 분기 회로가 차지하는 범위 등이 표시되고 있다. 한편 시공도에는 설계도에 표현되고 있는 내용을 기본으로 하여 건축이나 다른 설비 등과의 취합, 건축주 또는 설계 사무소와의 타합으로써 정해지는 조명 기구의 설치용 인서트(insert)나 스위치 등의 위치 및 치수가 기입되어 있다.

시공도에 의해 비로소 시공해 가는 데 있어서 트러블이 없어진 셈이다.

〈클레임, 취합과 타합, 차공정, 품질관리에 관하여〉
(a) 클레임(Claim ; 하자) 품질 관리에서 말하는 클레임이란 품질상의 트러블만이 아니라 납기, 가격의 거래 조건 등, 무엇인가의 손해에 대하여 객선(客先)이 청

표 1·1 현상의 설계도면과 시공에 필요한 도면

도 면 의 내 용	설계도면	시공도면
취합이 충분히 이루어지고 있다		○
필요한 상세를 알 수 있다	△	○
수납치수가 명확히 되어 있다	×	○
정확한 치수가 기입되어 있다	△	○
보기쉬운 도면이다	○	○
시공상 관련이 있는 것이 여러 매의 도면에 걸쳐있지 않다	△	○
시공해야 할 대상이 되는 것이 명확하게 되어 있다	○	○
시공 순서를 알 수 있다	△	○
관통개소 등의 크기와 위치가 명시되어 있다	△	○
안전상의 배려가 이루어져 있다	×	○
시공에 필요한 사항이 충분히 기록되어 있다	△	○
시공 후의 운전보전을 하기 쉽도록 충분히 고려되고 있다	△	○

[주] ○표시 : 내용이 잘 이루어져 있다.
　　 △표시 : 내용이 이루어지고 있을 때와 이루어지지 않을 때가 있다.
　　 ×표시 : 내용이 이루어져 있지 않다.

부자에 대해 하자를 들어 배상청구를 하는 것이다. 그러나 공사에 있어서 클레임이라 하면 통상, 품질불량에 의한 하자를 총칭하고 있다.

　(b) 취합과 타합　여기에는 다음의 4종류가 있다.

　① 설계상의 취합　건설업은 단품 생산이기 때문에 하나하나의 건물에 대한 조건이 달라진다. 항상 좋은 품질로, 단기에, 값 싸고 안전하게 건물을 완성하기 위해서는 건축주와 건축·전기·공기조절·위생 등의 설계자가 한 곳에 모여 설계상의 여러 문제에 관하여 협의하고 검토하여 상호 납득하는 것이다.

　② 현장 타합　건물을 시공해 가는 데에 관계되는 건축주·설계자·시공 각 관계업종 담당자가 목적에 따라 한 곳에 모여 공사의 순서, 기타의 현장 운영상의 여러 문제에 대하여 상호간에 하자가 발생하지 않도록 충분히 타합하여 검토해 가는 것이다.

　③ 시공도상의 취합　현상의 설계도에는 한계가 있기 때문에 자료·기기의 발주 전, 시공 전에 세밀한 치수, 수납에 관하여 건축·기타의 설비·메이커 등과 타합을 하여 시공의 확인, 잔 손질, 현장에서의 트러블을 미연에 방지하기 위해 실시하는 것이다.

　④ 시공상의 취합　전술한 취합이나 타합을 충분히 하여 그려진 시공도에서도 시

공할 때에 숙련에서 느껴지는 감의 차이, 시공도의 불비(不備) 및 시공 공정의 차이로써 부닥치는 현장에서의 트러블이 있다. 따라서 시공상의 트러블을 방지하는 데에는 시공도에 완전하게 구현화되고 있든가 그렇지 않으면 항상 현장에서 점검 관리하여 트러블을 미연에 방지하기 위해 시공상의 취합을 하는 것이다.

어쨌든 건물을 완성시키기 위해 많은 직종의 사람들이 모여 각각의 설계도에 기초를 두고 시공상의 여러 문제에 관하여 상호간에 타합을 하고 협조로써 해결하여 초기의 목적을 달성해 가는 것이다.

(c) 차공정 기획에서 설계·시공·보전이라는 커다란 공정의 흐름이 있다. 예를 들면 「설계」의 차공정은 「시공」이다. 이와 같이 어느 공정의 바로 뒤의 공정을 차공정이라 한다.

품질의 향상, 클레임의 재발 방지에는

① 시공이나 보전 단계에서 클레임 정보를 기획·설계 등의 원류(源流)의 공정으로 환원해 줄 것.

그림 1·1

② 「차공정은 고객」이라는 생각으로 차공정으로 폐를 끼치지 않는 작업을 할 수 있게 하는 것이 중요하다.

(d) 품질관리(Quality Control ; QC) 품질 관리란 설계도서, 재료 및 설비 등을 사용하는 사람의 요구에 맞도록 우수하고·값이 싸고·빠르게 그리고 안전하게 만들 수 있는 방법과 순서 및 조직의 운영 등, 모든 관리를 하는 것을 말한다. 물품의 질을 Quality, 가격을 Cost, 납기를 Delivery, 안전을 Safety로 하고 그 첫글자를 따서 QCDS를 품질로 하는 경우도 있다.

또한 전사(全社)적으로 품질관리 활동을 실시하는 것을 종합적 품질관리(Total Quality Control ; TQC)라 부르고 있다.

1·2 우수한 시공도란?

[1] 시공도의 불량

어느 전기 공사 회사에서 「현장에서의 잔 손질 공사가 없어지지 않는다」라는 것이기 때문에 그 원인을 조사했던 바 시공도의 미스, 시공 미스, 설계 변경 및 건축 시공 미스로 인해 현장에서의 잔 손질 공사가 발생하고 있다는 것을 알았다. 그래서 이것들의 원인으로 인한 현장에서의 잔 손질 공사가 발생한 건수를 조사하고 원인별로 그룹으로 분류 (이것을 **층별**이라 한다)하여, 그림 1·2와 같은 파레토도(Pareto's chart)로 표현해 보았다.

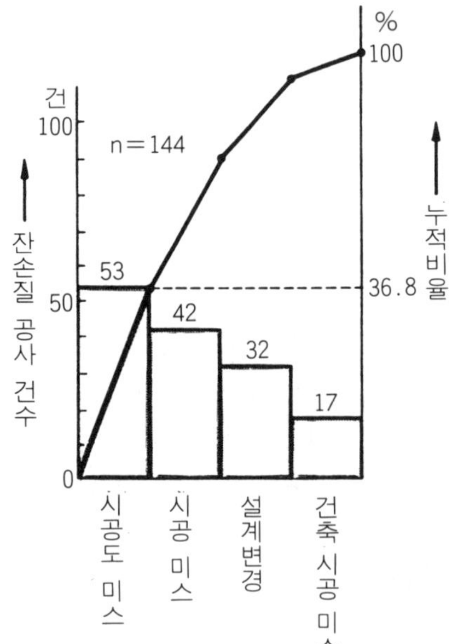

그림 1·2 현장에서의 잔손질 공사 건수의 파레토도

① n : 잔손질 공사의 요인이 되는 총 건수
　　n=53+42+32+17=144
② 그림에 나타난 파레토도를 정리한 데이터를 아래에 나타낸다.

요 인 별	데이터수	누 적 수	누적비율
시공도미스	53	53	36.8%
시 공 미 스	42	53+42=95	65.9%
설 계 변 경	32	95+32+127	88.1%
건축시공미스	17	127+17=144	100.0%
합 계	144	144	100.0%

　이 파레토도에 의하면 시공도 미스에 의한 현장에서의 잔 손질 공사가 가장 많아 53건(36.8%)이나 발생하고 있다는 것을 알 수 있다. 따라서 이 시공도 미스를 저감시키는 것이 현장에서의 잔 손질 공사를 대폭적으로 감소시키는 데에 유효하다. 또한 시공도 미스에 의한 현장에서의 잔 손질 공사에 드는 비용을 조사했던 바, 전기공사 청부금액의 몇%를 차지하고 있어, 이 몇%의 금액은 낭비로써 이 낭비를 감소시킴으로써 이익을 올릴 수 있기 때문에 시공도 미스를 줄이는 것이 대단히 중요한 것이라는 것을 이해할 수 있을 것이다.

　또한 이 시공도 미스는 어떠한 원인으로 발생되고 있는가를 구명하는(이것을 해석이라 한다) 데에 그림 1·3과 같은 **특성 요인도**로 정리한다. 즉「시공도의 불량이 많다」라고 하는 특성(결과)에 대하여 그 요인(원인)을 사람·물건·방법·환경·조직의 5가지 층으로 분류하고 또한 그 원인은 "무엇인가?"라고 하는 결과와 원인의 연결을 명백히 한다.

　이 특성 요인도에 있어서, 결과로서의 불량성이라든가 원인(시공도의 불량이 많다)이 되는 대부분의 요인 가운데 진짜 원인이 되고 있는 것을 줄이면 시공도의 불량이 저감된다.

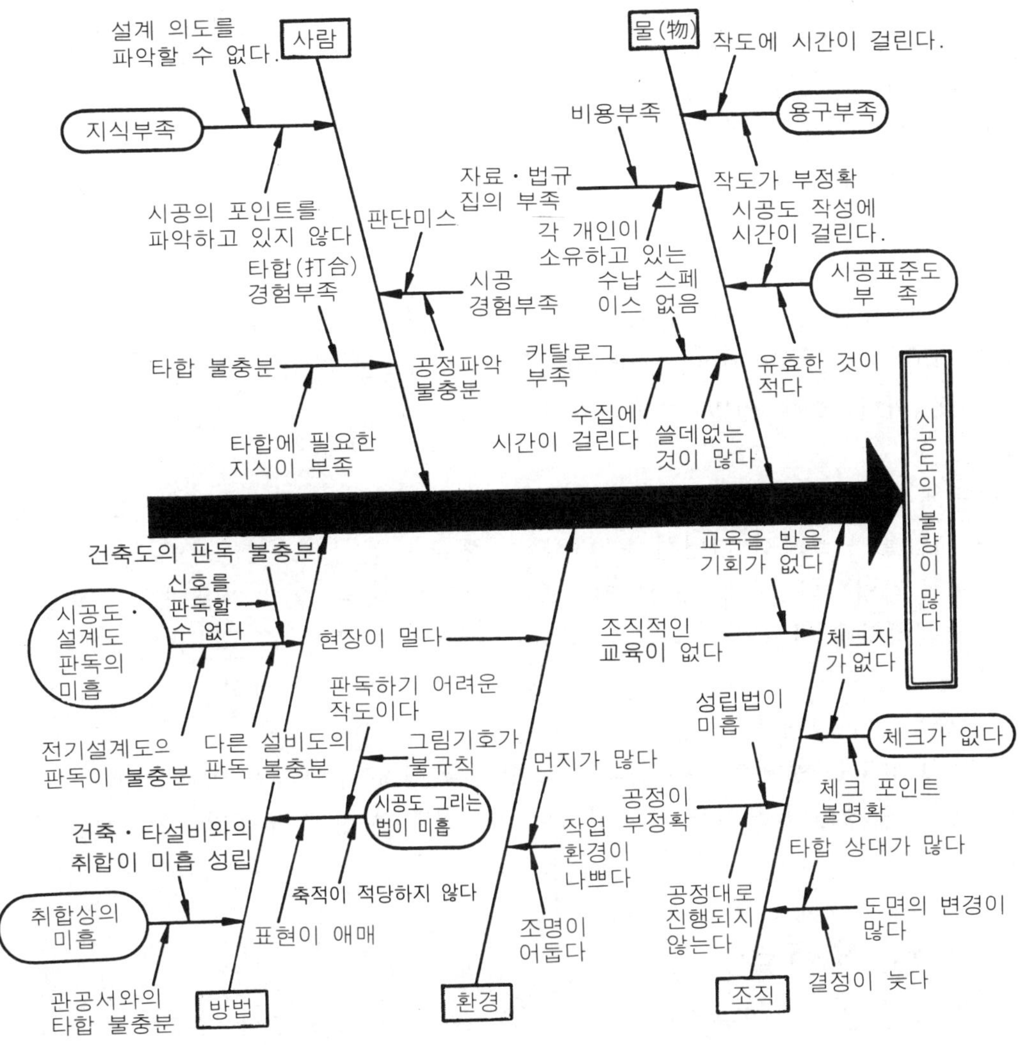

그림 1·3 특성 요인도(시공도의 불량이 많다)

<파레토도와 특성 요인도에 관하여>

(a) 파레토도 사고나 클레임 등의 건수를 조사하고 그것들을 요인별로 분류하여 데이터를 정리해 막대 그래프에 건수가 큰 것부터 순서대로 정리하면, 어느 요인이 가장 크게 작용하고 있는가를 확실히 알 수 있다. 횡축에 요인의 건수가 큰 것부터 순서대로 들고, 종축에는 요인 건수와 요인 건수의 누적 백분율(%)을 들음에 따라 개선 효과를 올리기 위한 원래의 문제점이 이해될 수 있도록 표시하는 것이다 (그림 1·2 참조).

（b）특성 요인도 별명 「魚骨」이라는 호칭으로 잘 알려지고 있는 것으로서, 그 구성과 각 부의 명칭을 그림 1·4에 나타낸다. 이러한 특성 요인도를 그리는 데에는 특성(결과)을 등뼈의 머리로 하고 특성이 일어나는 요인(원인)이 되는 것을 크게 분류하여 그것을 대골(大骨)이라 하여 화살표로 기입한다. 대골은 4~8개가 적당하고 대골의 구분에 있어서는 4M(Man ; 사람, Machine ; 기계 설비, Material ; 재료, Method ; 공법)에 의한 것이 일반적으로 되어 있다.

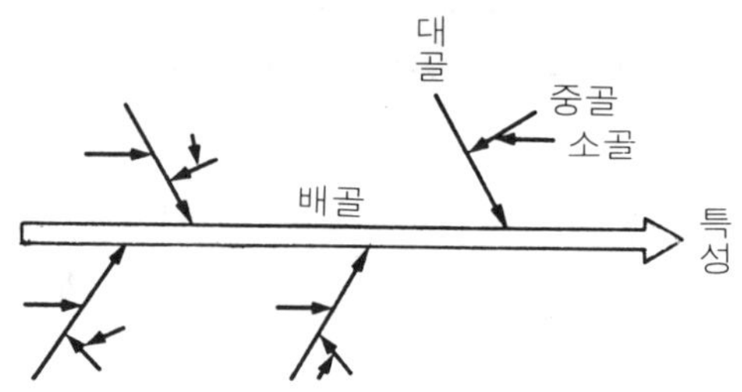

그림 1·4 특성 요인도 각부의 명칭

다음에 중골(中骨)을 기입하는데 대골의 각각에 붙여 이것을 특성으로 그 발생하는 요인을 중골로서 기입한다. 다시 그 중골을 특성으로서 그 발생하는 요인을 소골로서 기입한다. 마지막으로 전체를 체크하여 모든 요인 가운데에서 특성에 가장 크게 영향을 미치고 있다고 생각되는 것을 선정하여 ⬭ 프레임(frame)으로 표시하는 등, 「사실을 잘 보고 생각한다」, 「원인을 철저히 추구하는」 데에 충분히 활용한다(그림 1·3 참조).

특성 요인도는 문제의 사항이나 불량성의 원인을 구명하기 위해 사용하는 것이기 때문에 특성이나 요인도 불량성이나 상태불량 사항을 구체적으로 기입하는 것이 중요하다.

[2] 우수한 시공도란?

전기 설비 공사를 건축공정에 지장없이 진행하여 건축주의 요구를 충족시키고 설계자의 의도를 공사에 반영시켜 트러블이나 클레임이 없는 잔 손질, 조력공 공사가 없는 우량공사를 하는 데에는 시공도가 정확하지 않으면 안되는 것이다. 우수 시공도의 조건으로서는 전항의 그림 1·3에 나타낸 특성 요인도의 불량성이라든가 원인이 없는 것이다.

이것들의 요인을 요약하여 우수 시공도의 조건을 열기(列記)하면 다음과 같다.

① 설계도의 의도가 충분히 표현되고 있다.

② 시방서에 기록되고 있는 사항에서 시공시에 필요한 사항이 시공도에 기입되고 있다.

③ 시공에 관련되는 기계·기구·배선재 등이 명확하게 표현되고 있다.

④ 적정한 축척으로 그려져 있다.

⑤ 시공 구분이 명백하게 알 수 있도록 그려져 있다.

⑥ 설치 위치의 치수가 시공할 때의 기준이 되는 기준심(관통심 등)에서의 치수로 기입되고 있다.

⑦ 표준적인 시공 방법 이외의 경우, 시공 방법의 순서를 알 수 있도록 표현되고 있다.

⑧ 현장 타합 시공도상의 취합이 완전히 이루어지고, 그 결과로써 그려져 있다.

⑨ 직접 관계되는 수납 등, 한 장의 도면에 표현되고 있다.

⑩ 잘 알 수 있고, 이해하기 쉽도록 그려져 있다.

⑪ 도면의 파손, 오점이 없다.

⑫ 그림기호 등의 오류, 치수의 기입 미스 등이 없이 정확하다.

⑬ 시공도 이외로 여타의 설명이 필요없도록 표현되고 있다.

⑭ 시공 전에 완성하여 승인되고 있다.

이상과 같이 우수한 시공도의 조건으로서 많은 것이 있지만, 어쨌든 현장의 작업자에게 잘 알려지는 것이 필요하고 작업자(차공정)의 입장에서 시공도를 그리고 또 건축주·설계자의 요구를 충족시키기 위하여 설계도를 파악·검토하여 충분한 취합을 이루어 시공도에서 기인하는 트러블이나 클레임이 없는 시공도를 그려야 한다.

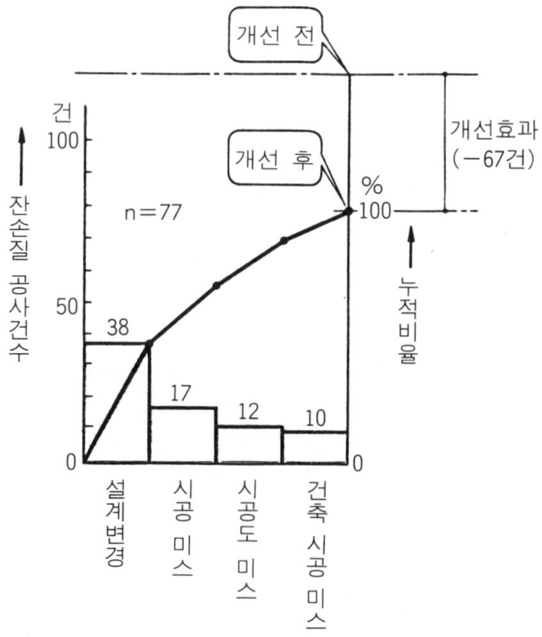

그림 1·5 개선 후의 잔손질 공사건수의 파레토도

　예를 들면 QC 활동의 일환으로 「현장에서의 잔 손질 공사가 없어지지 않는다」 라는 것이기 때문에 그 원인을 조사했던 바, 그림 1·2와 같이 「시공도 미스」로 인한 원인이라는 것을 알았다. 그래서 그 원인을 특성 요인도로써 분석하고 시공도의 불량이 많아지는 원인을 감소시키도록 QC적으로 활동을 했다. 상당 일수가 걸렸지만 재차 「현장에서의 잔 손질 공사」의 건수를 조사하여, 그 데이터를 정리하고 그림 1·5와 같이 파레토도로 나타냈다.

　그것에 의하면 설계 변경에 의한 「현장에서의 잔 손질 공사」가 1위로 되고 시공도 미스에 의한 것이 3위로 되었다. 또 QC 활동의 결과 「현장에서의 잔 손질 공사」가 77에서 67건 (144-77)으로 되어 그 전보다 개선 효과가 있었다는 것을 알 수 있다.

2. 건축도와 설비도를 보는 법

전기설비의 시공도를 그리거나 보고 공사를 진행할 때, 전기설비는 물론 건축 관련 및 다른 설비의 기본이 되는 용어·그림 기호를 이해하는 것이 전제 조건이 된다. 또 건축도·설비도에는 어떠한 것이 있고, 그것들을 시공도를 그릴 때에 어떻게 이용하는가를 알아야 한다.

2·1 전기설비도의 그림기호

전기설비의 시공도를 그리거나 보는 데에 필요한 그림기호는 옥내 배선용 그림 기호 (JIS C 0303), 전기용 그림기호 (JIS C 0301) 및 자동제어 기구번호(JEM-1090)이다.

[1] 옥내 배선용 그림기호

설계도의 범례에 옥내 배선용 그림기호가 기재되고 그 그림기호로써 배선 설계 도가 그려지고 있다. 이 배선용 그림기호는 설계도·시공도를 그리는 데 있어서의 약속사항으로 되어 있고, 이 약속을 결정해 놓음으로써 표준화가 이루어지며 전기 전문가라면 도면에 그려진 그림기호로써 배선도의 내용을 이해할 수 있다.

예를 들면 만약 이러한 약속사항을 결정해 놓지 않는다고 한다면 설계도나 시공 도를 그릴 때마다 도면에 표시하는 기호 등, 새롭게 약속사항을 설정하고 또 보는 사람에 있어서도 그 때마다 설정된 약속사항을 이해하지 못하면 대단한 시간과 노 력을 허비하게 된다.

옥내 배선용 그림기호(권말 참조)를 보는 것만으로는 이해하기가 어려우므로 그림 2·1의 전등 설비 설계도 예를 기초로 설명한다. 범례는 옥내 배선용 그림 기호로 표시되고 있다.

<배선> 설계도에서는 전등 분전반 (그림기호 ◣)을 EPS (전기 파이프 스 페이스)에 설치하고 금속관 배선공사(—#— $5.5^\square(25)$ —#—# $2.0(25)$ —#— $2.0(19)$ 등의 그림기호)로

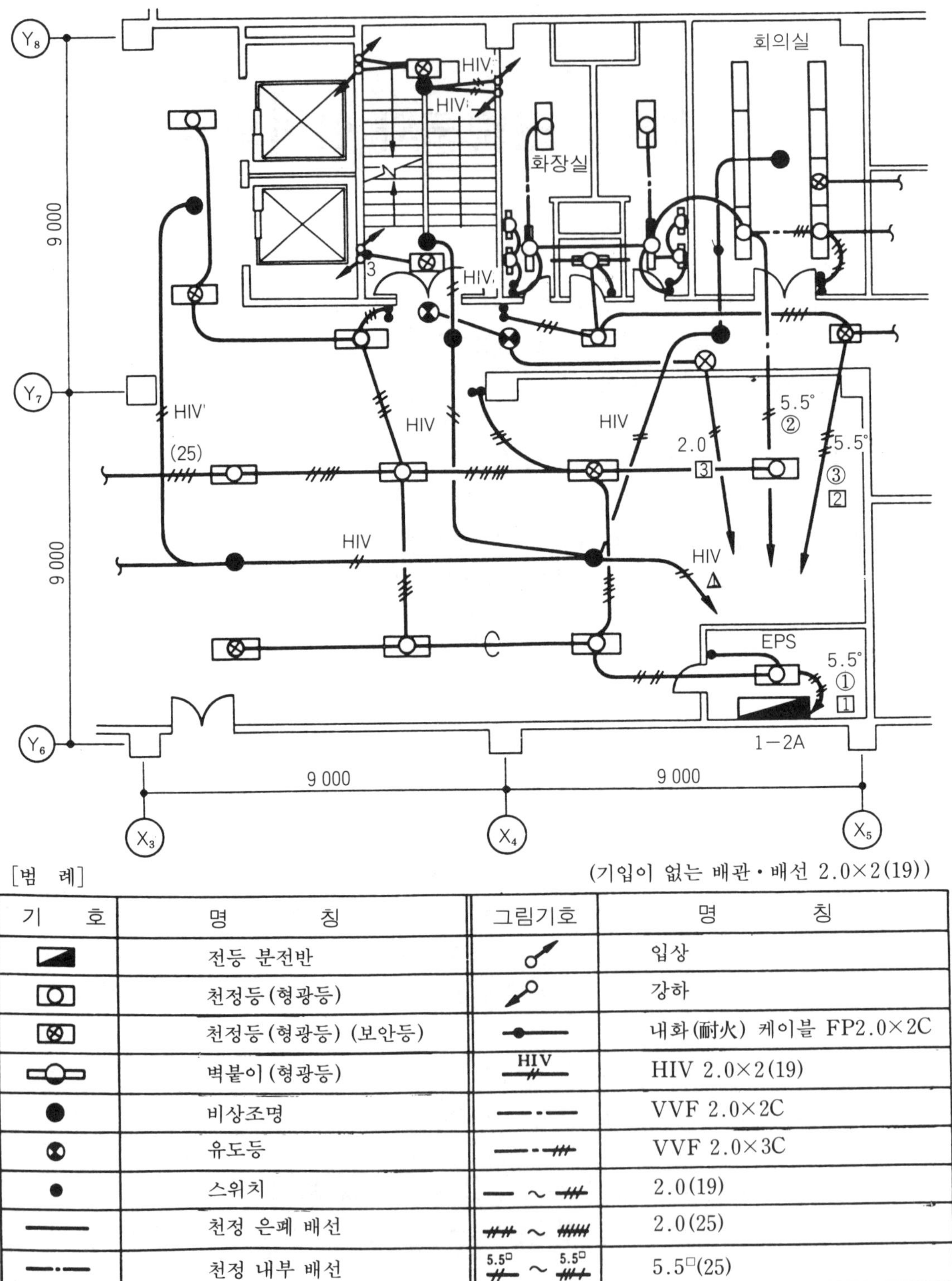

[범 례]

(기입이 없는 배관·배선 2.0×2(19))

기 호	명 칭	그림기호	명 칭
◢	전등 분전반	⟋	입상
▣	천정등 (형광등)	⟍	강하
⊗	천정등 (형광등) (보안등)	●	내화(耐火) 케이블 FP2.0×2C
⟷	벽붙이 (형광등)	HIV	HIV 2.0×2(19)
●	비상조명	—·—	VVF 2.0×2C
⊗	유도등	—·⫫	VVF 2.0×3C
•	스위치	— ∼ ⫫	2.0(19)
——	천정 은폐 배선	⫫ ∼ ⫯	2.0(25)
—·—	천정 내부 배선	5.5□ ∼ 5.5□	5.5□(25)

그림 2·1 설계도의 예

천정 은폐 배선 또는 천정 속 내부 배선을 하여, 각 조명 기구에 전원을 공급하고 있다. 이때의 금속관의 규격은 박강(薄鋼) 전선관의 19mm∅,　25mm∅이고, 전선은 2.0mm∅,　5.5mm²(5.5□)의 규격인 것을 사용한다는 것을 알 수 있다. 금속관 내에 수납되는 전선의 개수는 ──╫── , ─╫─╫─ 의 그림기호로써 표시되고 ──╫── 의 경우는 2개, ─╫─╫─ 의 경우는 4개의 개수가 각각의 금속관 내에 수납되는 개수이다.

　설계도 범례의 주의 사항에 제시되고 있는 바와 같이 금속관의 규격, 금속관에 수납되는 전선의 규격 및 개수의 기입이 없는 것은 금속관 (19)로, 그것에 2.0mm∅ 의 전선을 2개 수납하게 되는 것이다. 이와 같이 설계도 가운데에서 가장 많이 사용되는 전선관의 종류·규격, 전선의 종류·규격을 주의사항에 명기하고 도면에는 그것들의 종류·규격·개수를 기입하지 않는 것이 일반적이다. 이것은 그것들의 종류·규격·개수를 그 때마다 도면에 기입한다면, 기입하는 시간이 낭비가 되고 또 도면이 번잡하게 되어 알아보기 어렵기 때문이다.

　＜전등＞ □─○─ , □─⊗─ 로 되는 그림기호는 형광등으로서 그 설치 방향, 설치 대수, 조명 기구의 종류 등을 알 수 있다. 램프의 W(와트) 수, 개수, 조명 기구의 매입, 직결 등을 별개로 하고 개략 시방은 조명기구 자세도에 제시되고 있는 것이 일반적이기 때문에 이것을 참조한다. 또 □─⊗─ 은 보안등(건축 기준법이나 소방법 에 의하지 않는)으로서 분전반의 결선도를 참조함으로써 공급 전원의 전환방식을 알 수 있다. ═○═은 벽부착형 형광등이다.

　◉은 유도등 (소방법에 의한 것)을 표현하고 있으며, 그 크기 (대형, 중형, 소형 등), 비상 전원 내장의 유무 및 설치방식은 조명 기구 자세도에 제시되고 통로 유도 등은 적절히 피난 방향을 나타내는 화살표로 표시된다. ●은 비상 조명(건축 기준 법에 의한 것)을 나타내고 와트 수, 기구의 형, 비상 전원 내장·별도 설치의 유무 는 조명 기구 자세도에 표시되고 있다. ●은 스위치를 나타내어 1P(단극)의 10A 라는 것을 알 수 있다(10A는 표기하지 않는다.). ●₃은 3로(路) 스위치를 나타내고 3로(路)의 10A라는 것을 알 수 있다.

[2] 전기용 그림기호

　전기용 그림기호(권말 참조)는 수변전설비의 단선 접속도·복선 접속도, 전등 분전반이나 동력반의 내부 접속도 등에 사용되어 기기·계기 등의 전기 접속 관계 를 나타내는 것이다. 전력의 흐름이나 반(盤)의 규모, 전동기의 시동 방식 등을 알 아내는 데에 필요하다.

[3] 자동제어 기구번호

자동제어 기구번호(권말 참조)는 전력 관계에 사용되는 기기·장치를 1~99까지의 숫자 및 보조 알파벳으로 나타낸 것으로서 그 번호를 기입함으로써 도면의 간소화를 도모하는 것이다. 이것은 단선 접속도나 전개 접속도에 많이 적용되고 있다.

예를 들면 단선 접속도의 52라는 번호가 있다면 교류 차단기를 표시하고, 그것을 다른 교류 차단기와 구별하고 싶을 때, 피더(간선)라면 52F라 기입한다.

[4] 시공도에서 사용하는 그림기호를 보는 법

시공도는 전술한 JIS에 의한 그림기호 외에 기기·배선재의 모양을 적당히 축척하여 도면상에 표시한다. 그러나 현장에서의 시공상 구별하고 싶을 경우라든가, JIS에 의한 그림기호, 기기·배선재의 모양으로 표현하기가 곤란한 경우가 있다.

예를 들면 시공상의 구별로서 같은 천정 배선일지라도 천정 속 내부 배선과 천정 은폐 배선과의 구분점을 맹백히 하고 싶을 경우는, ——┼—— 과 같이 구분점을 명시한다. 또 조명 기구를 지지하기 위한 인서트의 표시 및 위치에 관해서는 ＋인 기호를 사용한다. 이것들의 그림기호를 사용한 예를 그림 2·2에 나타낸다.

2·2 건축도의 구성

전기설비는 설비 가운데에서도 가장 광범위하고 밀접하게 건축에 관련되고 있기 때문에 건축의 기초가 되는 지식이 꼭 필요하게 된다.

[1] 건축도의 구성

전기설비와 마찬가지로 건축도에도 설계도와 시공도가 있다. 설계도는 건축주의 요구를 충분히 가미하여 설계자의 설계 의도를 전달하는 것이고 시공도는 설계자의 의도를 충분히 음미하여 그것을 시공자의 입장에서 수정하여 표현하고 개선한 것이다.

건축 설계도서를 크게 분류하면 다음과 같다.

- ●의장 설계도서(의장 설계도 ＋ 시방서)
- ●구조 설계도서(구조 설계도 ＋ 계산서 ＋ 시방서)

[2] 의장 설계도

의장(意匠) 설계도는 건물 완성 후의 기능·의장의 상태를 나타낸 것으로서 설

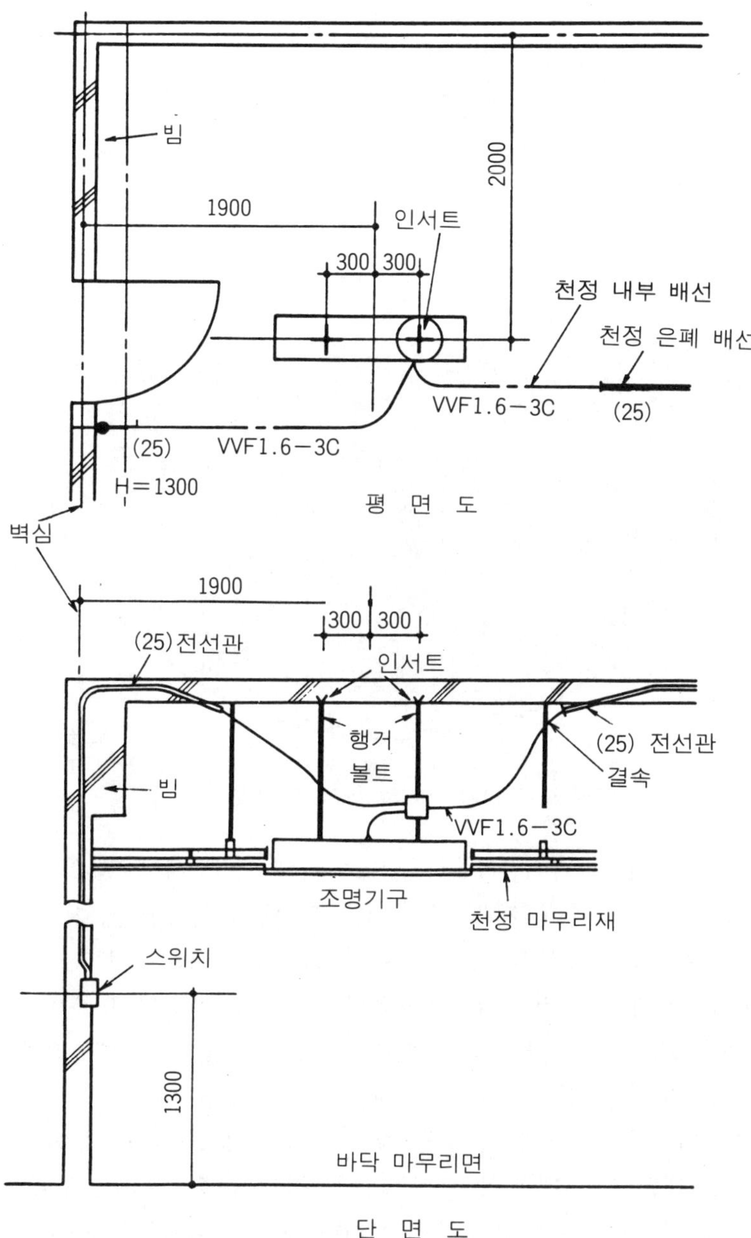

그림 2·2 시공도에서 사용하는 그림 기호를 사용한 예

계자가 생각하고 있는 건축과 같은 것을 보는 사람의 머리 속에 그려낼 수 있도록 하는 것을 목적으로 한 것이다.

(a) 안내도　건축 현장 부근의 주요 도로·목표 건물·건물의 개략적인 형상 등을 알기 쉽게 나타낸 것이다.

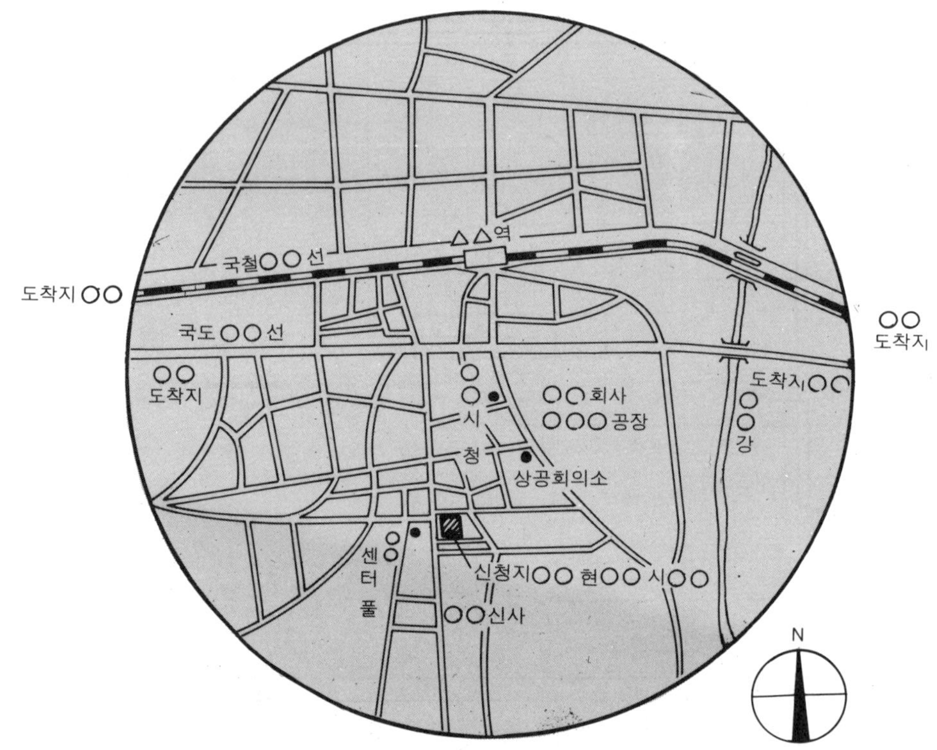

그림 2·3 안내도의 예 (S=1 : 20000)

　그림 2·3은 관공서, 전력 회사, NTT 등으로 신고를 할 때에 필요하다.

　(b) 배치도　부지 경계선과 경계선 내의 건물의 배치, 문·담장, 도로의 위치, 너비(폭) 등, 부지 내의 모든 시설을 명기하여 각각의 관계 위치 치수를 표시한 것으로서 반드시 올바른 방위를 나타낸다. 축척은 1/100~1/300이 보통이다.

　(c) 평면도　건물 각 층의 상면(床面)에서 약 1m의 높이로 수평으로 절단하여 이것을 위에서 보고 도시한 것으로서 방의 배치, 각 실(室)의 용도, 기둥·벽·창·출입구·방화문 등의 위치를 나타내고, 또한 방화 구획·방연 구획 등까지도 명기한 것이다. 평면도는 설계도 가운데에서도 가장 기본적인 것으로서 설계자의 의도, 방침이 충분히 담겨져 있다. 축척은 1/50~1/200이 보통이다(그림 2·4).

　(d) 입면도　건물의 정면·측면·뒷면의 계 4면의 외관을 표현하고 건물의 높이, 창·출입구 등의 개구부의 위치, 외벽의 마무리, 지붕의 형상 등을 입면으로 하여 의장적으로 표현한 것이다. 축척은 1/50~1/200이 보통이다.

　(e) 단면도　건물의 주요한 부분을 수직으로 절단하여 그 후방에서 보이는 것을 표현한 것으로서 이 경우, 어느 단면을 표현하고 있는가는 평면도에 기입되고 있다. 축척은 1/50~1/200이 보통이다.

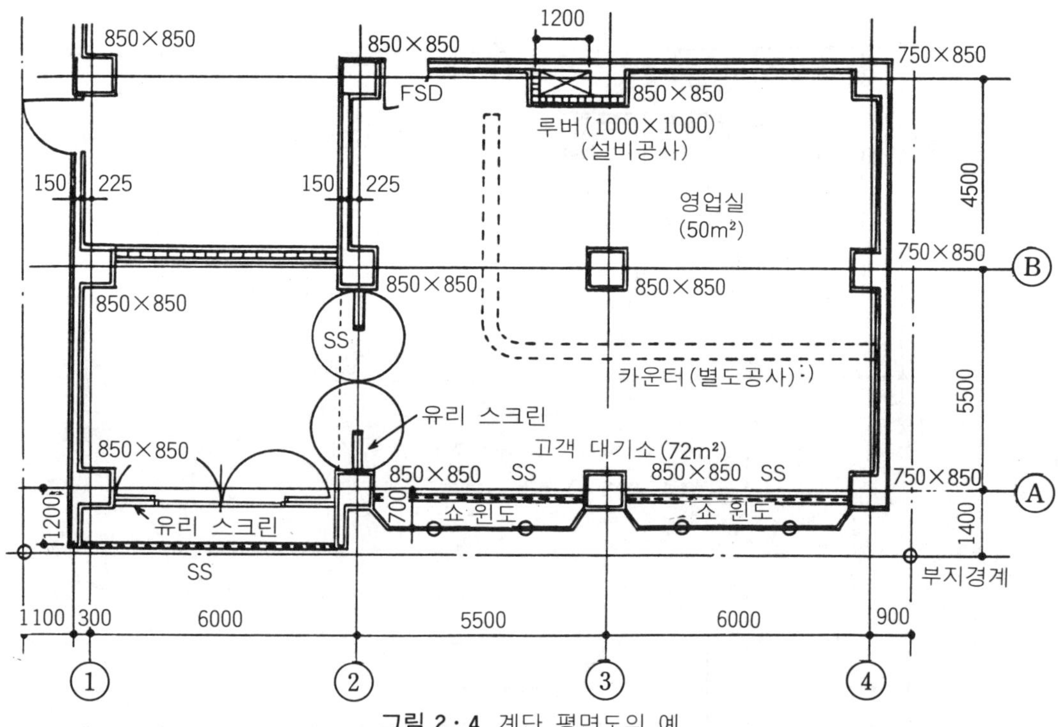

그림 2·4 계단 평면도의 예

　(f) 단면 상세도　상세도의 일종으로서 건축물 전체 가운데에서 주요한 부분이 되는 각 부분의 높이(층 높이, 천정·창·징두리(허리)·바닥 등의 높이) 및 천정 속, 내부 구조, 각종 마무리 등을 명확히 나타낸 것이다. 축척은 1/20, 1/50이 보통이다.

　(g) 각 부의 상세도　시공에 필요한 요소 요소의 부분 상세도로서 주로 화장실, 부엌, 계단 등의 각 부분의 상세를 나타낸 것이다. 축척은 1/20, 1/50이 보통이다.

　(h) 전개도　각 실마다의 벽면 모양을 나타낸 것으로서 실내 4주의 벽면을 전개 시켜 표시한 도면으로 실내의 디자인, 창·출입구·일용품 등의 배치 형상을 나타 내고 실내의 공간 구성을 이것으로 표현하고 있다. 축척은 1/20, 1/50이 보통이다(그림 2·5).

　(i) 천정 평면도　천정면을 위에서 투시한 상태를 평면으로 표현한 것으로서 천정의 재료·형·배치를 나타내고 또한 천정면에 설치되는 기구(조명 기구, 흡출구, 배출구, 스프링 쿨러, 스피커, 감지기, 점검구 등)의 상호 배치를 표시한 것이다. 축척은 1/20, 1/50, 1/100이 보통이다(그림 2·6).

　(j) 마무리표　건물의 외부와 내부의 마무리를 일람표로 표현한 것으로서 외부

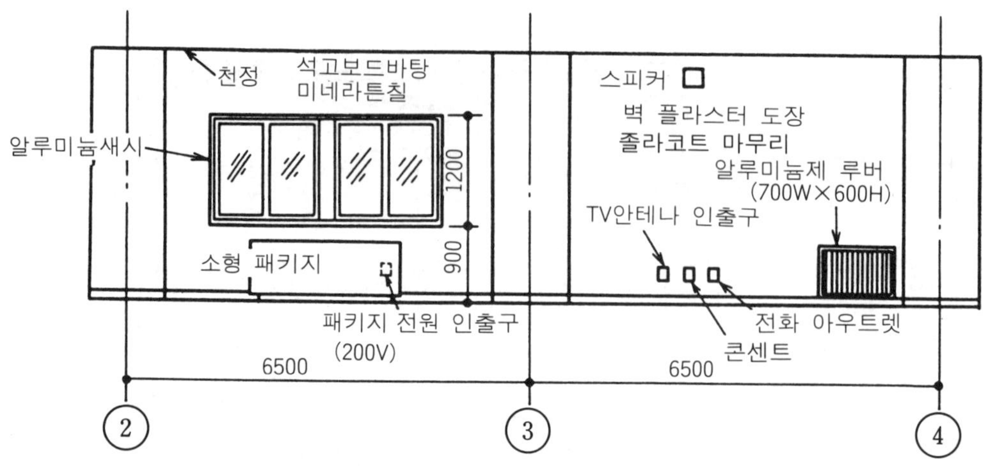

그림 2·5 전개도 일부분의 예

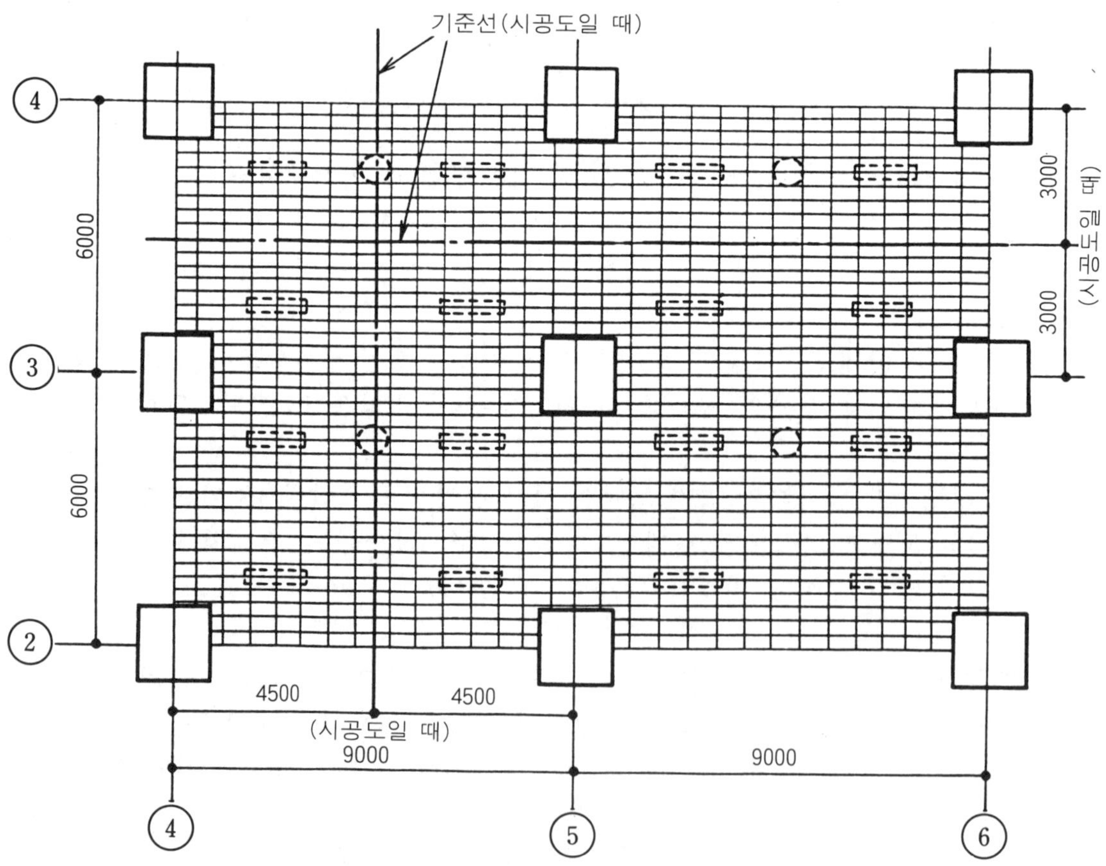

그림 2·6 천정 평면도의 예

의 마무리는 벽·창주위·덮개·지붕 등의 마무리 방법, 마무리재(材)에 관해서
이입하여 내부의 마무리는 각 층 각 실별로, 마루·나무폭·벽·창·출입구·천정
의 마무리 방법, 마무리재를 나타내고 있다.

(k) 건구표　출입구·창·문짝 등의 새시(sach), 건구(建具)의 치수·구조·수량
을 나타낸 일람표로써 새시, 건구 프레임 내의 치수도 당연히 기입되고 있다.

[3] 구조 설계도

구조 설계도는 그 건물의 구조에 대하여 구조 계산을 바탕으로 지진력·풍압력
등에 의한 체크를 하고, 안전성을 확보하기 위해 필요한 골조의 방법이나 주요한
구성부재의 평면, 단면 등을 나타낸 것이다.

(a) 빔 평면도　빔 평면도는 의장 설계도의 평면도에 해당하는 것이다. 건물의
빔 구성을 표현한 것으로서 기둥·빔·바닥으로 분류 부호를 붙여 주요 치수를 기입
하고 상세 치수는 각각의 리스트와 대조함으로써 알 수 있게 되어 있다.

일반적인 바닥 외에 기초의 종류와 위치를 표현하는 기초 평면도, 지붕면의 종
류와 위치를 표현하는 지붕 평면도가 있다.

(b) 구체도　구체도란 의장 설계도의 입면도에 해당하는 것으로서 건물의 높이,
층 높이, 기둥·빔의 종류와 위치를 표시한 것이다.

(c) 구조 단면 상세도　구조 단면상세도는 의장 설계도의 단면 상세도에 해당하
는 것으로서 건물의 기본이 되는 구조의 구성을 표현한 것이다.

(d) 구조 상세도　구조 상세도는 상기의평면도,단면상세도에서표현되지않는 부
분을 표현한 것이다. 일반적으로는 철근의 종류, 배근 상태의 부분 상세를 나타낸다.

(e) 구조 계산서　구조 계산서는 건축 기준법의 확인 신청을 할 때에 제출하는
것으로서 지진력·풍압력·적설에 의한 하중에 견딜 수 있는가를 나타낸 것이다.

[4] 시방서

시방서에는 표준 시방서와 특기 시방서가 있다.

표준 시방서는 공통(일반) 시방서라고도 하며 대부분의 건물에 공통되는 사항에
관해서 정해진 것으로서, 각 관공서, 설계 사무소 등, 각자 독자적인 시방을 정하
고 있다.

특기 시방서는 표준 시방서를 보완하여 그 공사에 특유한 설계 내용, 시공 조건,
품질 등의 시방을 나타낸 것이다.

어느 것이나 공사의 품질을 유지하기 위해 공사 방법, 사용 재료, 기기의 시방,

기술적인 기준을 주로 문장으로 표현한 것이다.

[5] 건축 시공도

건축공사도 예외없이 설계도 만으로는 완전한 공사를 할 수 없기 때문에 공사를 실제로 시공하는 현장 작업원이 쉽사리 이해할 수 있도록 수납 치수, 상세한 지시, 작업 순서, 주의 사항을 시공도에 나타내야 한다.

건축공사의 경우는 공사업자도 세분화·전문화되고 있어 각 업종마다 공법도 달라지고 있기 때문에 그 전용의 시공도도 필요하게 되는 것이 전기설비의 시공도와 다른 점이다. 이것은 단적으로 말해서 건축공사가 얼마나 큰 일인가를 말해주고 있다.

또 시공도는 공사 공정의 흐름에 따라서 작성되고 있어 취합 등에 불비점이 발생했을 경우, 즉시 수정하여 현장 담당자나 현장 작업자에게 전달하고 있다.

아래에 대략적으로 건축의 시공도를 들어 설명한다.

(a) 슬리브도, 함입도　빔, 벽, 바닥에 구멍 뚫기를 할 경우(슬리브는 원형에 구멍을 뚫는 것으로서 보이드 등을 이용하여 콘크리트 타설 전에 설치한다. 함입(函入)은 4각형에 구멍을 뚫는 것으로서 목재의 함을 사용하여 콘크리트 타설 전에 설치한다), 건물의 구조상의 강도에 영향을 주기 때문에 건축·설비에서 필요로

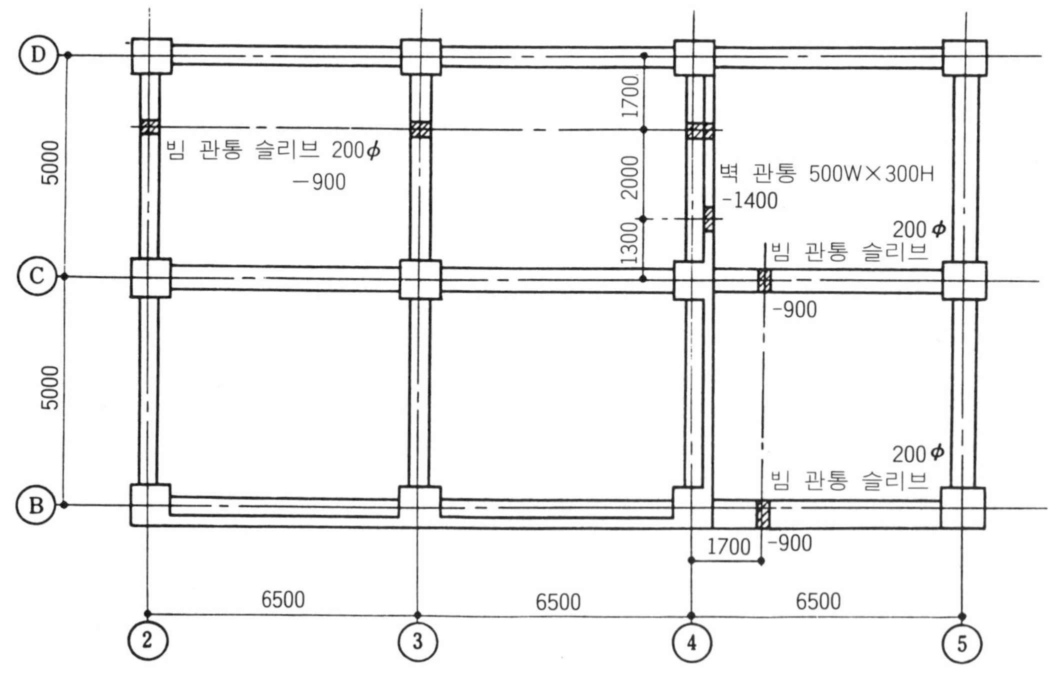

그림 2·7 슬리브 함입도의 예

하는 최소한의 관통 개소, 치수를 기입한 것이다(그림 2·7).

(b) 평면도, 기초 평면도　공사를 착수한 다음 즉시 작성하는 것으로 설계도·마무리표·시방서·구조도를 기초로 하여 평면도에 나타낸 것으로 일반적으로 설계도 보다 큰 축척을 사용하고 있다.

평면도는 해당하는 층을 바로 위에서 내려다보았을 때의 각 부분의 치수, 수납, 마무리를 명기하고 그것들의 관계 위치를 명백하게 한 것이다(그림 2·8).

기초 평면도는 건물의 기초를 바로 위에서 내려다보았을 때의 기초 기둥, 빔의 치수, 수납, 그 위에 실리는 기둥 벽을 명기하고 그것들의 관계 위치를 명백히 해 놓은 것이다.

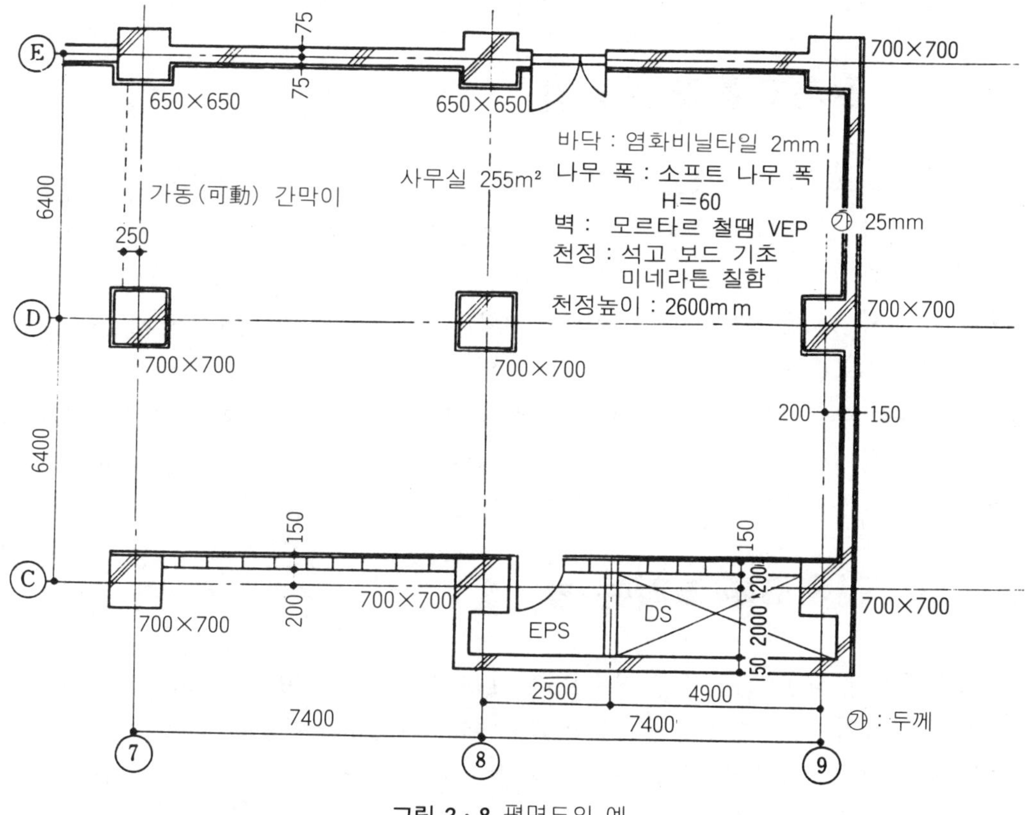

그림 2·8 평면도의 예

(c) 구조 구체도　일반적으로 콘크리트 몰드나 철근공사 등을 위하여 작성하는 것으로서 구조체와 마무리와의 관계를 고려하면서 구조체만의 치수를 평면과 단면으로 표현한 것이다. 이 도면은 빔·기둥·벽의 크기와 위치 및 바닥의 두께와 위치를 나타낸 것이다.

(d) 배치도　마무리도의 일부로써 타일공사, 석공사 및 콘크리트 블록 공사 등

의 시공순서와 어떠한 크기의 재료를 어느 위치에서 설치해 갈 것인가를 나타낸 것이다.

(e) 천정 평면도 이것은 상기 배치도와 같은 것인데 배치도는 벽면에 대한 것이고, 천정 평면도는 천정에 대한 것이다. 이것도 어떠한 크기의 재료를 어느 위치에서 설치해 갈 것인가를 나타낸 것이다.

그림 2·6에 배치하기 위한 기준선 및 치수가 기입되어 있다.

(f) 설치 상세도 이것은 셔터, 새시 등, 공장 제작인 것의 설치방법을 나타낸 것이다.

(g) 제작도 이것은 실제로 공장에서 제작할 때에 필요한 사항을 그림으로 표현한 것으로서 수주자가 승인을 얻기 위한 도면이기도 하다.

2·3 건축도를 보는 방법

전술한 바와 같이 건축도에는 대단히 많은 종류가 있지만 각각의 도면의 사용목적에 따라 표시 방법이 기호화되고 있다. 건축도는 이것들의 표시기호를 기초로 하여 도면화되고 있는 것이 일반적이기 때문에 건축도를 볼 때는 이것들의 표시기호를 기억해 둘 필요가 있다. 그림 2·9에 평면 표시 기호, 그림 2·10에 재료 구조 표시 기호를 나타낸다.

건축도를 보는 방법을 전반에 걸쳐 설명한다는 것은 지면 관계상 곤란하기 때문에 전기설비의 시공도를 그릴 때에 결정하지 않으면 안될 사항에 대하여 어떤 건축도를 참조해야 할 것인가를 정리하여 표 2·1에 나타낸다.

2·4 건축도를 그리는 법

전기설비의 시공도는 먼저 건축도를 그리면서부터 시작된다. 시공도는 치수선이 많이 기입되기 때문에 도면을 보기 쉽게 하기 위하여 건축도는 가는 선으로, 전기도는 굵은 선으로 그리면 대비가 명확해지고 전기설비의 시공도로서 대단히 보기 쉬운 도면이 된다(표 3·5 참조).

[1] 구조 구체도를 참조하면서 건축도를 그리는 방법

건축도는 건축의 기본 기둥인 관통심(시공할 경우의 기준선이 되는 것 ; 그림 2·6 참조), 벽심이 기준으로 되고 있다.

그리는 순서는 다음과 같다(그림 2·32).

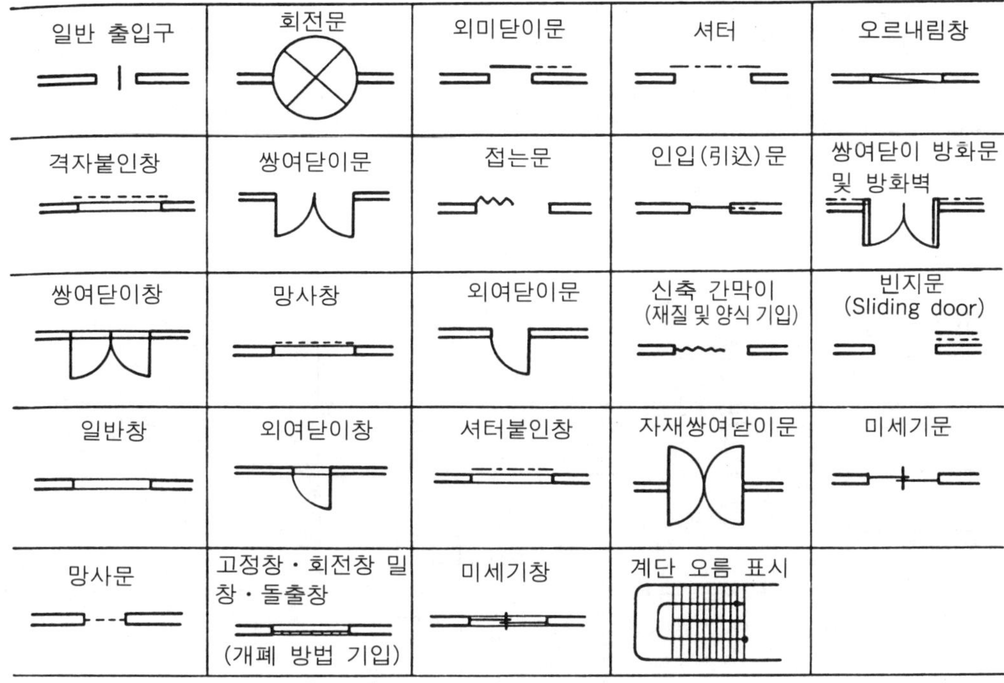

그림 2·9 평면 표시 기호

① 축척을 결정한다(표 3·8 참조).

② 건축도의 기준선인 관통심, 벽심을 그린다. 이 관통심, 벽심은 스위치, 콘센트 등의 관통심, 벽심에서의 어프로치 치수를 그려 넣을 때에 중요하기 때문에 가는 실선(實線), 또는 1점 쇄선으로 확실하게 그린다.

③ 구체인 기둥·벽·빔을 기입한다. 기둥·벽·빔의 치수는 구조 구체도에 치수가 제시되고 있기 때문에 그 치수를 ①에서 결정한 축척으로 고치고 필요한 개소만 기입한다.

구체벽에 출입구 등의 새시가 있을 경우에는 그 개폐 방향도 기입한다. 이것은 스위치나 콘센트 등의 위치에 영향을 미치기 때문이다.

④ 블록 벽, 가동(可動) 간막이 등을 그려 넣는다. 출입구 문짝의 개폐 방향도 기입한다.

⑤ 치수선을 기입하고 치수를 그려 넣는다. 이 때의 치수는 mm 단위로 표시하는 것이 일반적이다.

그리는 순서를 보면 건축공사 작업공정에는 거의 일치하고 있다는 것을 알 수 있다. 이 그리는 방법은 부분 상세도, 변전 설비도, 간선 등의 시공도를 그릴 때에 필요하게 된다.

축척 정도별에 의한 구분 / 표시사항	축척 $\frac{1}{100}$ 또는 $\frac{1}{200}$ 정도의 경우	축척 $\frac{1}{20}$ 또는 $\frac{1}{50}$ 정도의경우 (축척 $\frac{1}{100}$ 또는 $\frac{1}{200}$ 정도의경우라도 이용가능)	현치수 및 축척 $\frac{1}{2}$ 또는 $\frac{1}{5}$ 정도의 경우 (축척 $\frac{1}{20}$, $\frac{1}{50}$, $\frac{1}{100}$ 또는 $\frac{1}{200}$ 정도의 경우도 사용가능)
일반 벽			
콘크리트 및 철근 콘크리트			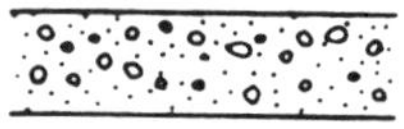
일반 경량벽			
보통 블록벽		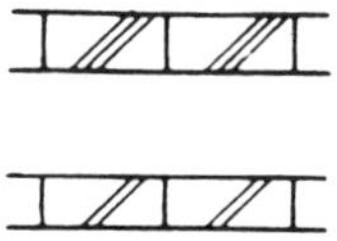	실형을 그리고 재료명을 기입
철 골			
목재 및 목조벽	심벽조 평기둥, 반쪽 기둥 통제 기둥  심벽조  평벽조 평기둥, 간주, 통재기둥 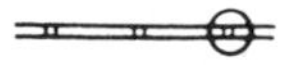 (기둥을 구별하지 않는 경우) 	화장재 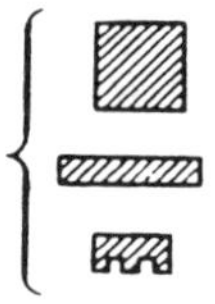 구조재  보조구조재 	  화장재 (나무의 나이테 또는 나무결을 기입)  구조재  보조구조재  합 판
지 반			

그림 2 · 10 재료

표시사항 ＼ 축척 정도별에 의한 구분	축척 $\frac{1}{100}$ 또는 $\frac{1}{200}$ 정도의 경우	축척 $\frac{1}{20}$ 또는 $\frac{1}{50}$ 정도의 경우 (축척 $\frac{1}{100}$ 또는 $\frac{1}{200}$ 정도의 경우라도 사용가능)	현치수 및 축척 $\frac{1}{2}$ 또는 $\frac{1}{5}$ 정도의 경우 (축척 $\frac{1}{20}$, $\frac{1}{50}$, $\frac{1}{100}$ 또는 $\frac{1}{200}$ 정도의 경우에도 사용 가능)
잡 석			
자갈, 모래		재료명을 기입	 재료명을 기입
석재 또는 모조석		 석재명 또는 모조석 이름을 기입	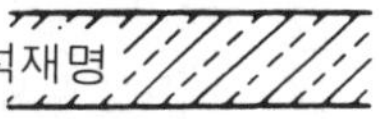 석재명 또는 모조석 이름을 기입
모르타르 마감		 재료명 및 마무리의 종류를 기입	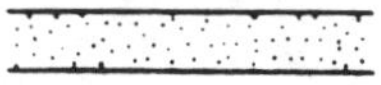 재료명 및 마무리의 종류를 기입
자리(다다미)			
보온흡음재		 재료명을 기입	 재료명을 기입
망(網)		재료명을 기입	메탈라스의 경우  / 와이어라스의 경우  / 리브라스의 경우 
판유리(2중 유리)			
타일 또는 테라코타		재료명을 기입 / 재료명을 기입	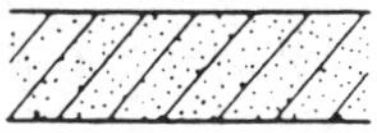
기타의 재료		윤곽을 그리고 재료명을 기입	윤곽 또는 실형을 그리고 재료명을 기입

구조 표시 기호

표 2·1 시공도 작성시에 결정해야 할

건 축 도			의 장(意匠) 설 계 도							
			배치도	평면도	입면도	단면도	단면 상세도	상세도	전개도	천정 평면도
인입관계	지중	① 옥외 매입 인입관 경로의 결정 (장외물의 유무, 타설비의 배치 위치의 조사)	●	○		○				
		② 인입관, 또는 슬리브관 길이의 결정		○						
		③ 인입관 토관의 결정				○	○			
		④ 인입관 통과심에서의 어프로치 치수의 결정		○		○	○			
		⑤ 핸드 홀 설치의 가부	●	○						
		⑥ 핸드 홀 건물에서의 위치의 결정	●	○						
	지중	① 옥외 가공선 경로의 결정	●	○						
		② 인입용 훅 설치 위치의 결정 및 슬리브 길이의 결정		○		○				
		③ 인입선 통과심에서의 어프로치 치수 결정		○		○				
		④ 인입선의 지상에서의 높이 결정			○	●				
수변전·자가발전·축전지	실내	① 실내의 유효 스페이스, 문짝의 치수, 열림 상태		○		○				○
		② 중량기기의 설치 장소의 결정		○		○				
		③ 실내의 유효 높이의 조사				○	○			
		④ 기초 높이, 채널 베이스의 설치		○		○				
		⑤ 배선 방법의 결정		○		○				
		⑥ 통과심에서의 기기·장치의 결정		○		○		○		
		⑦ 기기의 반출입 경로의 결정		○		○				
반의 설치	전기샤프트(EPS)내	① 실내의 유효 스페이스, 문짝의 치수 열림 상태			○	○		○		
		② 입상관·배선의 벽관통 방화구획 처리 (법적 강화 구획의 조사)	●			●				
		③ 분전반·단자반의 설치 위치 및 반출입의 결정		○		○				

사항에 대한 건축도의 참조 예

| 마무리표 | 창호표 | 구조 설계도 | | 건축 시공도 | | | | | 타 설비도 | 참고도 |
		빔 평면도	구조 단면 상세도	슬리브도 함입도	평면도 기초평면도	구조 구체도	배치도	천정 평면도		
					●				●	그림 2·11
		○			●	●				그림 2·12
					●	●			○	그림 2·13
		○			●	●			○	그림 2·14
					●				○	그림 2·15
○					●				○	그림 2·15
					●	●			●	
		○			●	●				
		○			●	●				그림 2·16
					●	●				
	●				●	●				그림 2·17
		○			●	●				그림 2·18
					●	●				그림 2·19
○		○			●	●				그림 2·20
○		○			●	●				
○		○			●	●				그림 2·21
	●				●	●				
	●	○			●	●				
					○	○				그림 2·22 그림 2·23
	●	○			●	●				

건 축 도			의 장(意匠) 설 계 도							
			배치도	평면도	입면도	단면도	단면상세도	상세도	전개도	천정평면도
반(盤)의 설치	EPS내	④ 분전반·단자반의 2차측 배선의 방법 결정		○		○		○		
		⑤ 통과심에서의 기기·배선의 결정		○		○		○		
	EPS외	① 분전반·단자반의 형식의 결정		○		○		○		
		② 분전반·단자반의 설치 위치의 결정		○		○		○		
		③ 분전반·단자반의 2차측 배선의 결정		○		○		○		
간선 및 부하(負荷)설비	옥내	① 간선 경로, 인서트 위치의 결정		○		○		○		
		② 빔, 이중 천정과 간선과의 취합		○		○		○		
		③ 입상(立上), 벽, 빔 관통의 결정		○		○		○		
		④ 부하배선의 결정		○		○		○		○
		⑤ 스위치, 콘센트, 전화, TV, 아우트렛의 위치 결정		○		○		○	●	
		⑥ 조명기구의 위치 결정		○						●
		⑦ 유도등·비상 조명등의 위치 결정		○		○				○
피뢰침(避雷針)·안테나·기타	옥상·옥상탑	① 옥상 큐비클의 위치 결정	●	○		○				
		② 기초 형상의 결정				○				
		③ 피뢰침(避雷針) 설치 위치, 높이의 결정		○	●	○	○			
		④ 피뢰침 설치 방법의 결정		○			○			
		⑤ 피뢰침 인하(引下)도선의 결정		○		○				
		⑥ TV 안테나의 설치위치, 높이의 결정	●	○	●	○	○			
		⑦ TV 안테나 설치 방법의 결정		○			○			
		⑧ TV 안테나의 1차측 배선의 결정		○		○				

〔주〕 ○표시 : 참조하는 편이 좋다.
●표시 : 꼭 참조해야 한다.

마무리표	창호표	구조 설계도		건 축 시 공 도					타 설비도	참고도
		빔 평면도	구조 단면 상세도	슬리브도 함입도	평면도 기초평면도	구조 구체도	배치도	천정 평면도		
		○			●	●				그림 2·22 그림 2·23
○		○			●	●				그림 2·21 에 준한다
○		○			●	●				
○		○			●	●	●			그림 2·24
○		○			●	●				
		○		●	●	●			●	
		○			●	●				그림 2·25 그림 2·26
		○		●	●	●				그림 2·27 그림 2·28
		○			●	●	●			그림 2·29 그림 2·30
○	●	●			●	●	●			
		○			●	●		●		
					●	●		●		
○		○			●	●				그림 2·31
○		○			●	●				4·4 참조
○		○			●	●	○			4·10 참조
					●	●	○			
		○			●	●				
○		○			●	●	○			4·10 에 준한다
					●	●	○			
		○			●	●				

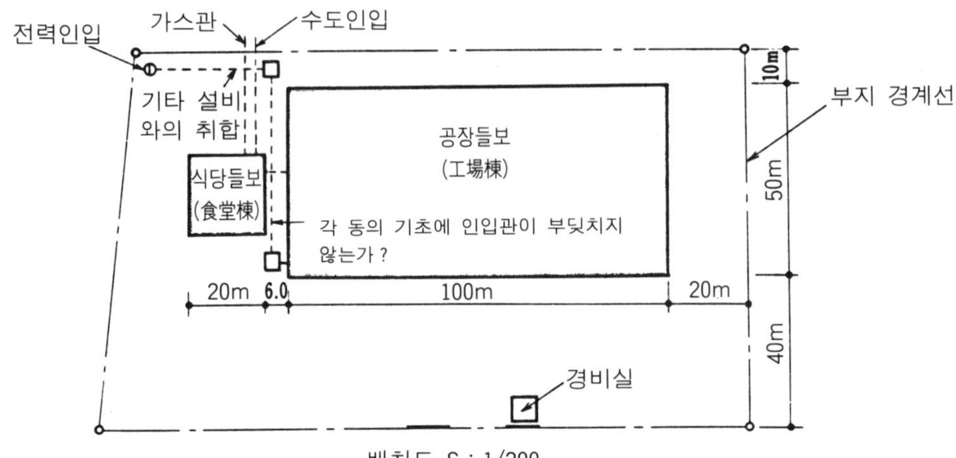

배치도 S : 1/200

〈체크〉
· 인입점의 위치
· 인입관과 기타 설비와의 취합
· 인입관과 건물 및 그 기초와의 관계

그림 2 · 11 옥외 매입 인입관 경로의 결정

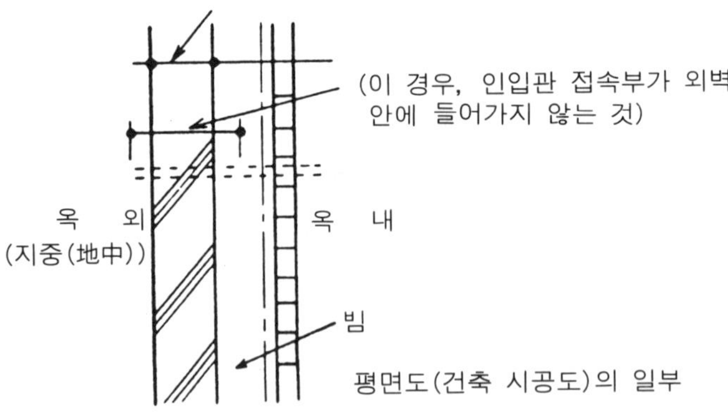

〈체크〉
· 인입관 부분 외벽의 두께

그림 2 · 12 인입관, 또는 슬리브관 길이의 결정

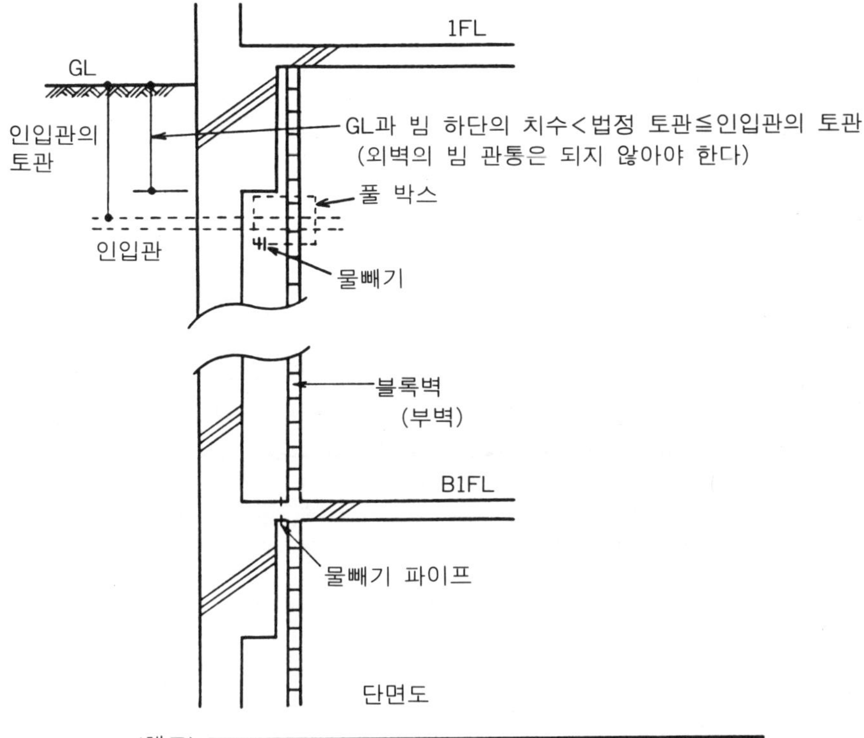

〈체크〉
・인입관과 토관, 빔과의 관계
・인입관에 풀 박스를 설치할 경우, 부벽 내에 물빼기 파이
　프가 있다는 것을 확인한다.

그림 2·13 인입관의 토관결정

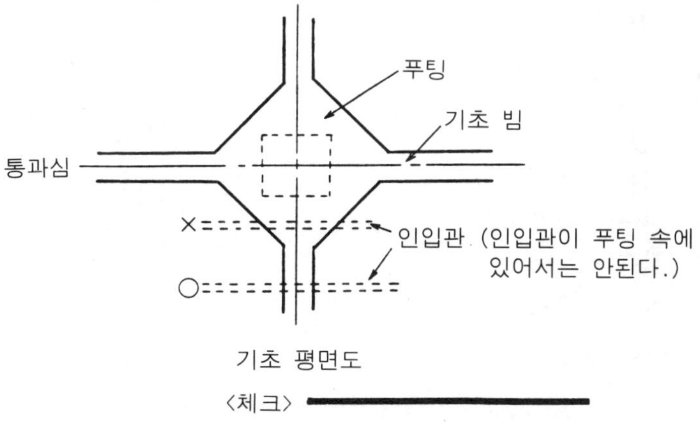

그림 2·14 인입관과 기초 푸팅과의 관계

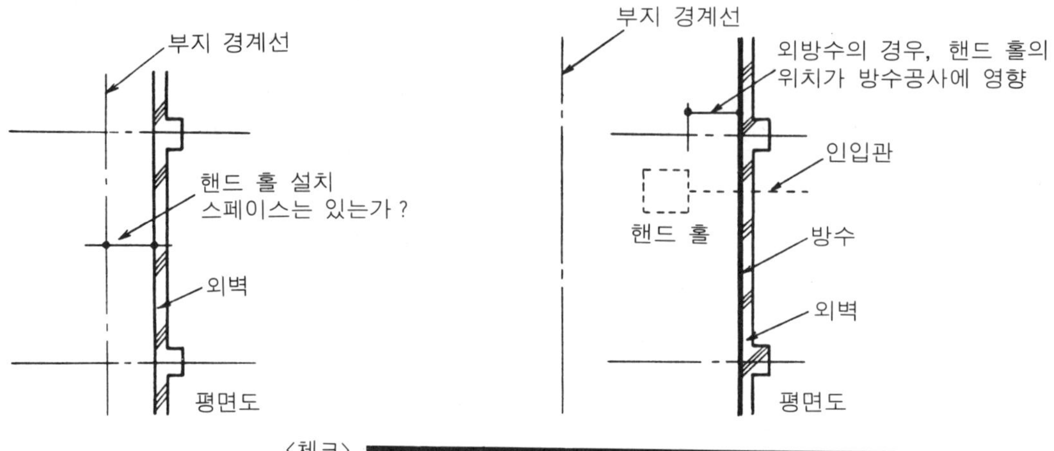

〈체크〉
· 부지 경계선과 외벽 외면과의 거리
· 외벽, 방수(외방수, 내방수)와 핸드 홀의 위치와의 관계

그림 2 · 15 인입용 핸드 홀의 설치 유무, 핸드 홀 건물에서의
위치 결정

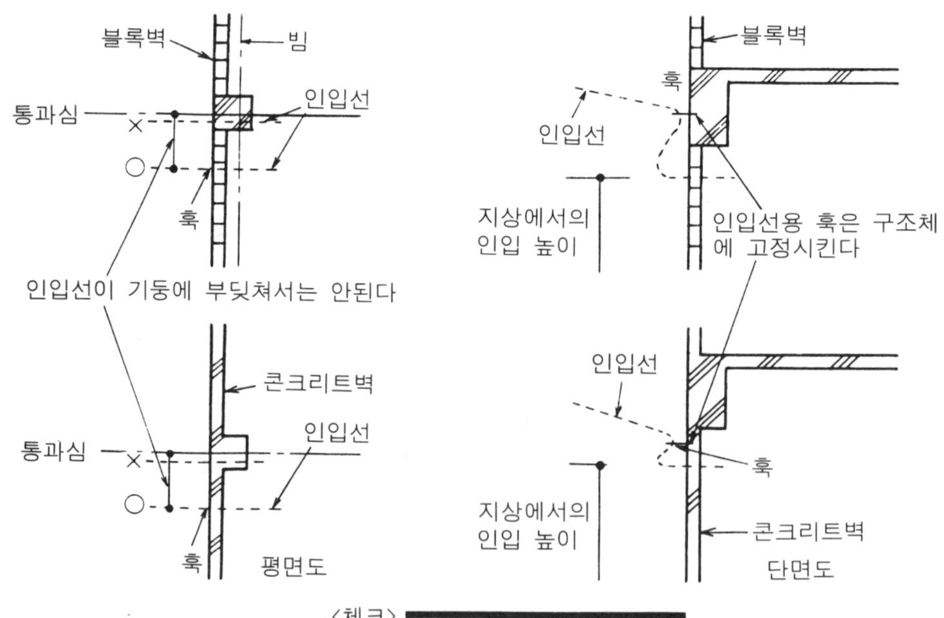

〈체크〉
· 인입 위치와 기둥 · 빔과의 관계
· 인입 훅과 구조체와의 관계

그림 2 · 16 인입용 훅 설치 위치의 결정

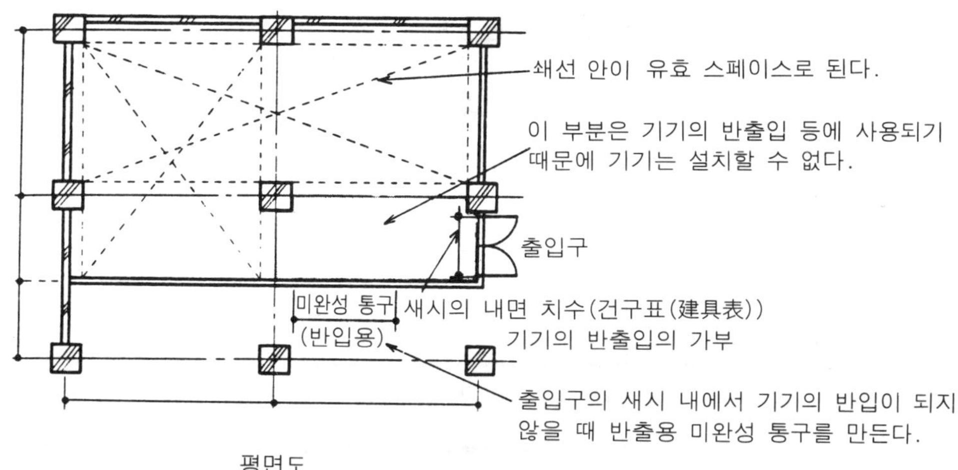

〈체크〉
- 새시와 기기 반출입과의 관계
- 기기(機器) 설치를 위한 유효 부분의 검토

그림 2·17　전기실 등의 유효 스페이스, 문짝의 치수, 열림 상태

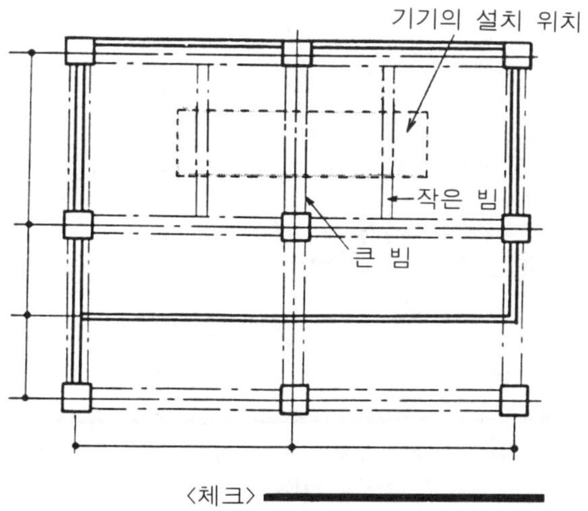

〈체크〉
- 중량 기기와 바닥·빔과의 관계

그림 2·18　중량 기기의 설치 장소 결정

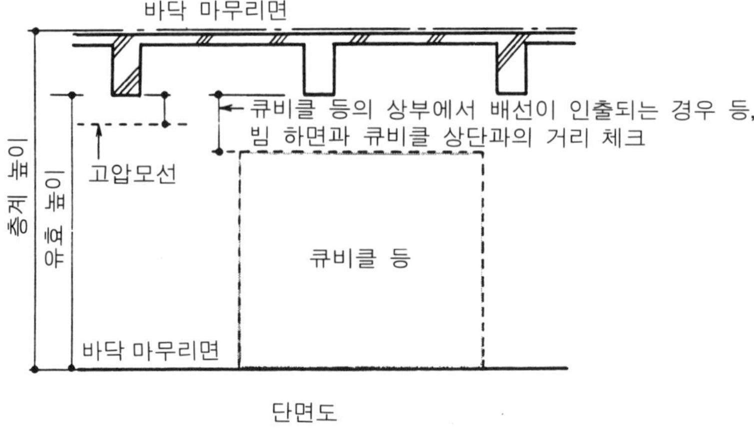

〈체크〉
· 유효 높이와 큐비클 높이와의 관계

그림 2 · 19 실내의 유효 높이 조사

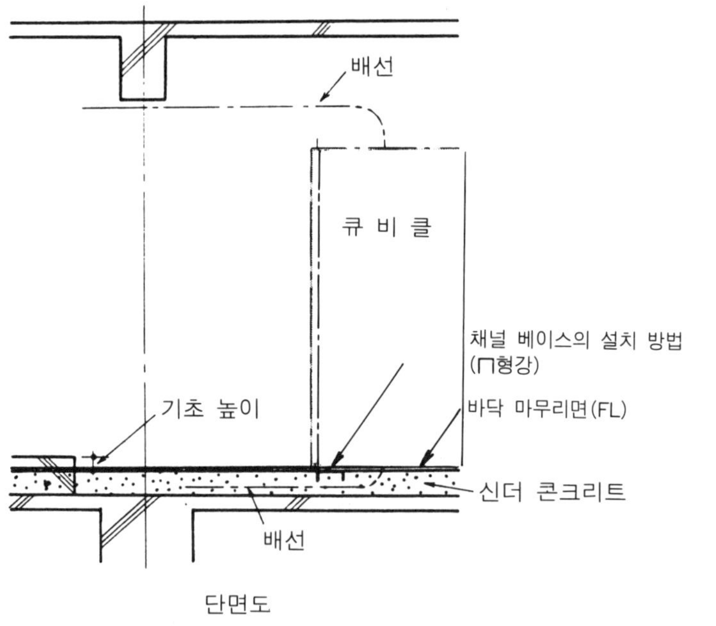

〈체크〉
· 신더 콘크리트가 있는 경우 기초의 높이는 0보다 크거나 같고 200보다 작거나 같도록 한다.
· 큐비클 상단과 빔 아래와의 관계를 확인하고 채널 베이스를 매입, 반매입. 바닥 위로 할 것인가를 검토한다.
· 큐비클 상단과 빔 아래와의 사이에 배선이 통과하지 않는 경우에는 신더 콘크리트 내(內) 바닥 아래 빔 관통 등을 하도록 검토한다.

그림 2 · 20 기초의 높이, 채널 베이스의 설치,
및 배선방법의 결정

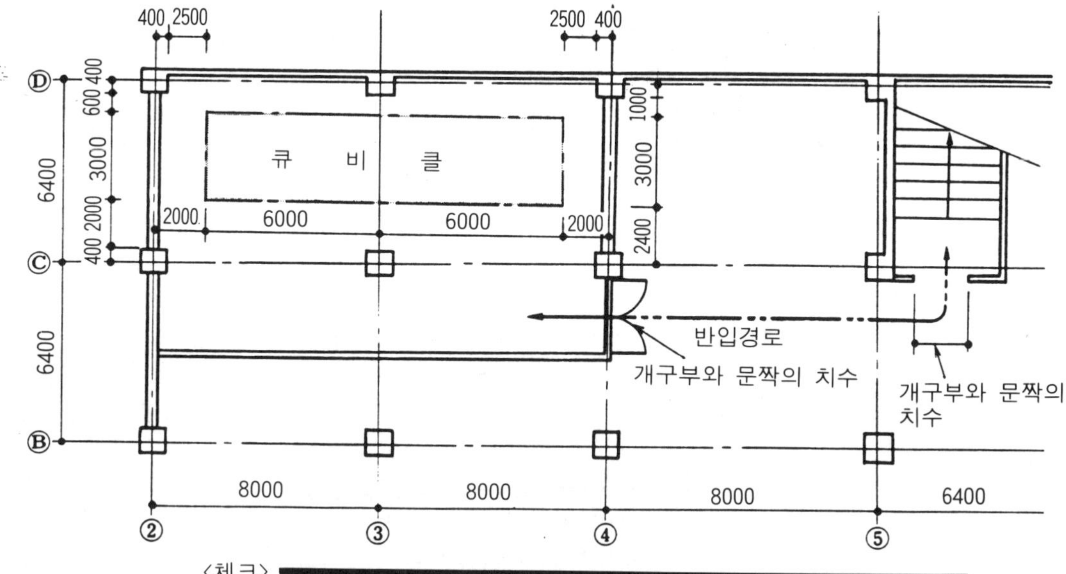

〈체크〉
- 반입 경로와 개구부와의 관계(개구부 문짝 내면의 치수)
- 기기 · 장치의 설치 치수는 반드시 통과심에서의 치수로 되어 있는가 ?

그림 2 · 21 통과심에서의 기기 · 장치의 결정

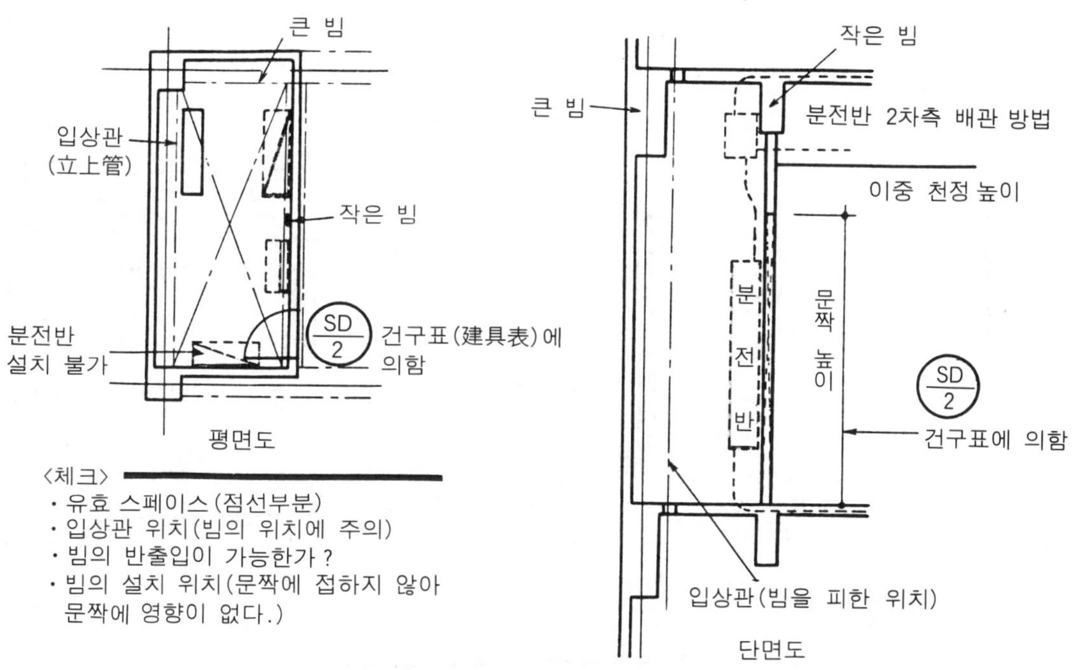

〈체크〉
- 유효 스페이스(점선부분)
- 입상관 위치(빔의 위치에 주의)
- 빔의 반출입이 가능한가 ?
- 빔의 설치 위치(문짝에 접하지 않아 문짝에 영향이 없다.)

〈체크〉
- 천정, 바닥, 벽의 방화 구획 처리(방화 구획이 세로 구획일 경우)
- 입상관의 위치 및 지지 쇠장식의 설치 위치(빔의 크기, 벽의 구조에 주의)
- 분전반 · 단자반의 2차측 배선 방법(바닥 · 천정 · 슬래브의 구조, 빔의 크기, 2중 천정의 높이 등에 주의)

그림 2 · 22 실내의 유효 스페이스, 입상관, 방화 구획 관통 처리, 반의 설치 위치의 결정

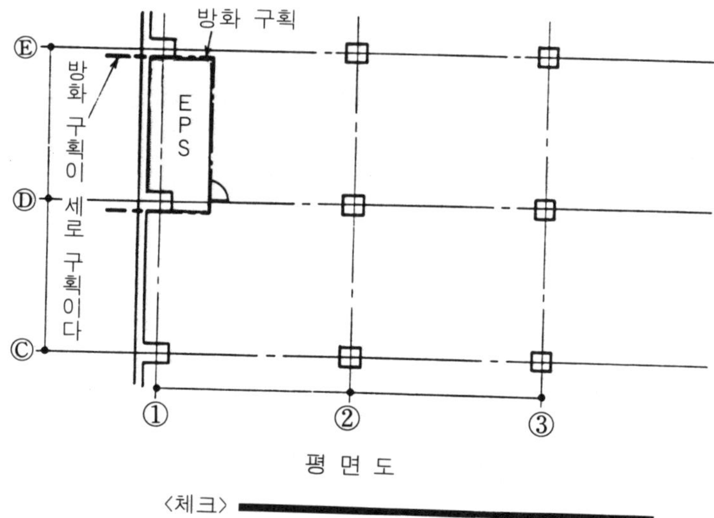

<체크>
· 방화 구획이 세로 구획인가, 평면 구획인가?

그림 2·23　전기 샤프트(EPS)의 방화 구획 조사

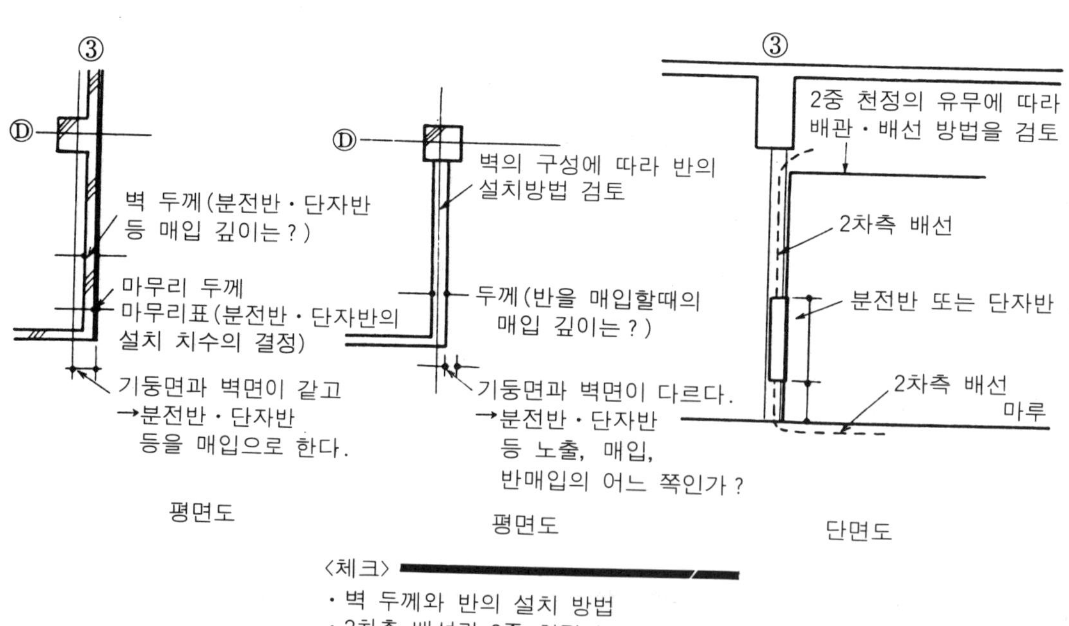

<체크>
· 벽 두께와 반의 설치 방법
· 2차측 배선과 2중 천정과의 관계
· 기둥면과 벽의 위치에 따른 설치 방법

그림 2·24　반의 형식, 설치 위치, 2차측 배선의 결정

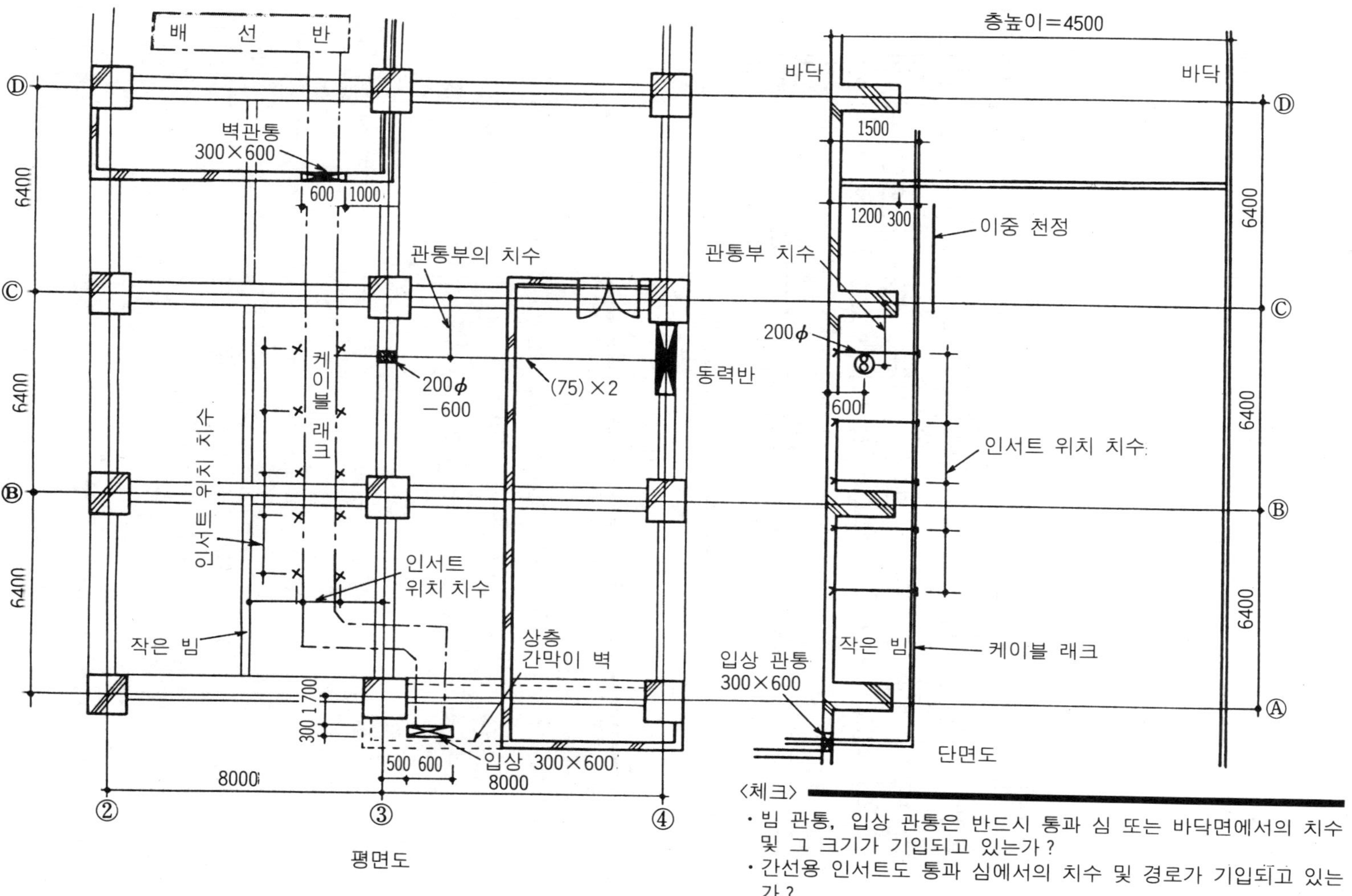

그림 2·25 간선 경로 인서트 입상 부분의 결정

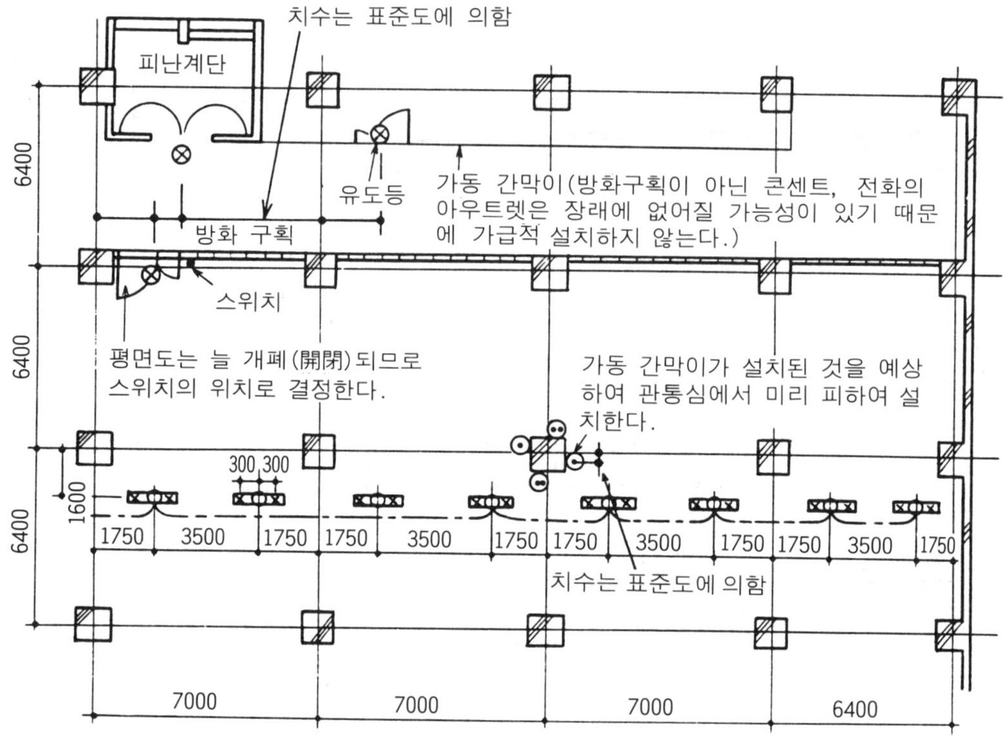

평면도

〈체크〉
· 스위치, 콘센트, 조명기구, 유도등 등의 배치를 결정하는 데에 그리는 도면으
로서 반드시 관통심에서의 치수가 기입되고 있는가 ?
· 콘센트, 스위치 등은 표준도에 치수가 기입되고 있는가 ?

그림 2·26 부하 설비의 결정

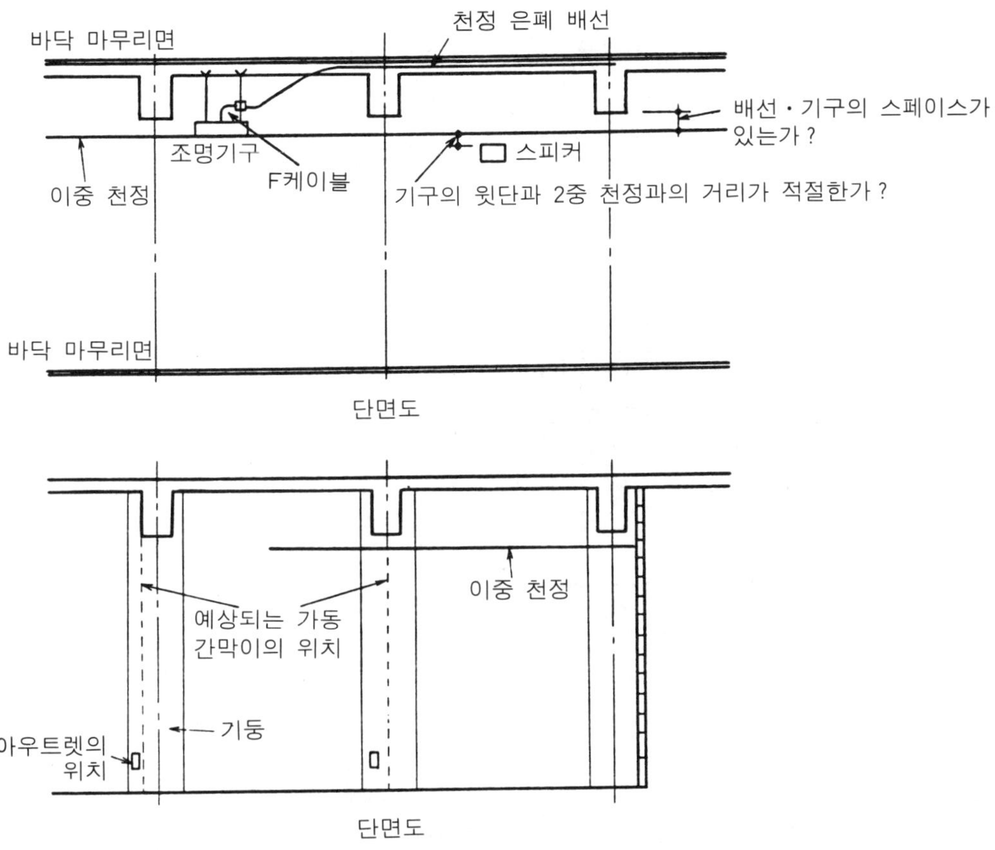

〈체크〉
- 2중 천정과 빔과의 관계를 체크.
- 2중 천정과 실내에 설치되는 기구와의 관계를 체크.
- 장래 설치될 가동 간막이와의 관계를 체크.

그림 2·27 부하 설비의 결정

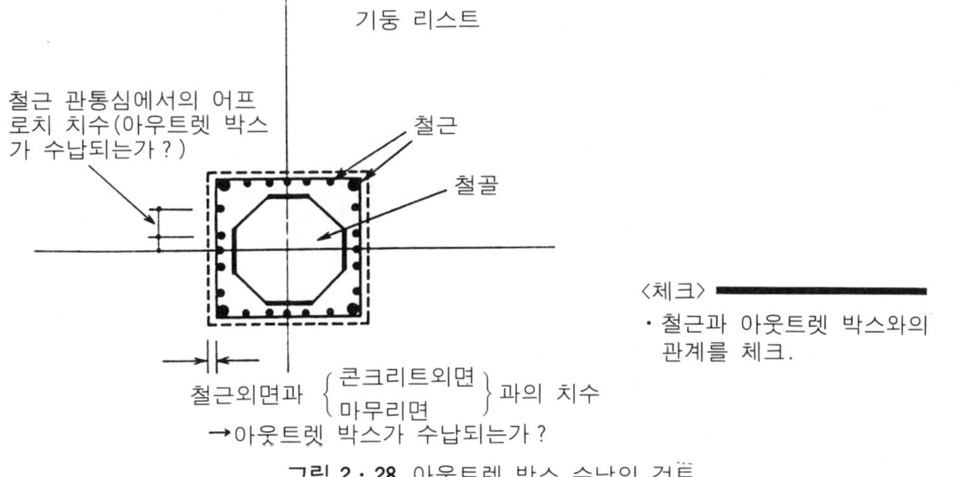

〈체크〉
- 철근과 아웃트렛 박스와의 관계를 체크.

그림 2·28 아웃트렛 박스 수납의 검토

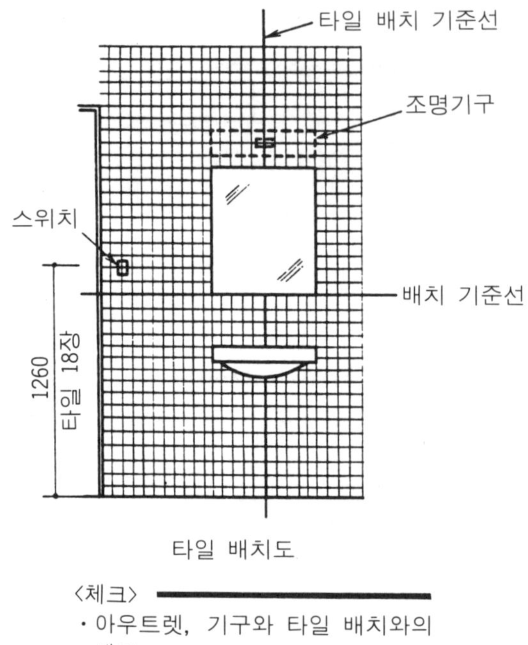

〈체크〉

· 아우트렛, 기구와 타일 배치와의 체크

그림 2·29 배선 기구, 조명 기구의 위치 결정

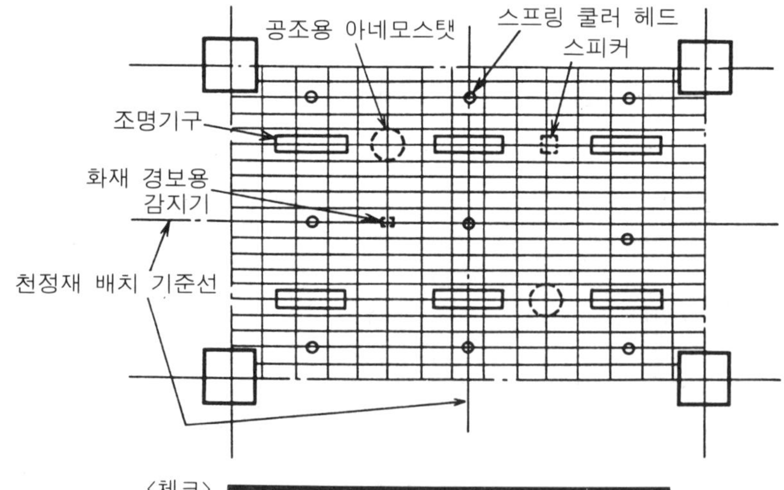

〈체크〉

· 기구가 천정재 배치에 합치되고 있는가 ?
· 기구 상호간의 위치 관계는 균형이 잡혀있는가 ?

그림 2·30 천정면에 설치되는 설비 기구의 설정

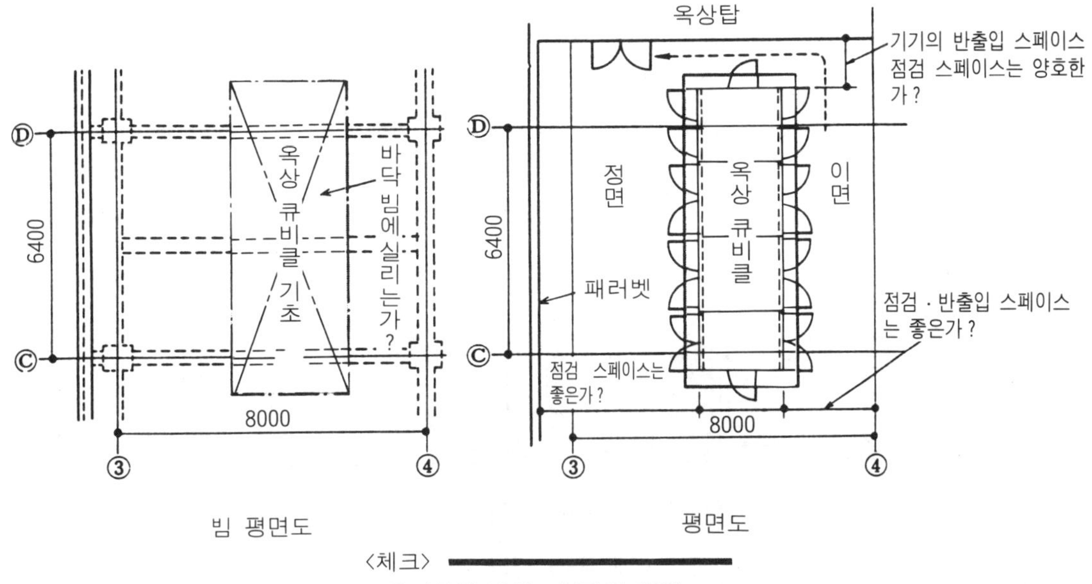

〈체크〉
· 큐비클과 바닥·빔과의 관계.
· 기기의 반출입 스페이스의 체크
· 점검 스페이스는 양호한가 ?

그림 2·31 옥상 큐비클의 위치 결정

[2] 건축 평면도를 트레이스하는 방법

건축 평면도는 건축 설계도의 일부이기 때문에 이것을 트레이스함으로써 건축 시공도(특히 구조 구체도)가 완성되기 전에 그릴 수 있어, 배선 시공도가 빠르게 그려진다. 이 경우 기둥·벽·빔의 치수는 구조 구체도를 참조하지 않으면 스위치, 콘센트 등의 상세 치수를 기입할 수 없다. 또 구조 구체도의 작성시에 약간의 변경이 발생되는 경우가 있기 때문에 구조 구체도가 완성된 시점에서 기둥·벽·빔의 크기 등을 체크하여 변경 부분을 수정할 필요가 있다.

트레이스의 순서는 건축 평면도(카피한 것)의 위에 트레이싱 페이퍼를 씌워 기준선, 기둥, 벽, 간막이 및 문짝이라고 하는 것과 같이 순차로 그려 나가고 다음에 구조 구체도를 참조하면서 빔을 넣고 마지막으로 치수를 기입한다.

이것은 배선도를 그릴 때에 유효하다.

[3] 구조 구체도를 트레이스하는 방법

구조 구체도는 건축 시공도이기 때문에 구조 구체도의 완성을 기다려 진행하는 경우에는 전기 시공도의 완성이 지연될 수 있기 때문에, 공정에 악영향을 미칠 우려

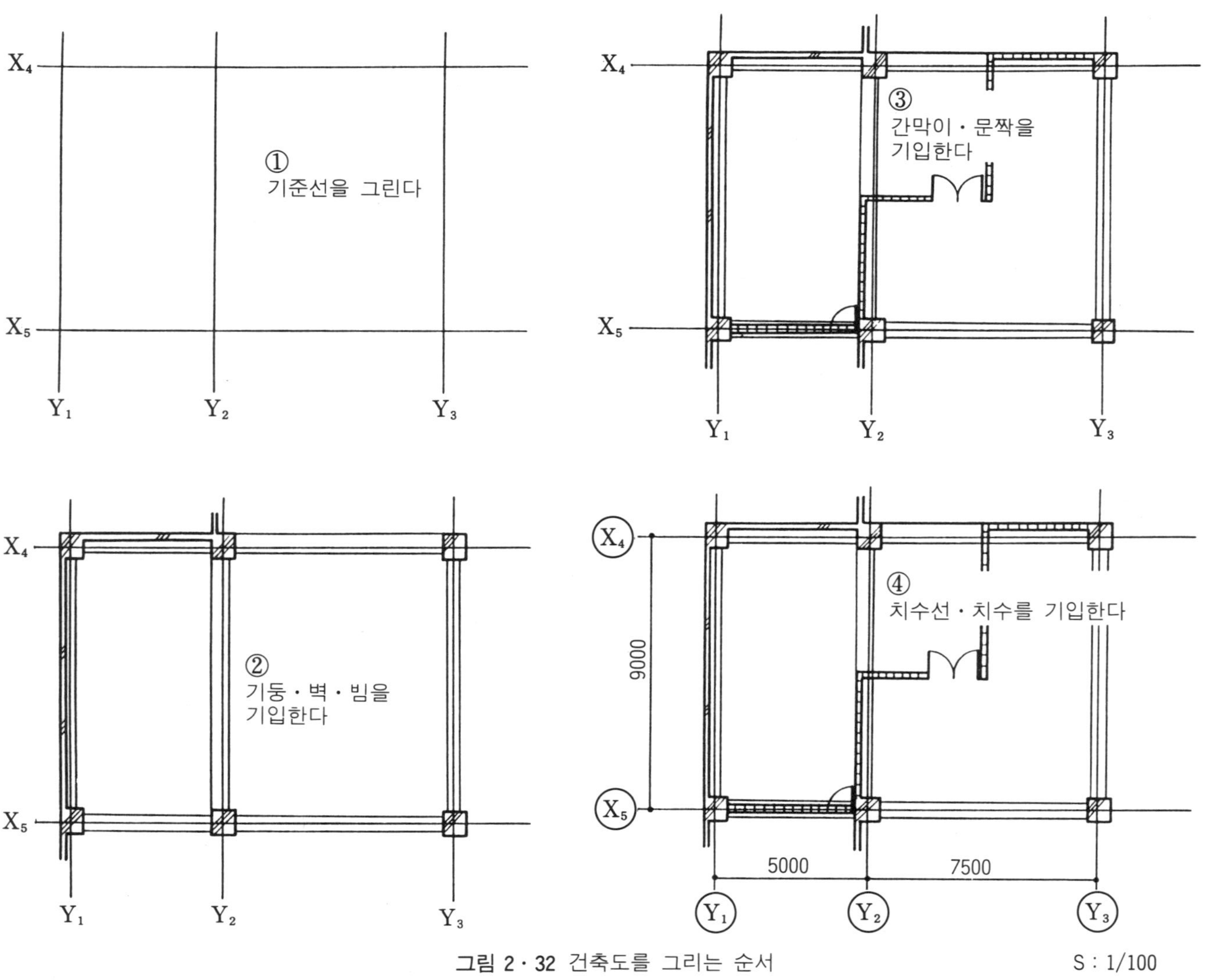

그림 2·32 건축도를 그리는 순서

가 다분히 있다. 또 구체에 관계가 없는 간막이 벽 등이 기입되고 있지 않기 때문에 간막이 벽에 부딪치는 위치에 스위치, 콘센트 및 전화 아우트렛 등을 설치해 버리는 경우도 있다. 이러한 오류를 일으키지 않기 위해서는 건축 평면도를 충분히 참조하여 간막이 벽 등도 기입하지 않으면 안된다.

트레이스의 순서는 건축 구체도(카피한 것) 위에 트레이싱 페이퍼를 씌워 기준선, 기둥·벽·빔 등, 순차로 그려 나가고 다음에 건축 평면도를 참조하면서 구체에 관계가 없는 간막이 벽 등을 기입하고 마지막으로 치수를 기입한다.

2·5　　설비도의 구성과 보는 법

전기설비 이외의 이른 바 설비에는 급배수 등의 위생설비, 냉난방 등의 공조설비 및 엘리베이터 등의 반송설비가 있다. 이것들의 설비에도 전기설비의 경우와 같이 설계도와 시공도가 있다.

또한 반송설비에 관해서는 예를 들면 엘리베이터 승강구의 3방향 프레임 등, 건축공사에 포함되는 부분이 많다.

[1] 설비도의 구성

여기에서는 위생설비와 공조설비에 관하여 개요를 설명한다.
설계도는 다음과 같이 구성되고 있다.

<위생 설비>	<공조 설비>
시방서(표준, 특기)	시방서(표준, 특기)
배치도	배치도
기기표, 기구표, 범례(凡例)	기기표, 범례
계통도(배관)	계통도(배관, 덕트)
평면도(각 층 배관도)	평면도(각 층 배치도, 덕트도)
상세도(기계실, 화장실, 수조(水槽), 파이프 샤프트)	상세도(기계실, 보일러실, 냉각탑, 파이프 샤프트, 덕트 스페이스)
	자동 제어 계장도
	평면도(각 층 배선도)

이 구성을 보면 거의 변함이 없고, 다만 자동제어에 관한 도면이 공조설비에는 있다는 것을 알 수 있다.

(a) 범례와 기기표·기구표　범례는 공기 조화·위생 공학회 규격(HASS)의

그림기호를 사용하는 것이 원칙으로 되어 있다. 범례는 표로 정리되어 그림기호·명칭·시방·적요로 분류되고 있는 것이 일반적이다.

기기표와 기구표는 기기와 기구의 명칭 그리고 그것들의 정격(定格)·능력·대수(台數) 및 설치장소를 일람표에 기입한 것이다. 이 표에 전동기(電動機)의 용량이나 전압 등도 제시되고 있으므로 동력(動力)설비의 전동기 시방을 체크할 수 있다.

(b) 계통도　배관 계통도에서는 각 층의 기기와 배관과의 연결을 나타낸 것으로서 급배수·냉수·온수 등의 이송관과 반송관을 그림기호로 식별할 수 있도록 표시한 것이다.

덕트(duct) 계통도는 급배기나 배연 등으로 분류하여 각 층의 기기와 덕트와의 연결을 나타낸 것이다.

(c) 평면도　각 층의 기계와 기구의 설치장소, 배관이나 덕트의 경로와 입상(立上) 위치 이외로 급배기나 급배수 등을 실행하는 실(室)의 위치도 기입되며, 그것들의 형식·치수·규격 및 개수 등이 아울러 표시되고 있다.

(d) 상세도　각 층 평면도에서는 표현하기 어려운 기계실이나 화장실 등에서 기계와 기구의 수납 및 배관 방법 등을 축척 1/50～1/20 정도로 그렸다.

[2] 설비도를 보는 법

전기설비의 시공도를 보거나 그릴 때에 설비도를 볼 수 있어야 한다. 거기에서는 그림기호를 알 수 있는 동시에 설비의 작동을 알지 못하면 안된다. 그것들에 관해서는 전문서에 상세히 쓰여져 있기 때문에 여기에서는 전기설비의 시공도를 그릴 때에 어느 설비도를 보면 되는가를 정리해 둔다.

- 기기표 …… 동력설비의 전동기나 히터 등의 전기적 시방의 체크에 사용한다.
- 계통도 …… 급수 인입관, 가스 인입관 및 다른 옥외 매설관의 경로를 확인하고, 전기 관계의 인입관의 취합을 하기 위해 사용한다.
- 평면도 …… 각 층에 설치되는 기계·기구를 확인하고, 배선의 경로나 배선 방법을 결정하기 위한 자료로 한다.
- 상세도 …… 각종 기계 장치에 부가되는 계기류(計器類), 각종 배관·덕트류의 위치를 평면도나 단면도에서 확인하고 동력반의 설치장소, 배선의 경로 및 배선방법을 시공상·보전상에서 결정하기 위한 자료로 한다.

3. 시공도의 작성 순서

    시공도를 작성하는 데에는 작도에 필요한 용지, 필기용구 및 3각정규 등을 준비하여 5W 1H를 항상 염두에 두고 대처해야 한다. 때문에 작도에 필요한 용구류, 그리는 법의 기본, 시공도의 종류, 그 작성 시기는 언제인가?, 또 어떠한 순서로 그리는 것이 좋은가? 등을 알아 둘 필요가 있다(표 3·1).

표 3·1 시공도의 5WIH의 예

What	(목적) 무엇을	분전반의 수납을
When	(시간) 언제	바닥 배관 시공 7일 전까지로
Who	(담당) 누가	현장 전등 설비 담당자가
Why	(이유) 왜	분전반의 수납, 그 주위 배관의 트러블이 발생하지 않도록 하기 위해
Where	(장소) 어디에서	현장 사무소에서
How	(방법) 어떻게	구조 구체도, 마무리표를 참조하면서

    시공도가 완성되면 수정 체크를 한다. 상태불량 등을 발견했을 경우, 시공에 착수하기 전에 수정하여 시공 후에는 수정할 곳이 없도록 하는 것이 중요하다.

3·1 작도에 필요한 용지와 필기용구

[1] 용지

    시공도의 용지는 트레이싱 페이퍼를 사용하여 연필 그리기를 한다. 일반적으로는 규격의 크기로 잘라 테두리되어 있는 용지를 사용하고 있다. 용지 크기의 규격을 표 3·2에 나타낸다.

[2] 필기 용구

    시공도를 빠르고 정확하게 그리는 데에는 필기용구에 충분히 익숙하여 필요 최소한의 용구를 능률적으로 사용하는 것이 바람직하다.

표 3·2 용지크기의 규격과 윤곽

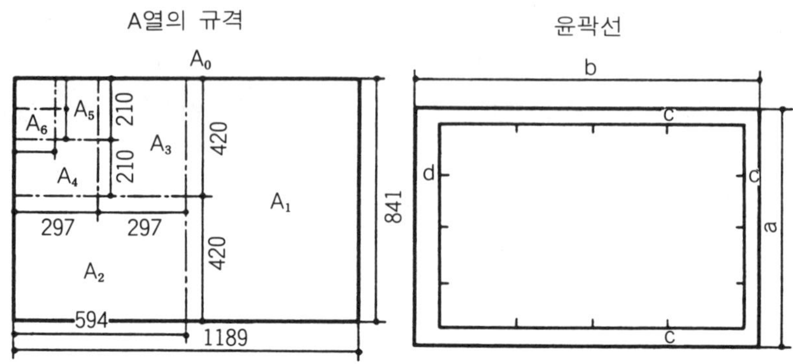

크기의 호칭	A₀[B₀]	A₁[B₁]	A₂[B₂]	A₃[B₃]	A₄[B₄]	A₅[B₅]	A₆[B₆]
a×b	841×1189 [1030×1456]	594×841 [728×1030]	420×594 [515×728]	297×420 [364×515]	210×297 [257×364]	148×210 [182×257]	105×148 [128×182]
c(최소)	10	10	10	5	5	5	5
d(최소) 철하지 않을경우	10	10	10	5	5	5	5
철할 경우	25	25	25	25	25	25	25

[주] 단, [ ]안은 B열의 수치를 나타냄.

(1) 제도판 합판제인 것이 일반적이고 도면의 크기에 따라 표 3·3과 같은 규격이 있다.

(2) 제도기 사용목적에 따라 여러 종류가 있지만 시공도를 그리는 데에 일반적

표 3·3 제도판의 규격

규 격	적용도면
대(1210mm×910mm)	A₀~A₁
중(1060mm×760mm)	A₁~A₂
소(910mm×610mm)	A₂이하

표 3·4 제도기의 종류와 용도

품 명	용 도
대 컴퍼스	반경 130~70mm의 원을 그린다.
중 컴퍼스	반경 70~5mm의 원을 그린다.
스프링 컴퍼스	반경 5mm이하의 원을 그린다.
디바이더	치수의 이동이나 선·원 등의 분할을 한다.
비례 컴퍼스	도형·치수의 확대 또는 축소를 한다.

으로 많이 사용되고 있는 제도기를 표 3·4에 나타낸다.

(3) 정규

● T 정규　제도판의 좌면을 이용하여 수평선을 긋거나 3각 정규와 병용하여 수직선을 긋는 등에 이용하는 것이다. T 정규의 크기는 도판(圖板)의 크기에 맞는 것을 사용한다(그림 3·1).

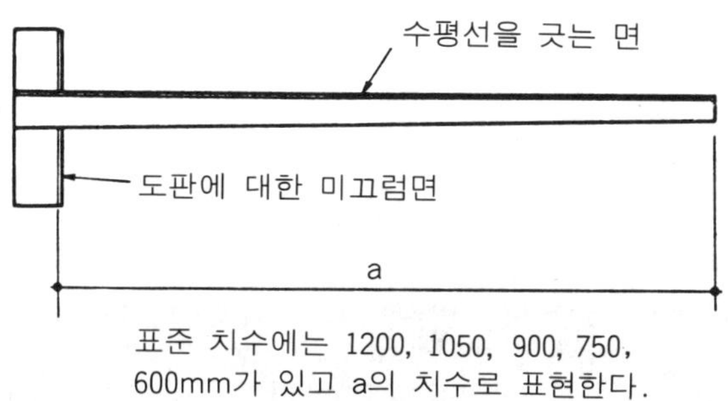

그림 3·1 T정규

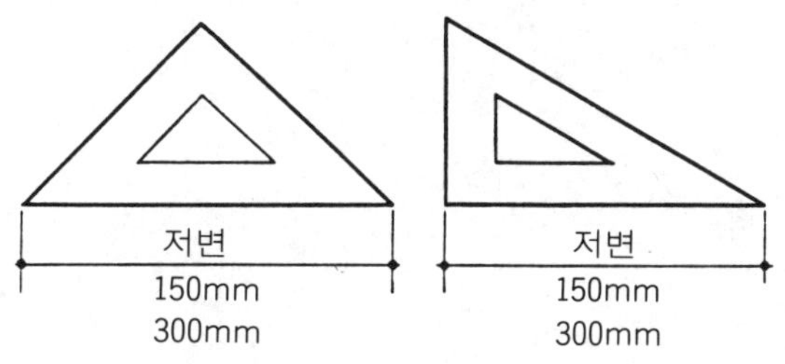

그림 3·2 삼각 정규 1조

● **3각 정규**　투명한 아크릴 수지제로서 3각 정규의 밑변이 300mm, 150mm인 것이 각각 1조씩 있으면 편리하다(그림 3·2).

● **3각 스케일**　단면이 3각형으로 된 것으로서 3각기둥의 각 면에 1/100, 1/200, 1

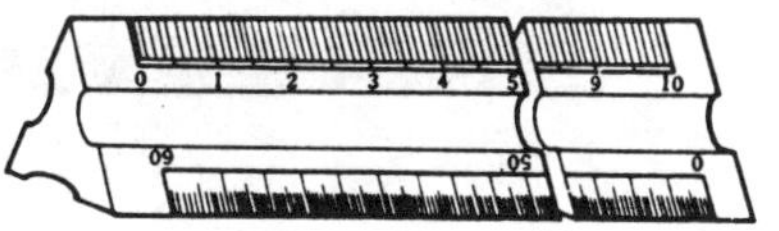

그림 3·3 삼각 스케일

/300, 1/400, 1/500, 1/600의 6가지인 축척의 눈금이 있고 길이가 300mm, 150mm(또는 100mm)인 것이 각각 한 개씩 있으면 편리하다(그림 3·3).

(4) 제도용 연필　연필의 심 기호인 H(Hard)는 그 수가 많을수록 단단하고, B(Black)는 그 수가 많을수록 부드럽다. 건축도에는 2H~H, 전기 설비도에는 H~B인 것을 사용하면 대비가 되어 알기 쉬운 도면이 된다.

또 최근에는 샤프 펜슬로 되어 있는 것이 보급되어 다양한 굵기의 심이 있어 편리하게 되어 있다(그림 3·4).

(5) 심삭기　카본 랜덤제의 거친 눈과 가는 눈의 줄을 갖추고 있는 것이다.

(6) 기타 변경부분이나 오류부분 등의 일부분을 지우기 위한 자소판, 제도면상의 먼지·지우개밥 등을 털어내고 도면을 도판에 붙이는 제도용 테이프 (드래프팅 테이프) 가 있다.

(7) 특수용구

●드래프터 3각 정규, T 정규, 스케일, 분도기를 조합한 용구로서 이 용구라면 능률적이고 작도자의 피로도도 경감된다(그림 3·5).

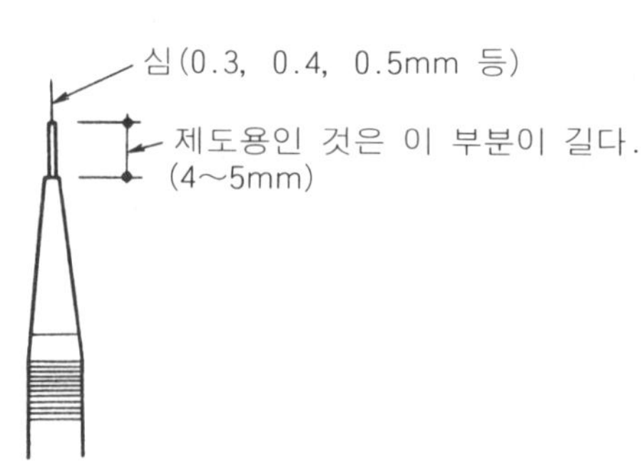

그림 3·4 제도용 샤프 펜슬의 펜 끝 부분

그림 3·5 드래프터

●템플릿 플라스틱판에 대소의 문자·원·타원·3각형 및 그림기호 등을 오려낸 정규로서 이것을 사용함으로써 작도의 스피드가 올라가고 문자 등 작도하는 사람에 의한 개인차가 없어지게 되는 이점(利点)이 있다.

3·2 그리는 법의 기본

[1] 준비

제도판의 표면 마무리는 완전히 균일하지 않기 때문에 그 표면에 같은 규격에 가까운 켄트지 등을 붙인다. 제도판이 수평이라면 작도하는 데에 불편하기 때문에어느 정도의 경사를 취한다(그림 3·6). 다음에 제도판에 용지를 붙인다(그림 3·7).

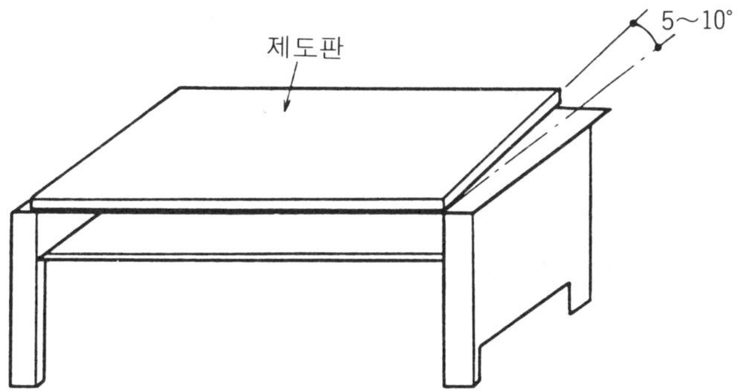

그림 3·6 제도판의 경사각도

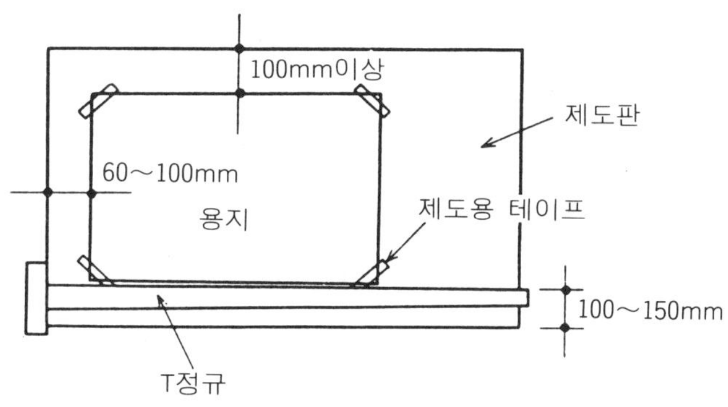

그림 3·7 용지를 붙이는 법

[2] 선 긋는 방법

- 수평선 …… T 정규의 상면을 사용하여 좌로부터 우로 긋는다(그림 3·8(a)).
- 수직선 …… T 정규의 상면에 3각 정규를 대고 아래에서 위로 긋는다(그림 3·8(b)).
- 경사선 …… T 정규의 상면에 3각 정규를 1매 또는 2매 (1組)를 조합하여 대고 선을 긋는다(그림 3·8(c)).

[3] 선의 종류

선의 종류는 통상 다음과 같은 4종류가 있다.

- 실선　　————————————
- 파신　　— — — — — — — —
- 점선　　- - - - - - - - - - - -
- 쇄선　　— · — · — · — · —　　(1점 쇄선)
　　　　　　— ·· — ·· — ·· —　　(2점 쇄선)

선의 선택은 옥내 배선용 그림기호에 따르도록 한다.

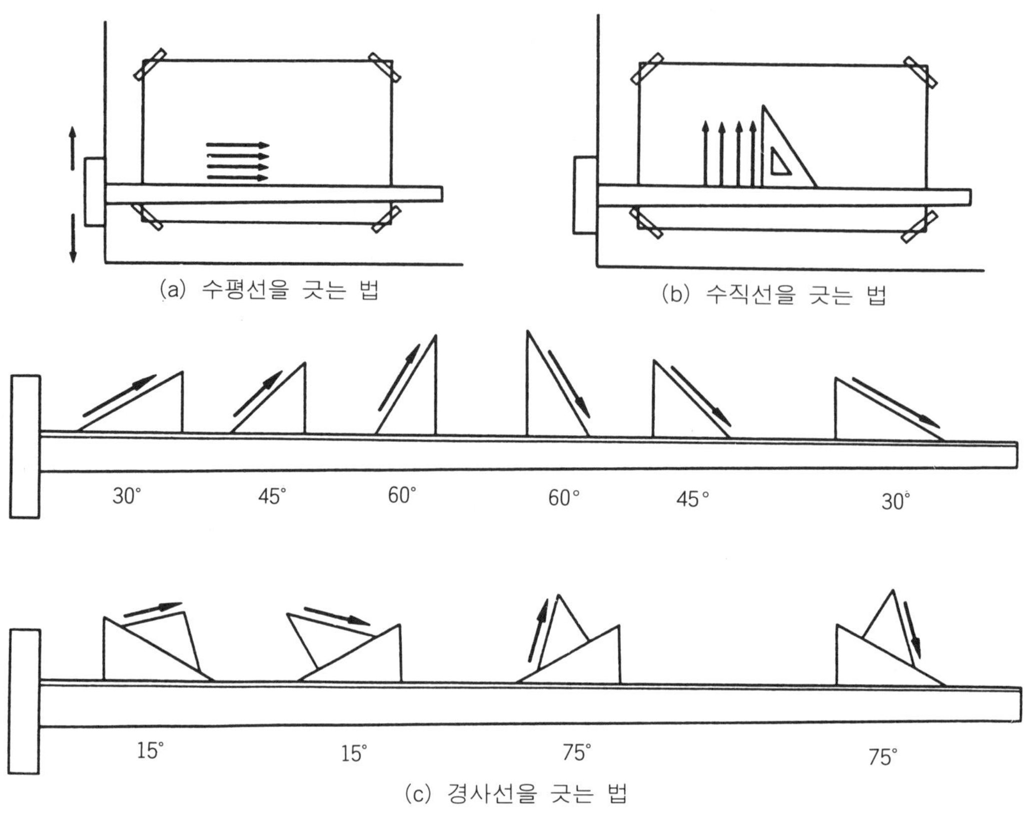

그림 3·8

원칙적으로 기준선을 나타내는 데에는 쇄선을 시용하지만 비슷하여 혼돈하기 쉬운 경우에는 가는 실선을 사용해도 된다.

[4] 치수의 표시

치수선의 양단은 **그림 3·9**와 같이 표시한다. ╂╂ 에 의한 표시가 일반적이다.

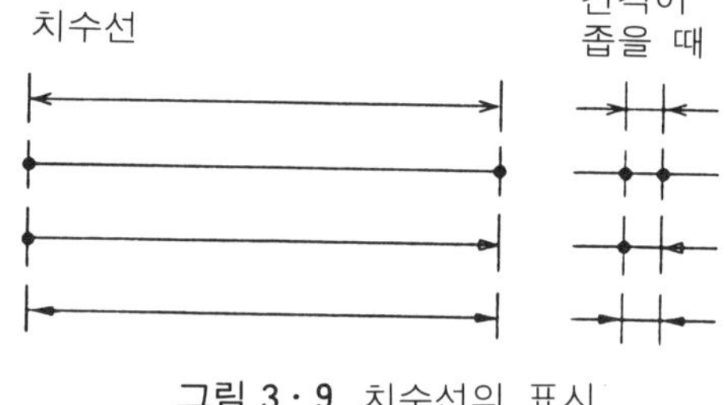

그림 3·9 치수선의 표시

치수의 기입은 원칙적으로 치수선에 따라 도면의 좌로부터 우로 또는 아래에서 위로 그려 나간다(그림 3·10).

[5] 문자

① 각 문자는 높이를 갖춘다. 그러기 위해서는 상하의 안내선을 가볍게 긋는다.
② 각 문자의 사이는 적절하게 잡고 그 간격을 갖춘다.
③ 각 문자는 올바른 형으로 할당하고 서서히 한 자씩 정확하게 기입한다.
④ 자체(字體)는 사체(斜體)(75°) 또는 직립체(直立體)(90°)의 어느 것이든 사

용 가능하나 모든 문자의 경사를 균일하게 한다.

　⑤ 한자의 경우는 해서체로 똑바르게 쓴다.

[6] 선의 굵기

　시공도는 고객·시공자가 알기 쉽게 깨끗하게 마무리해야 한다. 전기설비의 배선이나 기기 등의 선이 다른 목적의 선과 구별할 수 있도록 그려야 한다(표 3·5).

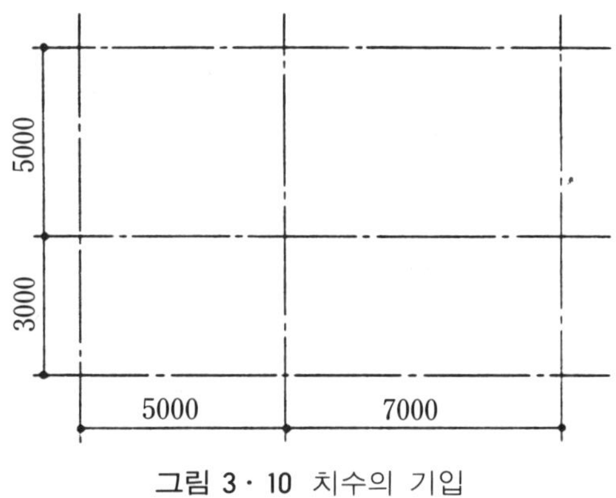

그림 3·10 치수의 기입

표 3·5 시공도 선의 굵기

	선을 긋는 부분	선의 굵기
공　　　통	건　　물 기타설비	0.4mm이하
배 관 및 배 선	배관배선 박스류 공히 기설 (既設) 배관배선	0.5mm정도
기 구 · 기 기	배선기구류 조명기구 기기·반류	0.5~0.7mm 〃 〃

3·3　시공도의 구성과 종류

[1] 시공도의 구성

시공도의 구성에는 협의(狹義)의 시공도와 광의(廣義)의 시공도가 있다.

　(a) 협의의 시공도 구성　현장 작업원이 시공도를 보고, 그 시공도에 따라 직접 작업을 하는 것이다. 그 구성을 표 3·6에 나타낸다.

　(1) 배관 배선도　어떠한 재료를 사용하여 어떠한 공법으로 각 아우트렛간, 각 기계·기구간 또한 아우트렛과 기계 기구간의 전기적인 접속을 표현하는 것이다. 주로 건축의 표시기호, 전기의 옥내 배선용 그림기호, 치수선과 치수, 아우트렛 등의 설치 높이의 치수 및 인서트 타입 위치와 그 치수 등으로 구성되며 평면도로 그려진다.

표 3·6

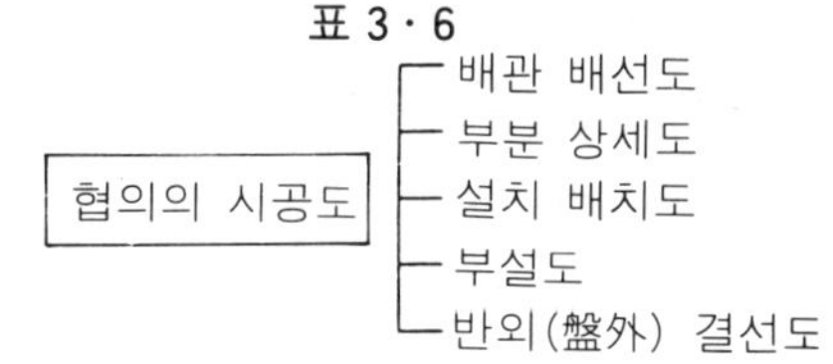

(2) 부분 상세도   어떠한 재료 및 기계·기구를 어떠한 장소에 어떻게 하여 수납할 것인가를 표현한 것으로서 주로 건축의 표시기호, 기계·기구의 자세도, 재료의 자세도, 치수선 및 치수 등으로 구성되며 평면도, 정면도, 측면도 및 단면도로 표현된다.

(3) 설치 배치도   수변전설비, 비상용 발전설비, 축전지설비, 중앙 감시설비 등의 장치·기기·반의 배치에 관하여 기준선에서의 치수를 그려넣고, 그것들의 설비마다 배치를 표시한 것이다. 주로 건축의 표시기호, 각 설비의 장치·기기·반의 외관 치수 그것들 설치부의 앵커 볼트의 위치, 치수, 채널 베이스의 위치, 치수 및 기준선 또한 치수선과 치수 등으로 구성되며 평면도와 단면도로 표현된다.

(4) 부설도   케이블 피트, 케이블 래크 및 덕트 등에 부설하는 케이블류나 버스덕트의 경로, 케이블의 규격·종류 및 정격을 나타내는 것이다. 주로 건축의 표시기호, 피트, 래크, 덕트의 경로 및 그것들에 수납되는 케이블 등의 종류, 규격, 개수, 행선 등의 명시 및 치수선과 치수로 구성되며 평면도로 그려진다.

(5) 반외 결선도   배전반 상호간, 동력반과 전동기간, 배전반과 동력반, 동력반과 감시반간, 변전기기와 감시반간, 동력반과 동력반 또는 패키지간 등의 전선이나 케이블의 접속 상태를 나타낸 것이다. 주로 각 반과 기기의 단자 부호 및 전선과 케이블의 규격, 색별, 종류 및 심수(心數)로 구성되고 있다.

(b) 광의의 시공도 구성   광의의 시공도란 협의의 시공도를 그리기 전에 각 층의 장치 및 기계·기구의 배치를 결정하거나 건축·기타 설비와의 취합(取合)을 하거나 또한 그 건물에서의 기준이 되는 스위치나 콘센트 등의 설치 위치를 결정하거나 하는 도면까지도 포함한 것을 말한다. 그 구성을 표 3·7에 나타낸다.

(1) 계획도 (플랜도)   기계·기구·반의 배치를 각 층마다 건축 평면도 (카피한 것 또는 제2원도로 한 것)에 전기용 그림기호로 기입하고, 설계자의 의도를 확인한다. 이로써 시공도의 기본 방침을 결정하고 고객과의 타합(打合)용으로서 충분히 활용되며 또한 다른 설비와의 대략적인 취합에도 이용한다.

표 3·7

광의의 시공도
- 계획도(플랜도)
- 취합 검토도
- 계통도
- 시공 기준도

축척은 1/100을 기준으로 하여 전체적인 파악을 가능케 하는 것으로 하고, 기계·기구·반에 관해서는 치수를 써 넣는다.

(2) 취합의 검토도   전기설비와 건축이나 다른 설비가 서로 맞부딪칠 우려가 있을 경우에는 설치 위치나 설치 순서를 변경함으로써 수납이 순조로워지는 경우가 적지 않다. 따라서 건축이나 설비의 설치 위치, 높이 및 설치 순서 등에 관해서 협

조성을 가지고 충분히 타합하고 검토하여 밸런스를 이루기 위한 것이다.

작성 요령으로서는 건축도를 카피 또는 제2원도로 하여 평면적·입체적으로 검토해 색칠 등을 하여 알기 쉽게 한다. 필요한 치수는 빠짐없이 기입한다.

(3) 계통도　전등·동력용 간선, 전화, 일반 약전(弱電) 및 방재(防災)설비 등의 장치·기기·기구간의 관계를 전기적(電氣的)으로 나타낸 것이다.

실제의 경로 및 장치나 기기의 방향에 구애될 필요없이 배관이나 배선 등의 규격 및 접속 경로는 완전히 기입하여 연결한다.

(4) 시공 기준도　그 건물에서 필요한 기구나 아우트렛 등의 위치의 기준이 되는 것으로서 배관 배선도에 모든 기구나 아우트렛의 설치 치수를 그려 넣으면 보기에 까다로울 뿐만 아니라 시간도 상당히 걸리기 때문에 기준이 되는 위치에 관해서는 시공 기준도를 작성해 놓고 기준 치수 이외인 것만 배관 배선도에 치수를 기입한다.

스위치, 콘센트, 전화 아우트렛, 전기 시계, 스피커 및 브래킷 등의 배치와 설치 높이를 평면도와 입면도로써 표현한다.

[2] 시공도의 종류

지금까지 기술한 바와 같이 시공도는 전기 설비공사를 완성시키기 위한 하나의 중요한 수단이다. 시공도를 작성하는 데에는 전기의 기초가 되는 이론과 그 응용, 전기 기기의 매커니즘(mechnism)과 성능 및 범용재의 지식 및 관련 법규, 건축 및 기타의 설비에 대한 지식을 가지고 그것들의 도면을 보는 방법이나 이해를 올바르게 할 수 있어야 한다.

시공도는 전기 설비공사 항목마다 분류되는 것이 통상이고 그 종류는 대단히 많다. 표 3·8에 시공도의 축척 및 작성의 요점을 나타낸다.

3·4　시공 공정과 시공도 작성의 시기

시공도를 언제 그리고, 언제까지 완성시켜야 할 것인가를 명확히 한다는 것은 시공의 품질을 높이는 데에 있어서 대단히 중요하다.

시공도가 지연되면 그 시공이 지연되어 전체적인 공정에 영향을 미칠 수가 있고, 잔 손질 확인 공사가 발생하기도 한다.

아래에 시공도가 지연됨으로써 발생되는 모든 사항을 들어 본다.

(1) 타합이 완전히 이루어지지 않는다.

●전력회사, NTT와의 인입(引込)공사

표 3·8 시공도의 축척 및 작성 때의 요점

공사 항목	도면 명칭	표준 축척	작성할 때의 요점
인입(引込)공사	전력 인입 배관 배선도	1/50	인입주(引込主) 케이블 입상, 옥내 케이블 입상, 장주도(裝柱圖), 외벽 관통 상세, 핸드 홀, 필라 박스 등, 명기. 전력회사와의 접속점 명시.
	인입 샤프트 상세도	1/50~1/20	케이블 지지 방법, 배관 지지 방법, 점검구(点檢口) 명시.
	기타 도면	1/20~1/100	옥외 루트(route) 도, 가공 배선 상세도.
수변전 설비 공사	단선결선도		수전방식, 전압, 용량, 전선 규격, 인터로크까지 기입. 계전기류는 모두 기입. 책임 분계점·재산 분계점 명시.
	기기 배치 평면도	1/50	기기 중량 명시 (표로 한다). 장래의 증설 스페이스를 특기. 큐비클형인 것은 문짝의 열림 상태를 명시한다.
	기기 배치 단면도	1/20~1/50	버스 덕트, 금속 덕트, 케이블 래크, 배관 등도 기입.
	기기 기초 바닥 피트도	1/50	기초 콘크리트 중량, 기기 중량, 방진(防振) 장치, 앵커용 슬리브 구경, 위치, 기초 천 단(天端) 치수* 명기(明記). 옥외 큐비클 등의 경우에는 배수 방법 명기. 방진 장치, 내진(耐振) 방법, 피트 등의 상세 표기.
	배관 배선도	1/50	내화(耐火) 시방의 범위를 명확히 한다. 기기 접속은 생략하지 말 것. 또한 접지선의 기입 누락에 주의. 필요에 따라서 단면도도 작성한다.
	배전반(配電盤) 정면도, 측면도 프레임 파이프 조립도	1/20, 1/50	반(盤)의 설치 상세(詳細) 표기. 고압에 있어서는 충전부의 높이를 명기한다. 클램프 등의 설치 상세 표기.
	전기실내 배관 배선도	1/20, 1/50	전등 콘센트. 자동 화재 경보, 감시 제어 기타의 설비 기입. 복잡한 경우에는 감시 제어 관계는 별개의 그림으로 한다. 또 각 설비의 접속점은 명확히 해 둔다.
	접지판 매설도 기타	1/10, 1/50, 1/100	접지판 제작도, 리드선 접속, 수절부(水切部)를 상세 표기한다. 배선 계통이 복잡한 경우에는 반외(盤外) 결선도를 작성(전선 규격, 색별도 명기한다).
자가 발전 설비 공사	기기 배치 평면도	1/20	기기 중량, 행거 훅 등을 명기. 조작반 등의 문짝의 열림 상태, 점검면을 명시, 각 기기의 법정 격리(隔離) 명시.
	기기 배치 단면도	1/20	슬래브 위에 설치할 경우, 슬래브의 빔도 명기한다.

공사 항목	도면 명칭	표준 축척	작성할 때의 요점
자가 발전 설비 공사	기기기초바닥 피트도	1/50	수변전(受變電)의 항(項)에 준한다.
	연도(煙導)도	1/50	벽 관통부, 방진 장치, 굴뚝 접속부 등의 상세 표기. 지지 방법, 행거 볼트 하중 명기.
	배관 배선도	1/50	수변전의 항에 준한다.
	송유 냉각 수배관도	1/50	기기와 접속하는 배관의 시방 명시, 지지 방법, 배수 방법 등, 기입. 플로 시트를 명기한다.
	기타		오일 탱크, 서비스 탱크 주위 배관도. 발전기 실내 배관 배선도. 급유구(給油口) 설치도. 연결용 인터폰 배관 배선도 등.
축전지 설비 공사	기기 배치 평면도	1/50	기기 중량 명기. 메인티넌스 스페이스 명시.
	기기기초바닥피트도	1/50	수변전의 항에 준한다.
	배관 배선도	1/50, 1/100	수변전의 항에 준한다.
	기타		축전지실내 배관 배선도 등.
간 선 설비공사	간선 계통도		풀 박스 지지점 명시. 계통에서 번잡한 경우에는 동력 간선과 전등 간선으로 분류하여 작성한다. 분기(分岐) 개소는 명확히 도시할 것. 버스 덕트, 금속 덕트 등은 필요에 따라서 별개의 그림 또는 입체 계통도를 작성한다. 층수, 층 높이는 누락없이 기입한다.
	각 층 배관 배선도	1/50, 1/100	반류는 모두 기입할 것. 풀 박스의 점검면, 하단의 높이, 천정 높이 기입. 배관의 집중 개소, 반의 접속부, 지지 방법, 관통부 등은 상세도로 작성. 노출·매입·은폐 배관의 구별을 명시. 필요에 따라서 단면도를 작성한다.
	샤프트 상세도	1/20	지지 방법, 관통부, 케이블 분기부 상세도 작성. 점검구 위치, 개폐물의 열림 상태 명시. 공용 샤프트(shaft)의 경우, 파선(破線)으로 관련 설비 기입.
	금속 덕트도	1/50	지지 방법, 점검면, 덕트 단면 명기. 필요에 따라서 단면도 작성.
	버스 덕트도	1/50	지지 방법, 반류 접속부, 관통부 상세 명기. 필요에 따라서 단면도 작성.
	케이블 래크도	1/50	지지 방법, 반류 접속부, 관통부 상세 명기·필요에 따라서 단면도 작성
	슬리브 인서트도	1/50, 1/100	중량물의 행거 볼트는 단품도(單品圖) 작성. 하중(荷重) 기입. 예비 슬리브 인서트는 특기(特記).
	기타		풀 박스 제작도 등.
동 력 설비 공사	동력반(盤)류 배치도	1/50	메인티넌스 스페이스, 점검 문짝의 열림 상태, 위치, 조작도면 명시. 부근의 기타 설비 기기 등 파선(破線)으로 기입. 중앙 감시실 등에 있어서는 약전(弱電)·방재(防災) 관계의 반류도 기입한다.
	동력 반류 설치도	1/20	바닥 피트의 관계, 시공 구분 명시.

공사 항목	도면 명칭	표준 축적	작성할 때의 요점
동 력 설비 공사	동력 기류 접속 상세도	1/20	전극봉(電極棒) 기타 계측기 등의 설치 상세표도 작성한다.
	각 층 배관 배선도	1/50, 1/100	배관 집중부는 상세도 작성. 풀 박스, 배관 등의 기중 위치에서 하단 높이 기입. 천정 높이 명시. 풀 박스의 점검면 명시, 인터로크 배선, 다른 층으로의 전원 송전은 기기 명칭을 기입하는 데에 있어서 특기할 것. 노출·매입·은폐 배관의 구별을 명시. 필요에 따라서 단면도를 작성한다.
	동력 반류 배선도 기타		인터로크, 반류, 제어 관계 명시. 원격 감시 제어 관계는 계통도를 작성할 뿐만 아니라 동력(動力) 공사에 준한 도면을 작성한다.
전 등 콘 센 트 설비 공사	분전반 설치도	1/20	
	각 층 배관 배선도	1/50, 1/100	콘크리트 박스, 아우트렛 박스의 종별, 배관의 노출·매입·은폐의 구별을 명시한다. 케이블 배선의 경우는 경로를 생략하지 말 것. 또한 지지 방법, 관통부 상세를 표기한다. 분전반 주위의 배관 배선은 생략하지 말 것. 회선(回線) 번호도 기입한다. 천정 높이, 실(室) 주위의 마무리에 관해서도 표기한다. 인서트의 위치를 명기한다.
	스위치 점멸 계통도		계단, 3로, 4로, 리모컨 스위치, 타임 스위치 등의 경우, 필요에 따라서 작성.
	계단 전등 계통도		
조명 기구 설비 공사	조명 기구 배치도	1/50	일반적으로는 건축 천정 평면도로 대용한다. 비상조명 배광 곡선도 필요에 따라 기입한다.
	조명 기구 설치 상세도	1/10	표준도에 의한 경우에는 배치도에 표기한다. 광천정(光天井) 등, 특수한 경우에 작성한다.
	인서트도	1/50, 1/100	일반적으로는 전등 콘센트 각 층 배관 배선도에 기입한다.
전화 배선 설비 공사	전화 배관 계통도		풀 박스, 케이블 래크 등은 명확히 도시(圖示)한다. 간선 계통도에 준한다.
	인입 배관도	1/50	인입주, 핸드 홀, 외벽 관통 상세 표기. NTT 등과 접속하는배관 등의 시방 명기.
	각 층 배관도	1/50, 1/100	전등 콘센트 각층 배관 배선도에 준한다.
	플로어 덕트도	1/50, 1/100	박스, 인서트 상세 표기. 또 부설 단면(斷面)도 표기한다.
	샤프트 상세도	1/20	지지 방법, 관통부, 분기부, 상세 작성, 점검구, 개폐물의 열림 상태 명시. 공용 샤프트의경우, 파선으로 관련 설비 기입.
	MDF실 상세도	1/20	공사구분 명시. MDF 접속 상세. 조명, 콘센트, 자동화재 경보 설비 등 기입.

공사 항목	도면 명칭	표준 축척	작성할 때의 요점
전화 배관 설비 공사	교환기 배치도	1/20, 1/100	기기 중량, 점검 문짝의 열림 상태, 메인 티넌스 스페이스 등, 명기.
	교환기실 배관 상세도	1/20	바닥 피트 상세 표기. 기기 접속 명시.
	케이블 래크 금속 덕트도	1/50	간선의 항에 준한다.
	단자반 설치도	1/20, 1/50	
약전 (방송) (전기 시계) (인터폰) (표시 기기) (TV 공청) (ITV) (전광 사인) (방범 경보) (비상 벨) (차고 관제)	약전(弱電) 계통도		풀 박스, 지지점 명시. 분기 개소는 명확히 도시할 것. 층마다 기구 등의 개수를 명시할 것. 층수, 층 높이는 누락없이 기입한다.
	각 층 배관 배선도	1/50, 1/100	간선의 항에 준한다. 기기 전원측은 특기할 것.
	샤프트 상세도	1/20	간선의 항에 준한다.
	기구 설치 상세도	1/10	
	기기 설치 상세도	1/20	동력의 동력반류 설치도의 항에 준한다.
	슬리브 인서트도	1/50, 1/100	간선의 항에 준한다.
	기타		옥외 배관 배선도 등.
(화재 방지) (화재 경보) (비상 경보) (방연 댐퍼) (방연) (배연) (항공 장해등)	화재 방지 계통도 각 층 배관 배선도	1/50, 1/100	약전(弱電)의 항에 준한다. 간선(幹線)의 항에 준한다. 기기 전원측은 특기할 것.
	샤프트 상세도	1/20	간선의 항에 준한다.
	기구 설치 상세도	1/10	감지기, 발신기, 옥내 소화전 장착 발신기 취합. 댐퍼(damper) 폐쇄 장치, 방화 문짝, 방연(防煙) 문짝, 방연 샤프트 등의 폐쇄장치 등.
	기기 설치 상세도 기타	1/20	동력의 동력반류 설치도의 항에 준한다. 옥외 배관 배선도 기타.
피뢰침 (避雷針)	돌침(突針) 설치 상세도	1/10	설치 고정쇠, 지지 파이프의 재질, 마무리 시방 명기. 기초, 앵커 볼트 설치 상세 등 표기.
	피뢰도선 부선도	1/50, 1/100	지지 애자(碍子) 설치 상세, 리드선 보호 상세 등 표기.
	도선 철골 접속 상세도	1/10	
	측정기 함입 설치 상세도	1/20	
	접지판 매설도 기타	1/50	수변전의 항에 준한다.

[주] * 기초상부의 마무리면과 바닥 마무리 및 콘크리트 상면과 치수.

- 공조(空調)·위생설비와의 취합
- 건축과의 취합
- 현장 작업원 (전공)에 대한 작업순서, 주의사항 및 안전 활동 등의 전달

(2) 건축공정에 악영향을 미치게 된다.

(3) 재료의 수배가 나빠진다.

(4) 전공수(電工數)의 수배를 알 수 없게 된다.

[1] 시공공정

전기설비 공사에 착수하기 전에 모든 또는 대부분의 시공도가 완성되어 있다면 이상적이지만 아무래도 그러한 여유가 없는 경우가 많다.

시공은 전기설비 공사 단독으로 할 수 있는 것이 아니라 건축·전기·위생·공조·반송 등의 각 설비공사의 상호 협조가 이루어짐으로써 비로소 전체로서 허비, 억제, 무리·난조가 없는 공사가 된다. 각각의 공사의 흐름 가운데에는 체크 포인트가 있고 개선점이 있다. 따라서 시공도를 시간에 맞춰 완성시키고 시공으로 이행해 가는 것이 중요하며, 이를 위해서는 건축·전기설비는 물론 다른 설비의 시공공정을 파악해야 하는 것이다(그림 3·11).

[2] 시공도 작성의 시기

시공도는 시공을 시작하는 수일 전에 완성시켜 고객·설계자 등의 타합을 실시하여 수정부문은 수정하여 승인을 받고, 승인 후에는 현장 시공에 착수하는 것을 원칙으로 하고 있다.

시공을 하는 데에는 시공도를 기준으로 하여 자재, 전공수 및 공구 등의 수배를 한다음 시공으로 이행하는 것이기 때문에 시공도를 완성시키는 시기는 시공 직전이 아니라 전기설비 공사 공정은 물론이고, 건축공사나 기타 설비공사의 공정, 관공서의 인허가신청 계출에 지연이 없도록 빨리 작성해 놓아야 한다. 이를 위해서는 시공도를 작성하고 그 승인된 시공도로 현장 시공을 할 수 있는 상태까지의 일수(日數)를 알아 두면 된다.

일반적으로 시공도를 작성하고 현장 시공을 개시할 수 있는 일수는

 ① 시공도에 착수하여, 원안(原案)을 완성시킬 때까지의 일수

 ② 건축·기타 설비와의 취합에 요하는 일수 및 그 결과, 변경·수정에 요하는 일수

 ③ 고객·설계자와의 타합에 요하는 일수 및 그 결과, 변경·수정에 요하는

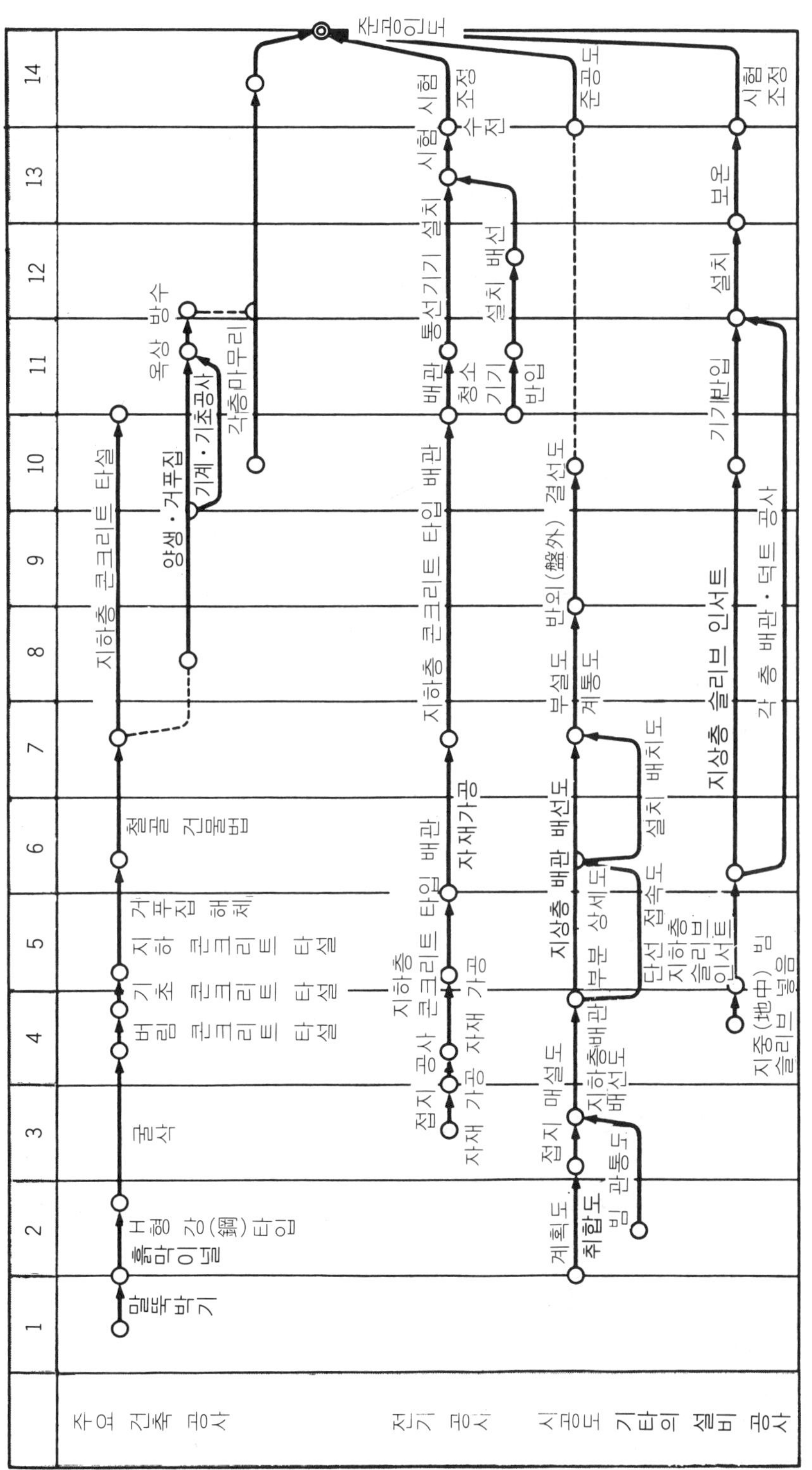

그림 3·11 시공 공정과 시공도 공정의 예

일수

④ 시공도 승인필 수령(受領)에 요하는 일수

⑤ 자재, 전공수, 공구 등을 수배하고 시공 체제가 정비되는 데에 요하는 일수가 있어 시공도 작성에 약 10일간, 수배에 약 7일간, 합계 약 17일의 기간이 필요하게 된다(그림 3·12).

그러나 준비 단계에서 제작도 등, 시간이 걸리는 것도 있기 때문에 내용을 충분히 검토하고 메이커에 의뢰하여 시공도 착수 전에는 준비가 완료되어야 한다.

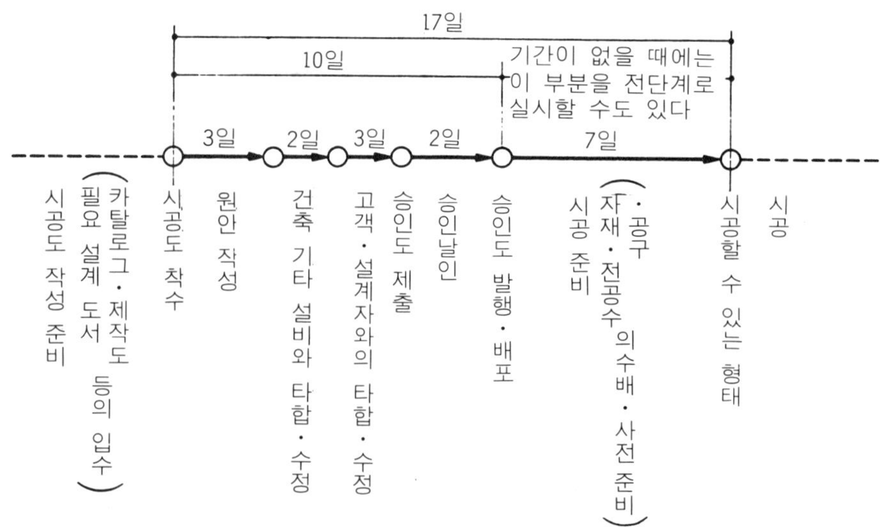

그림 3·12 시공도 작성과 시공까지의 소요 일수의 예

3·5 시공도 작성의 순서

시공도 작성의 순서의 흐름을 그림 3·13에 나타낸다.

[1] 필요 설계도서(圖書) 등의 입수

시공도의 원안을 작성함에 있어서 먼저 필요한 설계도서를 입수하여 전기설비 설계도서를 충분히 음미하고 또한 건축이나 기타 설비의 설계도서까지도 충분히 이해할 필요가 있다.

필요한 설계도서, 카탈로그 및 제작도 등은 다음과 같다.

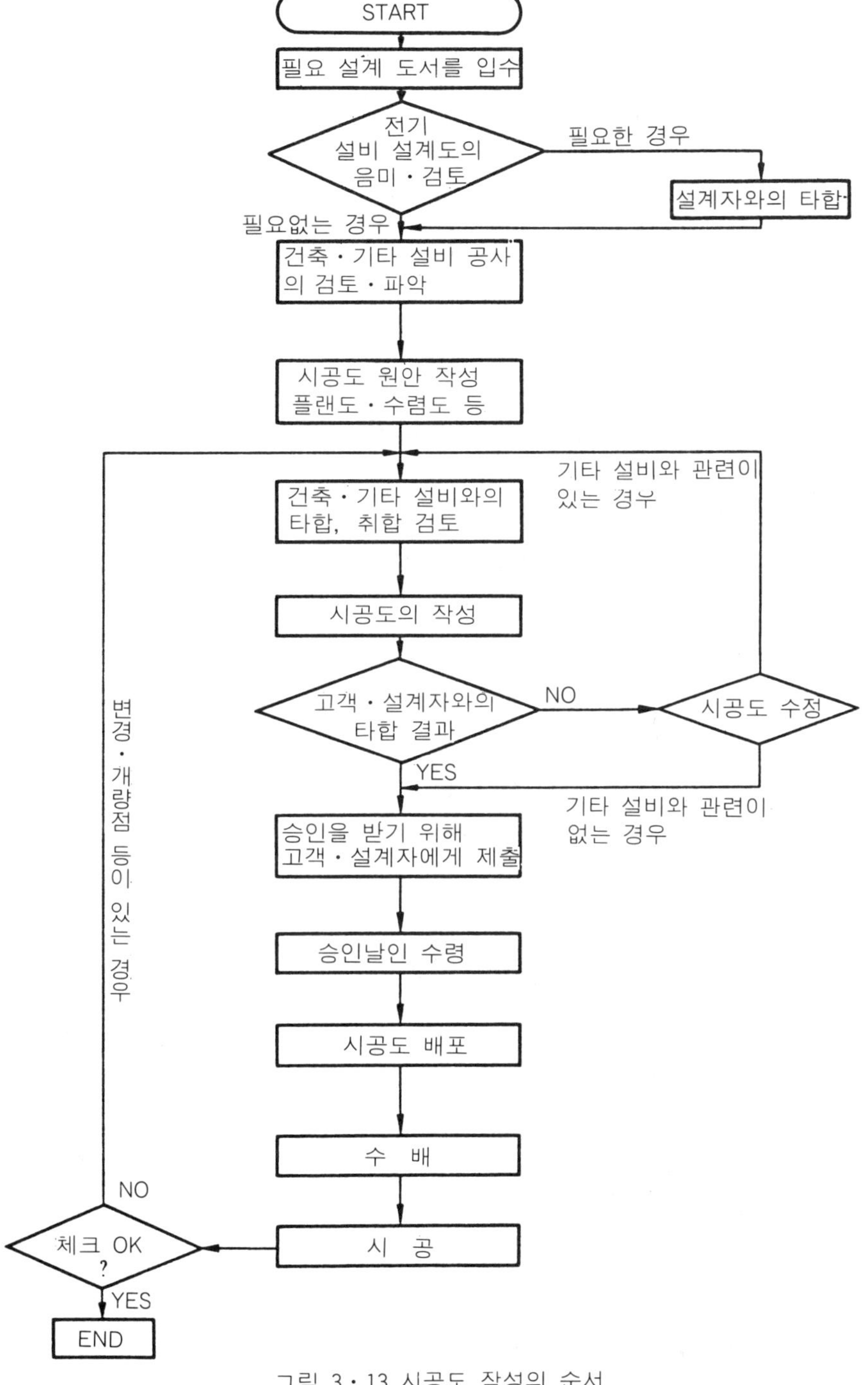

그림 3·13 시공도 작성의 순서

<전기설비 관계>
- 표준 시방서, 특기 시방서
- 전기설비 설계도
- 장치·기기·기구의 자세도, 치수도, 제작도
- 카탈로그류
- 적산시(積算時)의 질의 응답서

<건축 관계>
- 건축 의장 설계도
- 건축 구조 설계도
- 콘크리트 구체도, 천정 평면도, 타일 배치도, 전기실·기계실 등의 신더-콘크 리트도, 배선 피트도 등

<기타의 설비 관계>
- 위생설비 설계도, 기계실의 시공도
- 공기조화 설비 설계도, 기계실의 시공도
- 승강기 등의 설계도
- 기타 해당 건물에 관계되는 도면류

[2] 건물의 개요와 주위 조건의 확인

시공도 작성에 착수하기 전에 건물의 개요나 주위 조건 등을 확인한다.

(1) 건물의 개요
- 건물의 소재지, 부지 면적, 건축 바닥 합계 면적, 층 계수, 높이, 층 높이, 건물 의 구조, 건물의 사용 목적 및 테넌트(tenant) 관계를 확인한다.

(2) 주위 조건
- 기상 조건 (적설, 우량, 기온, 습도, 풍속(風速), 뇌(雷)의 다발 등)
- 염해(鹽害) 지구
- 고조(高潮) 지구, 지진 빈발지구
- 소음 방지 지구
- 전파 장해의 유무, 항공로 지구
- 상수면의 높이, 지형(地形)
- 지중(地中) 장해물의 유무

등의 확인을 한다.

(3) 감리 관계자 및 타업자　건축주·설계 사무소·종합 건설업자 등의 감리 관계자의 확인을 받는 동시에 위생설비 공사업자, 공조설비 공사업자 등, 기타 설비

공사업자의 재확인을 받는다.

(4) 수주시의 계약 조건 현장 설명사항 및 질의 응답서 등에 따라 시공에 반영하지 않으면 안되는 사항을 확인한다.

(5) 공사명칭 공식적인 공사명칭의 확인을 한다.

[3] 관련 법규

전기설비에 관련되는 법규는 정부령, 부령, 지방 자치단체의 조례 · 규칙, 각 학회 · 협회, 전력회사 및 NTT의 규격 · 규정 등이 있고, 또한 행정 지도사항이 있어 대단히 많다.

시공도를 작성하는 데 있어서 법규를 충분히 이해해 두어야 하며, 이해하기 어려운 부분 등에 대해서는 여러 관계 관청, 전력회사 등과 타합하여 확인하는 것이 좋다.

관련법규의 요지에 대해서는 4장을 참조하기 바란다.

[4] 전기설비 설계도서의 음미와 검토

설계도서 (표준 시방서, 특기 시방서, 설계도)로써 전기설비의 확인사항과 내용을 충분히 파악한다. 충분히 파악하지 않고 착수하면 쓸데없는 잔손질이나 타합의 시간이 많아진다.

설계 의도, 설계 주지 및 기술적인 내용이나 특징 등, 설계의 포인트를 조사한다.

(a) 확인 사항

① 공사구분의 확인(표 3 · 9)

② 기타 설비업자와 시공 범위의 확인(표 3 · 9)

③ JV(joint venture : 합작 사업)로 시공할 경우, 다른 전기 설비업자와의 시공 범위의 확인

④ 설계도서 등의 우선순위의 확인

예를 들면 우선순위로서 ① 특기 시방서, ② 질의 응답서, ③ 건설부 표준 시방서 등을 확인한다.

(b) 음미와 검토 설계도서를 음미하여 그 의도나 주지(主旨)를 시공도에 반영시키기 위해 4장의 시공도 작성 전의 체크 포인트의 체크 항목에 따라 검토하여, 불명(不明)이나 불확실한 사항에 대해서는 모두 클리어(clear)해 둘 필요가 있다.

여기에서 가장 중요한 것은 전기실, 비상용 발전기실, 축전지실 및 분전반실 등

표 3·9 공사 구분의 확인 체크

확인 사항	No.	항목	구분		비고
			본공사		
건물주와의 확인 사항	1	전력 인입공사와 그 공사 부담금			
	2	전화선 인입공사와 공사 부담금			
	3	전화 기기와 그 배선공사			
	4	빌딩 음전파(陰電波) 장해 보상			
	5	OA 기기와 그 배선공사			

확인 사항	No.	항목	건축	전기	비고
건축구체(軀體)와의 확인 사항	1	배전탑 (옥내·옥외)의 기초			
	2	큐비클, 수변전 설비의 기초			
	3	전기실 관계 네트 펜스			
	4	비상용 발전기용 기초			
	5	비상용 발전기용 연료 탱크용 방유(防油)둑			
	6	상기 이외의 기기의 기초 및 마무리			
	7	광고탑, 네온, 간판의 기초 및 앵커			
	8	중량 기기의 반입 반출용 훅			
	9	발전기 점검용 Ｉ빔 및 체인블록			
	10	중량(重量) 기기의 바닥 구조 등의 보강(補強)			
	11	연돌(煙突)(연도(煙道)를 제외)의 라이닝 및 청소구			
	12	발전기용 연도의 제작, 설치, 단열, 마무리			
	13	배선 피트 및 그 뚜껑, 테두리 철물의 제작, 설치, 마무리.			
	14	구체(軀體) 접속 전력 인입 맨홀.			
	15	트렌치 및 샤프트의 구체 및 마무리			
	16	피뢰침(避雷針) 및 TV 안테나의 지지 가대(架台) 및 지지 폴의 제작, 설치			
	17	폴에 설치할 항공 장해등의 설치용 기초 철물(트랩 부착).			
	18	외벽 및 건물 위에 설치하는 항공 장해등(障害燈)의 설치용 기초 철물			
구멍 뚫음에 관한 확인 사항	1	철근 콘크리트조의 빔의 관통 슬리브			
	2	철골 빔의 관통 슬리브			
	3	관통 슬리브 주위의 보강			
	4	관통 슬리브 주위의 구멍 되메우기			
	5	바닥·벽의 구멍 뚫기 및 구멍 되메우기			
	6	동상(同上) 주위의 바닥·벽의 개구 보강			
	7	동상 방수층을 관통할 경우의 방수처리			
	8	동상의 외벽 등을 관통할 경우의 개구부 프레임측 실링(ceiling) 처리			
	9	금속판, 합판, ALC, 보드 돌, 프리 액세스 등의 전기 관계 절단, 구멍뚫기 및 보강.			

확인 사항	No.	항목	구분		비고
			건축	전기	
	10	환기용의 선풍기의 벽 관통 슬리브, 설치 프레임 및 루버.			
	11	천정의 매입 기구용의 구멍 뚫기, 천정 기초 프레임 및 기초 보강.			
	1	광천정(光天井) 등, 건축화 조명의 프레임 조립, 내부 반사 및 마무리.			
	2	시스템 천정의 기초 프레임 조립 및 단부 테두리 및 마무리.			
	3	붙박이 가구내의 조명기구, 스위치 등을 설치하기 위한 가구의 구멍 뚫기 가공.			
	1	머신 해치(hatch) 및 뚜껑			
	2	건물내외 화장(化粧) 맨홀 뚜껑			
	3	바닥, 샤프트, 벽 및 천정의 점검구			
	4	트렌치, 샤프트의 점검구 및 문짝			
	1	방화 문짝용 연기 감지기, 제어반 및 그 배선			
	2	방화 문짝용 릴리스 설치 및 이를 위한 절단가공			
	3	방연 셔터의 구동장치, 제어반(원격 조작용 접점·원격 표시용 접점·배연 지시용 접점부착), 푸시 버튼, 연기 감지기, 리밋 스위치(상한(上限)·중간(中間)·하한(下限)), 경보 버저(buzzer) 및 그 배선.			
	4	전동 셔터의 구동 스위치, 제어반(원격 조작·원격 표시 접점 부착) 원격 조작반, 푸시 버튼 및 그 배선.			
	5	자동문의 구동장치, 제어반, 감지기(매트 스위치, 광전관 등) 및 그 배선.			
	6	전기정(電氣錠) 시스템의 제어반 푸시 버튼, 인터폰, 개폐 감지기, 시정부분 및 그 배선			
	7	동상(同上)의 문짝 개폐 감지기, 시정부분의 설치 및 이를 위한 절단가공.			
	8	문짝의 개폐 감지기 및 그 배선			
	9	동상의 문짝 개폐 감지기의 설치 및 이를 위한 절단가공			
	10	금고(金庫) 문짝(개폐 표시 접점·경보 접점 부착) 및 표시기			
	11	방범 경보반, 방법 감지기 및 그 배선			
	12	동상의 문짝에 설치할 감지기의 설치 및 이를 위한 절단가공 및 벽에 설치할 경우의 절단가공.			
	13	가동 방연(防煙) 수직 벽의 릴리스, 제어기(원격 조작용 접점·원격 표시용 접점 부착), 수동 개방장치, 연기 감지기, 표시기 및 그 배선			

확인 사항	No.	항목	구분		비고
			건축	전기	
승강기에 관한 확인 사항	1	엘리베이터용 일반등, 비상등 전원 및 수전반 (분기를 포함)의 차단기, 1차측 단자까지의 동력 전원 및 접지선			
	2	엘리베이터 피트 점검용 콘센트			
	3	BGM, 비상방송, 시계 펄스, 인터폰, 운행 표시, 패턴 전환, 지진·화재 제어의 승강로 외의 배선			
	4	에스컬레이트 전원 공급, 난간 조명 전원 공급 및 접지선			
	5	에스컬레이트 전원반(電源盤) 및 2차측 공사			
	6	에스컬레이트 트루스(truss) 밑에 설치한 기구의 구멍 뚫기 보강			
	7	에스컬레이트 트루스 밑에 설치할 기구(조명기구, 스피커 등)의 공급 설치			
타설비에 관한 확인 사항	1	시스템 천정의 설비 플레이트(plate)의 제작과 그 설치			
	2	배연(俳煙) 프로그램 제어반 및 배연시의 공조 정지용 배선			
	3	연기 감지기 연동 댐퍼의 릴리스, 제어기(원격 표시용 접점 부착). 연기 감지기, 표시기 및 그 배선			
	4	전기실, 발전기실의 급배기(給排氣)			
	5	발전기실내 급수 (발전기실까지는 위생공사로 한다)			
	6	발전기실 배수			
	7	각종 수조(水槽)의 액면(液面) 전극봉 등			
	8	소화(消火) 펌프, 스프링 쿨러 펌프의 시동 및 확인용 배선			
	9	화재 발신기 병설형(併設型)의 소화전(消火栓)(가대, 구멍 뚫기, 가공 공히)			
	10	스프링 쿨러용 알람 밸브, 플로 스위치, 압력 스위치 등			
	11	포소화용(泡消化用) 알람 밸브, 플로 스위치, 압력 스위치 등			
	12	불연성 가스 소화용 제어반, 감지기, 음향장치, 솔레노이드(solenoid) 압력 스위치 및 그 배선			
	13	가스 누설 감지기, 표시기(원격 표시 접점 부착) 및 그 배선			
	14	오일의 급유(給油) 연락장치(인터폰, 버저, 레벨 표시장치 등) 및 그 배선			
	15	보일러 제어반 및 2차측 전기공사			
	16	냉동기의 고장 표시 등, 외부에의 배선			
	17	공조(空調) 동력 제어반에서 공조 자동 제어반으로의 전원 공급			

확인 사항	No.	항목	구분		비고
			건축	전기	
타설비에 관한 확인 사항	18	동력 제어반의 공급 설치 및 그 2차측 전기공사			
	19	동력 제어반 상호간의 인터로크의 배선			
	20	감시반에 장착할 위생·공조용의 계측 기록 기기류의 공급 설치			
	21	계측용 검출단 기구, 그 변환기 및 그 사이의 배선			
	22	동상(同上) 변환기 (반)에서 감시반까지의 배선			
	23	경보반 및 그 배선			

의 스페이스를 충분히 검토하여 만약 수납되지 않는 경우에는, 건축 구체에 영향을 미치기 때문에 조기에 해결해야 한다.

[5] 시공도 원안의 작성

시공도를 작성하기 전에 기계·기구·장치의 배치가 어떠한 것인가? 수납은 어떠한가? 또한 기준이 되는 설치 위치는 어떠한가? 등을 해결해 놓아야 한다. 이를 위해서 고객의 요망을 받아들여 플랜도(계획도), 취합 검토도, 시공 기준도를 그리고 고객과 타합하여 배치, 수납 및 기준이 되는 설치 위치에 관해서 결정한다.

이것들의 도면은 시공도를 그릴 때의 기본이 되는 것으로서 건축도를 제2 원도(原圖)로 하여 기계·기구·장치의 치수나 배치를 그림기호 및 자세도로 그려넣고 치수선, 치수도 그려 넣는다. 또한 기타 설비의 기계·기구·장치의 배치도 그려 넣는다. 이때 취합상의 문제가 발생하게 되는데, 설비 업자간에 적극 협조하여 조정할 필요가 있다.

기계·기구·장치의 수납, 취합이 엄격할 때에는 미리 취합 검토도를 작성하여 불합리한 부분을 그림으로 표현하여 검토한다. 원안이 완성되었으면 건축이나 기타 설비와의 취합을 충분히 실행하여 수정할 부분은 모두 수정한다.

[6] 시공도의 작성

이상과 같이 그릴 준비가 되었으면 먼저 시공도의 종류를 결정해야 한다. 종류에 따라 그리는 순서가 달라진다. 그리는 순서를 그림 3·14에 나타낸다.

그림 3·14에 기초를 두어 배관 배선도를 예로 들어 설명한다.

① 축척을 결정한다(표 3·8 참조).

② 긴축도를 그린다.

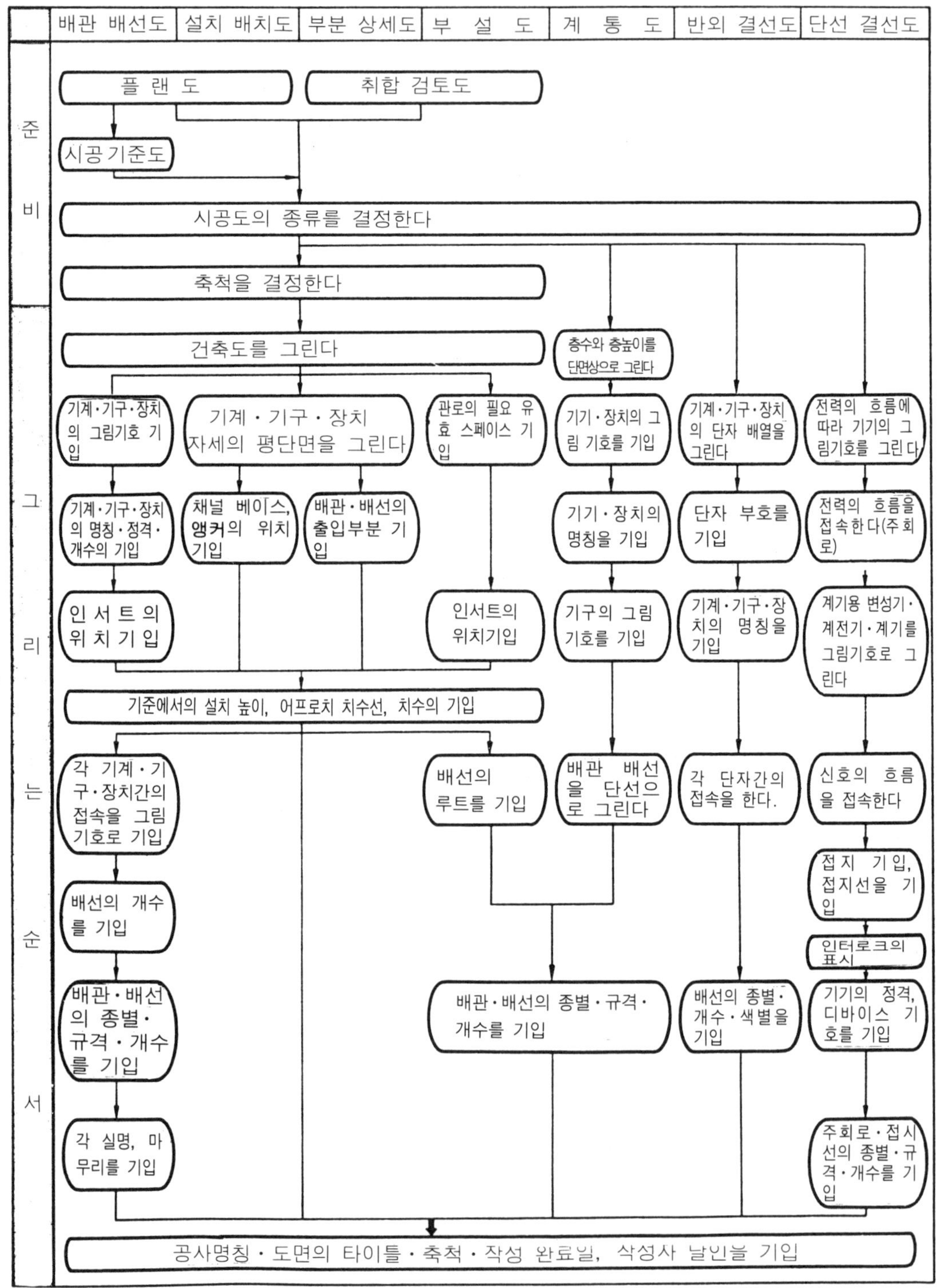

그림 3·14 시공도를 그리는 순서 그림

건축도의 그리는 방법(2·4절 참조)에 따른다. 이때 도면의 선 굵기에 주의한다 (표 3·5).

③ 기계·기구·장치의 그림 기호나 자세도를 기입한다.

계획도, 시공 기준도를 참조하면서 스위치, 콘센트, 조명기구, 분전반 등의 위치를 그림 기호나 자세도에 따라 소정의 장소에 기입한다.

④ 기계·기구·장치의 명칭, 정격(定格), 개수를 기입한다.

분전반·동력반 등의 명칭, 조명 기구, 전동기 등의 정격, 스위치, 콘센트 등의 개수 표시를 기입한다.

⑤ 인서트의 위치를 기입한다.

조명기구 등의 설치용 인서트를 그림기호로 표시하여 기입한다.

⑥ 기준선에서의 설치 높이, 어프로치 치수선 및 치수를 기입한다.

소정의 장소에 기입된 기계·기구·장치 또는 인서트를 설치하기 위해 기준선 (관통심, 벽심, 바닥 마무리면)에서의 치수선, 치수를 기입한다. 이때 시공 기준도에서 제시하고 있는 기구 등의 설치 치수는 생략하는 수가 많다. 또 시공 도면상에서 동일 치수로 되는 것에 관해서는 그 대표적인 것만을 치수선, 치수를 기입한 쪽이 번잡하지 않아 보기가 쉽다.

⑦ 각 기계·기구·장치간의 접속을 그림기호로 기입한다.

각 기계·기구·장치 또는 기구간 상호간의 전기적 접속을 실시한다. 이때 천정 은폐배선, 천정 속 내부배선 등의 구별을 하기 위해 그림기호로 기입한다.

⑧ 배선의 개수를 기입한다.

전선의 개수는 　——///——　과 같이 기입한다.

⑨ 배관 배선의 종별, 규격, 개수를 기입한다.

전선관, 전선, 케이블의 종별, 규격 및 개수를 기입한다.

기입하는 방법은 $\dfrac{———///———}{1.6(19)}$, $\dfrac{———/———}{\text{VVF } 1.6-3C}$ 등으로 표현하는데 전선의 개수가 많을 경우라든가 규격이 달라지는 전선을 동일 전선관에 수납할 경우 등일 때는 $\dfrac{———}{2.0\times7(25)}$, $\dfrac{———}{\begin{smallmatrix}5.5^{\square}\times3\\2.0\times1(31)\\1.6\times4\end{smallmatrix}}$ 과 같이 표현한다.

⑩ 각 실명(室名), 마무리를 기입한다.

각 실이 어떠한 용도인가를 명시하고, 또한 그 실(室)의 바닥·기둥·벽 및 2중 천정의 유무, 천정 높이도 함께 기입한다.

⑪ 공사 명칭, 도면의 타이틀, 축척 및 작성 완성일을 기입하고 작성자의 날인을 한다.

완성된 시공도가 어떠한 건물 명칭인가?, 어느 시공도인가? 또한 축척은 얼마로 그려지고 있는가? 언제 그린 것인가?를 표시하고 시공도의 작성자가 책임을 지기 위해 작성자의 날인을 한다.

　이상으로 배관 배선도의 시공도가 완성된 셈인데 출도(出圖)하기 전에 재차 눈으로 미스가 없는가를 확인한다.

[7] 고객 · 설계자와의 타합

　고객 · 설계자의 의도와 일치시키기 위해 또한 새로운 요망사항의 유무 등을 확인하기 위해 고객 · 설계자와 타합을 한다. 특별한 것이 없다면 완성된 시공도를 승인용으로서 승인란의 고무인을 날인하여 고객에 제출하고 승인날인 수령 후, 현장원(現場員)에게 배포하여 시공 준비, 시공에 착수한다.

　시공도의 내용이 고객 · 설계자의 의도와 다소 차이가 있거나, 새로운 요망사항이 있을 경우에는 즉시 시공도를 정정하여 승인용으로서 고객에게 제출한다.

3 · 6　시공도의 수정

　설계도서의 내용을 음미하여 그 의도 · 주지를 파악하고 충분한 취합을 이룬다. 시공도를 그리고 고객·설계자와의 타합도 완료하여 시공도의 승인도 받았지만, 설계 변경이 발생하여 어렵게 이루어진 시공도를 수정하지 않으면 안되는 경우가 흔히 있다.

　이 경우, 시공도를 복사하여 그 복사한 도면에 설계 변경부분을 적색 등으로 수정하여 현장 작업원에게 넘겨 시공하고 있는 곳을 살피게 되는데 이 방법은 매우 위험이 따르고 있다. 예를 들면 적색 등으로 설계 변경부분을 수정한 것을 분실할 경우도 있고, 공사가 수일간에 걸치는 경우에는 더럽혀지거나 구겨지기도 하여 시공 미스의 원인이 될 수 있기 때문이다.

　설계 변경이 발생하면 먼저 건축에 영향이 없는가? 다른 설비에 영향이 없는가? 를 조사하여 영향이 있을 경우에는 먼저 건축 · 기타의 설비와 타합하여 시간의 유예를 얻어 시공도를 수정한다. 이 경우 시공도의 원지(原紙)에서 변경 개소를 수정한다.

　변경부분이 시공 중이라면 변경이 발생했을 때 즉시 관계자에게 연락을 취하여 긴급시책으로서 복사한 시공도에 적색 등으로 변경부분을 수정하여 관계자에게 건네주어 그 변경에 대처한다. 그 후에 적색 등으로 변경부분을 수정한 것을 시공도의 원지에 수정한다.

　시공을 수정할 때의 주의사항은 다음과 같다.

　(1) 자소판(字消板)을 사용하여 변경부분을 지우고 변경하지 않는 부분까지 지

워서는 안된다.

(2) 평면·단면도 등이 있을 경우, 평면도만을 수정하는 것이 아니라 관련되는 도면의 변경부분도 모두 수정한다.

(3) 조명기구의 대수, 전동기의 용량 등의 변경일 경우에는 전기적으로 관련되는 전선의 규격, 스위치, MCB의 용량 등을 체크하여 관련되는 도면도 모두 수정한다.

(4) 수정한 사항과 연 월 일을 시공도 원지의 비고란에 기입한다.

3·7 복사의 방법

현장에서 사용하는 복사기에는 블루 프린트인 것이 일반적이고 비용이 싸다. 복사기에는 습식과 건식이 있지만 먼지가 많은 장소에서 사용할 경우에는 건식을 권장한다.

복사를 할 때의 주의 사항은 다음과 같다.

(1) 복사기 스피드의 눈금을 적절한 위치에 맞춘다. 스피드의 고·저로써 프린팅에 난조가 발생하기 때문에 극력히 이 낭비를 줄인다.

(2) 몇 매 복사하는가를 확인한다.

(3) 용지의 크기를 확인하고 원도(原圖)와 동일한 크기의 복사 용지를 선정한다.

(4) 용지가 감겨 들어가는 데에 주의한다. 특히 원도가 감겨 들어가면 재차 시공도를 그리지 않으면 안된다.

(5) 원도가 뒤집히지 않았는가에 주의한다. 뒷면에 복사하면 사용할 수 없게 된다.

(6) 각 장마다 정성을 들여 복사한다.

3·8 시공도의 보관 방법

이상으로 기술한 바에 대하여 이해되었으리라 믿어지지만 시공도는 종류, 매수(枚數)가 많아 인출할 때에 인출하기 쉽도록 해 두는 것이 중요하다.

시공도를 분실하거나 더럽히거나 구겨져 시공에 지장을 일으키게 되면 모처럼의 시공도가 효과적인 작동을 할 수 없게 되어버린다. 그래서 주요 공사별 또는 시공도의 종류마다 분류하여 원도 케이스에 보관하고, 시공도 원도의 출입을 하기 쉽도록 해 두는 것이다.

또 만일의 사고에 대비하여 현장사무소 이외에 시공도의 승인도를 복사하여 본사에 보관해 두는 방법도 있다.

4. 시공도를 그리는 법·보는 법

　지금까지 기술한 바와 같이 우수한 시공을 하기 위해서는 정확한 정보를 바탕으로 알기 쉬운 시공도를 그리고, 현장 기술자가 시공도대로 작업을 할 수 있도록 해야 한다.

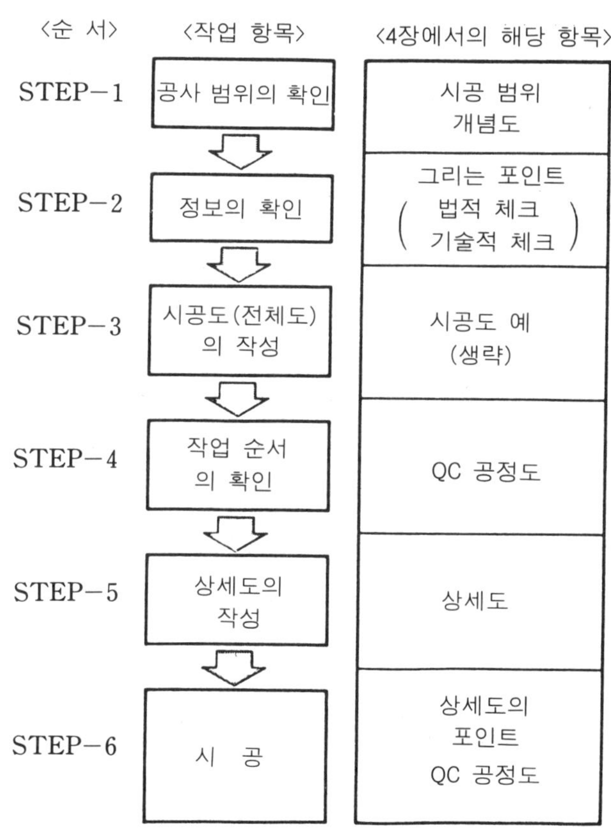

그림 4·1 시공도 작성에서 시공까지의 흐름

이 장에서는 알기 쉬운 시공도를 그리기 위해서는 어떠한 점에 주의해야 할 것인가? 또 시공도를 어떻게 보고 시공에 반영시켜야 하는가를 정리해 본다.

그림 4·1은 이 장의 보는 방법을 나타낸 것이다.

- STEP-1 공사범위의 확인 시공도에 어디까지의 공사를 그릴 것인가를 확인한다(공사범위를 인입공사에서 피뢰(避雷)설비까지 10개 항목으로 분류하고 있다).
- STEP-2 정보의 확인 주어진 설계도서에 대해서 법적 체크·기술적 체크를 한다.
- STEP-3 전체도의 작성 STEP-1에서 확인한 공사 범위에 대해서 전체도를 작성한다(이 장에서는 생략).
- STEP-4 작업순서의 확인 전체도를 바탕으로 작업 순서, 작업 방법을 확인한다(QC 공정도에 의한다).
- STEP-5 디테일의 작성 전체도에서는 표현되지 않은 것, 특히 상세가 필요한 부위에 대하여 디테일을 작성한다.
- STEP-6 시공상의 주의 전체도, 디테일을 보고 작업을 실시하는데 디테일에 그려진 포인트를 참고로 하여 시공에 임한다.
- STEP-7 시공 품질관리 QC 공정도를 참고로 하여 시공 중인 품질관리를 한다.

<QC 공정도에 관하여>

(1) 시공도는 일반적으로 완성된 전기설비의 상태를 나타내고 있어 이것만으로는 시공 도중의 작업 방식이나 순서는 거의 알 수가 없다.

시공도에 제시되고 있는 대로 수납하여 누전이나 과열을 일으키지 않아 사용하기 편리하고, 또한 메인티넌스(maintenance)의 간편성, 우수한 전기설비로 마무리하는 데에는 올바른 순서로 겨냥하는 곳을 정하고, 각각의 분담을 명백히 하지 않으면 안된다.

특히 현장 대리인이나 직장의 책임자, 즉 전기공사의 전반 또는 일부분이라 할지라도 종합적으로 관리하는 입장에 있는 사람은 무엇을 어떻게 관리할 것인가를 세세히 알아두지 않으면 안된다.

어떠한 재료를 사용하여 어떻게 작업을 할 것인가? 등의 작업 방식을 공정이라 하는데, 이 공정의 내용이 명확하지 않으면 안된다. 건설 현장에서 흔히 공정이라는 말이 사용되고 있지만, 이것은 작업의 스케줄이라든가 일정(日程)이라는 의미이며 여기에서 말하는 공정의 의미와는 다르다.

(2) QC 공정도란 그 공사의 공정을 관리하기 위한 표준이 되는 것으로서 표 3·1에도 나타낸 바와 같이 관리의 목적(왜 ; Why), 관리하는 것(무엇을 ; what), 어디에서(where), 어느 시점에서(언제 ; when), 누가(who), 어떻게(How), 관리하는가를 공정마다 명확히 한 것이다.

QC 공정도의 작성 (공사의 종류나 부분)의 범위는 전기공사에 관해서 말한다면 수변전설비 전체라든가, 간선설비 전반이라고 하는 것과 같이 큰 항목인 것도 있고, 또한 디테일에 제시되고 있는 것과 같은 어떤 부분의 접지(接地)공사라든가 하는 작은 범위로 구획지어 취급되는 것도 있다. 모든 공사항목에 대해서 QC 공정도를 작성할 필요는 없지만 다양한 직종이 관계되는 중요한 항목은 QC 공정도를 만들어 관계자 전원에게 이것을 준수하도록 지도하면 관리가 효율적으로 실행되어 우수한 전기공사가 되는 것이다.

(3) QC 공정도에서 사용되고 있는 용어에 관해서 아래에 설명한다.

- 관리특성 ; 어떤 공사항목의 시공 결과를 표현하는 특히 중요한 성질로써 이것을 보고 있으면 공정의 상태가 양호했는가의 여부를 알 수 있는 특성. 예를 들면 접지공사라고 하는 공사항목의 경우는 접지 저항값이 관리특성으로 된다.
- 관리항목, 관리점, 점검점 ; 예를 들면 접지공사 가운데 접지극판의 매설공사에서 작업의 결과인 접지 저항값이 관리점으로서 접지 저항값의 기초가 되고 있는 극판(極板)의 크기, 매설 깊이 및 토양의 습한 정도 등을 점검점이라 한다. 관리점과 점검점을 합하여 관리항목이라 한다.
- 기준값 ; 관리점이나 점검점이 알맞는가의 여부를 판단하기 위한 기준이 되는 수치로써 접지공사의 경우, 전기설비 기술 기준 등에 정해지고 있는 접지 저항값을 말한다.

1 - 1 　 전력 인입(지중)

<지중 인입공사의 시공 범위>

- 관로(管路)인 공공도로에의 돌출 (부지 경계에서 1m)
- 전력회사 캐비닛(cabinet) 내(內) 개폐기 2차측에서 전기실 PCT(MOF)* 1 차측까지의 케이블 공사

　*PCT(MOF) ; 거래용의 계기용 변성기

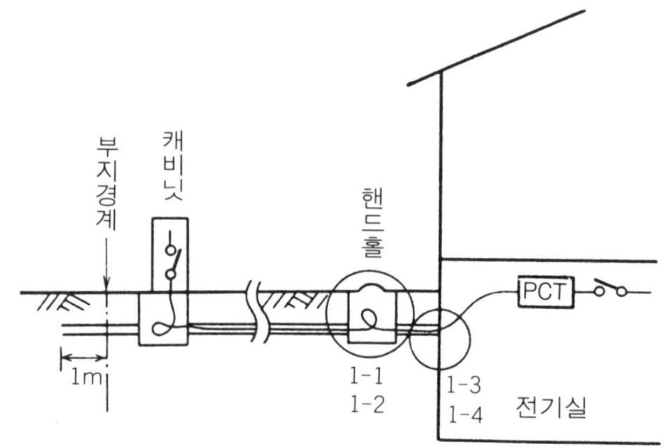

그 리 는 포 인 트		대 외 타 합				설계도서 체크			
체 크 항 목	법 규 (조·항)	전력회사	NTT	도부부현	수도·가스·회사	건축전반	구조	위생·공조	전기
법적 체크 케이블 규격, 종류	전기 10	○							○
관로 매설 깊이	전기 143	○							○
	내규 820-1								
케이블 매설 표시	전기 143	○							○
	고지 3-3(3)								
기타 매설물과의 격리	전기 148, 149	○	○	○	○			○	○
기타	전기 143~149								○
기술적 체크 수전 전압, 수전 방식		○							○
캐비닛의 위치		○				○			○
핸드 홀(맨홀) 형상과 크기		○							○
관로 규격, 예비 관로의 요부		○							○
인입 관로, 인입 슬리브의 방수 처리						○	○		○
지하 매설물의 조사			○	○	○	○		○	○
상수위와 용수의 조사				○					○
지반 침하의 조사(조성지, 매립지)				○					○

전기 설비 QC 공정도

공사명　　　　　공기 (工期)　　·　·　~　·　·

공종	전력 인입 (지중)
관리 특성	상, 절연 저항값

확인인	건축	공조	위생	전기

작업 순서	프로세스 차트	공정명	관리 항목 관리점	점검점	기준값	체크 방법 시기	도구	기록	상세도 No.
1	①	먹줄치기		위치	오차 ±10mm	먹줄칠 때	스케일		
2	②	슬리브 입 (入)		종류 위치	칼라붙이 슬리브 방수 주철관 외구배	시공시	눈으로 관찰		1-4
3	◇①	콘크리트 타설 후 체크	슬리브 위치		외구배		눈으로 관찰		
4	③	굴삭 (掘削)		깊이	차도 1200mm 이상 보도600mm 이상	굴삭시	스케일		
5	④	배관부설		침하 대책 (沈下對策)	붙이가요 폴리에틸렌	계획시	눈으로 관찰		1-1 1-2
6	⑤	핸드 홀 부설		침하 대책 (沈下對策)	구체로 고정	계획시	눈으로 관찰		1-1 1-2
7	⑥	외벽 관통부 배관부설		방수 주철 관의 구배 돌출 길이	외구배 마무리+150 mm	부설시	눈으로 관찰 스케일		1-3 1-4
8	⑦	코킹		충전 방법		시공시	눈으로 관찰		
9	⑧	땅되메우기		매설물 표시	전기 143 15m 이하 불필요	시공시	눈으로 관찰		
10	⑨	내부 배관 부설		지지 위치	2m 이하 오차 ±10mm	부설시	스케일		
11	⑩	케이블 부설		굽힘여유 여장 (餘長)	6R 이상 단심8R 이상	부설시	스케일		
12	◇②	메거링	절연 저항값		1.0MΩ 이상	결선 후	메거	측정표	
13	◇③	상합 (相合)	회전 방향		정방향	결선 후	검상기	측정표	

○ 시공　◇ 검사 · 체크

[상세도 1-1] 핸드 홀 부설(흄관 및 강관(鋼管))

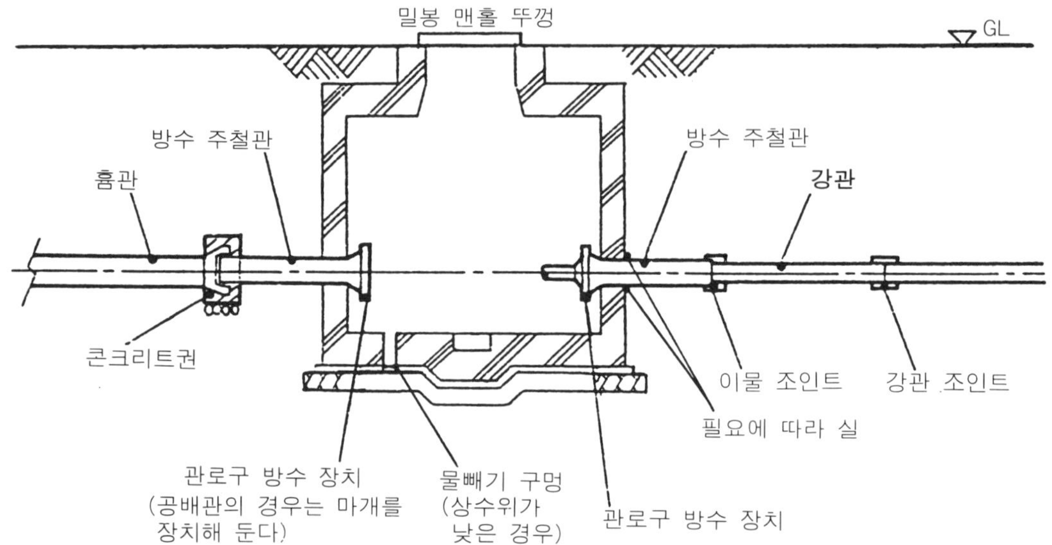

<포인트>

① 맨홀,　　●연약한 지반에 설치할 경우에는 부등침하(不等沈下)를 일으킬
　　핸드 홀　　（맨홀 등이 부상한다） 수 있다. 건물의 외벽에 접근해서 맨홀
　　　　　　　을 설치하는 경우에는 굴삭 되채우기한 장소가 되기 쉽기 때문
　　　　　　　에 외벽 구체에서 조인트 바를 내어 맨홀을 구체(軀體)와 일체
　　　　　　　화시키면 된다.

② 접속　　　●관로 접속부는 저면을 균일하게 다지기(tamping)하고 자갈
　　　　　　　등을 깔아 침하(沈下)를 일으키지 않도록 견고한 체결을 한다.

③ 되메우기　●매설물의 가까이에는 돌, 콘크리트 등을 넣지 않는다.

[상세도 1-2] 핸드 홀 부설(트로프 및 FP관)

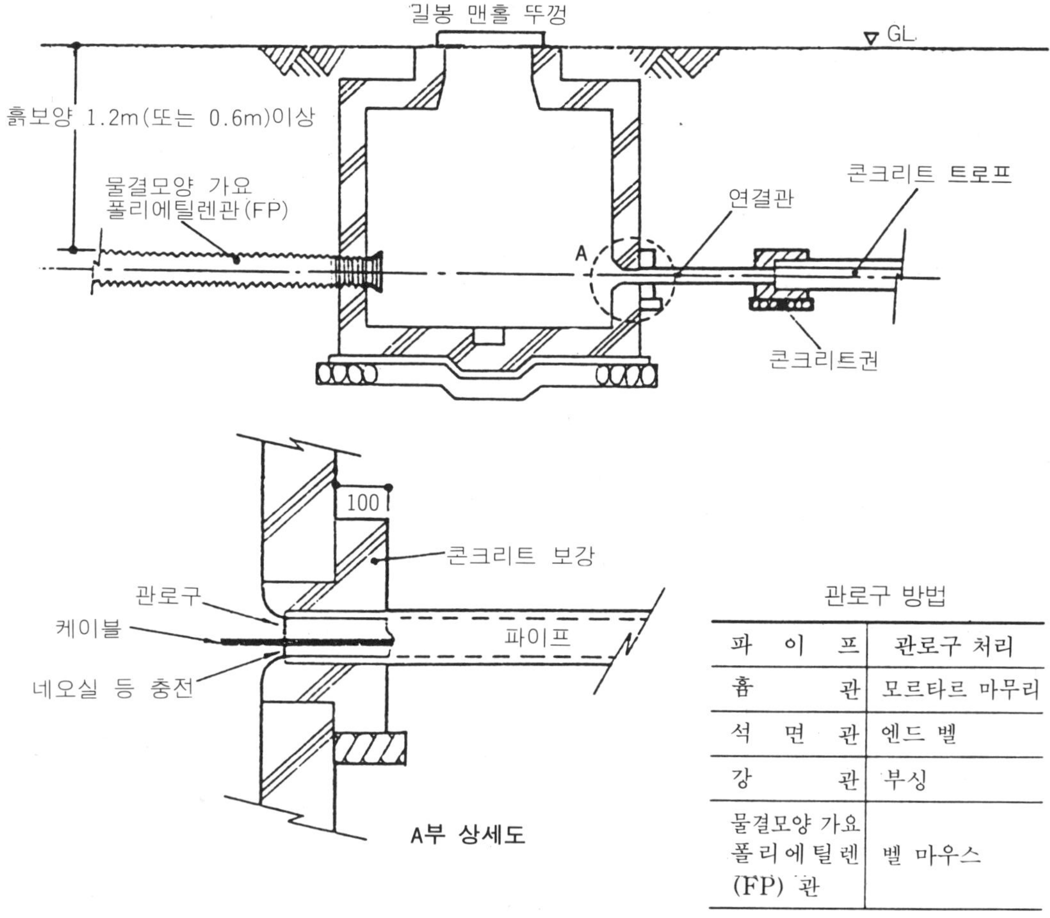

관로구 방법	
파 이 프	관로구 처리
흄 관	모르타르 마무리
석 면 관	엔드 벨
강 관	부싱
물결모양 가요 폴리에틸렌 (FP) 관	벨 마우스

<포인트>

매설 깊이

- 차량 기타 중량물의 압력을 받을 우려가 있는 장소는 부토 1.2m이상, 기타의 장소는 0.6m 이상의 매설로 한다.
- 상기(上記)의 매설 깊이가 확보되지 않는 경우에는 관로 인입식(강관 또는 흄관으로서 그 내경(內經)이 케이블 마무리 외경의 1.5배 이상)으로 한다.

[상세도 1-3] 관로의 지중 외벽 관통(방수 주철관 직타입)

① 고정 철물,   ② 패킹,   ③ 수밀(水密) 컴파운드,   ④ 볼트,
⑤ 패킹,   ⑥ 방수 주철관,   ⑦ 케이블

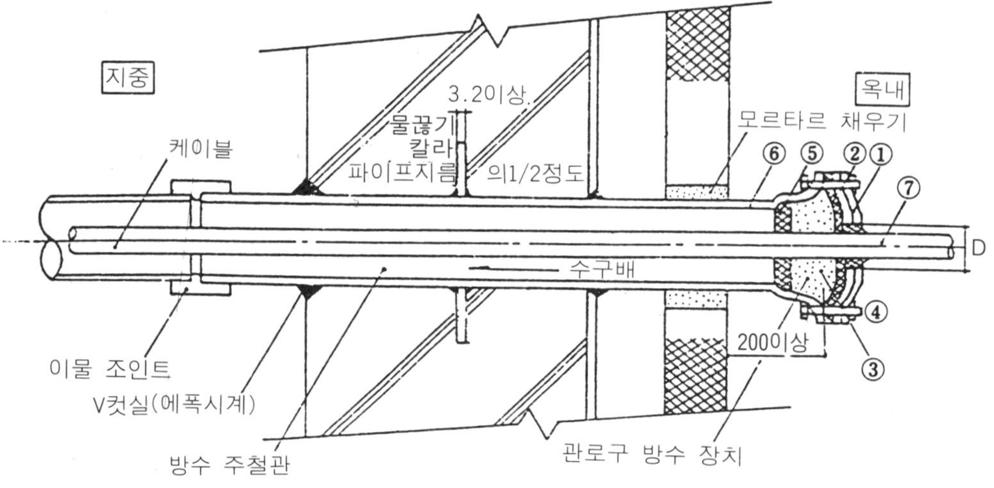

관경과 D치수 및 케이블 규격

일반형 적합 케이블(6.6kV일 경우·

관 경	D[최대경]	적합 케이블
75mm	57mm	3C×100mm²
100	86	
130	97	3C×325mm²
150	116	
200	147	

도쿄 전력형 적합 케이블(6.6kV일 경우)

관 경	적합 케 이 블	
	CV	CVT
100mm	3C×100, 150, 250, 325mm²	22~325mm²
130mm	3C×100, 150, 250, 325mm²	22~600mm²

<포인트>

① 방수 주철관   • 치수, 선정, 시공법에 관해서는 그 때마다 전력회사의 확인을 받는다.
                 • 기둥, 빔에 접근시키지 않고 작업 점검을 하기 쉬운 위치에 설치한다.
                 • 표준 길이는 600mm, 특별 주문은 1200mm까지 할 수 있다.
                 • 칼라는 메이커에서 용접한다.
                 • 방수 주철관의 수구배(水句配)는 외부로 뺀다.

② 모르타르 칠   • 블록 공사시에 건축에 의뢰한다.

③ 재질, 치수   • 패킹(packing)이나 컴파운드(compound)의 재질은 메이커 지정인 것을 사용한다.
                 • CV 케이블이나 CVT(트리플렉스) 케이블의 지수(止水)에 사용하는 패킹 및 고정쇠는 각각 규격에 적합한 것을 사용한다.

[상세도 1-4]　관로의 지중 외벽 관통(슬리브 타입)

이 방법은 방수를 확실히 하기가 어렵기 때문에 어쩔 수 없는 경우 이외에는 실행하지 않는다.

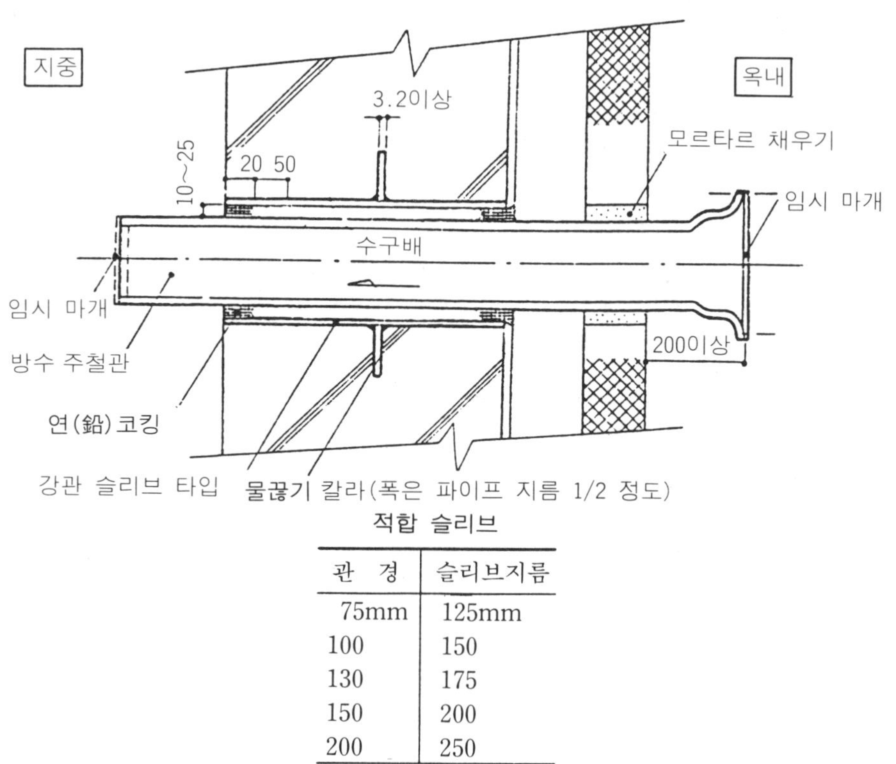

적합 슬리브

관　경	슬리브지름
75mm	125mm
100	150
130	175
150	200
200	250

<포인트>

임시마개　　● 공사 중의 침수나 이물(異物)의 침입을 방지하기 위하여 관 양단에 임시마개를 한다.

4·2 전력 인입(가공)

＜가공 인입공사의 시공 범위＞

- 인입주(제1 지지주(支持柱))의 설치
- 인입주에서 전기실 PCT(MOF) 1차측까지의 케이블 공사

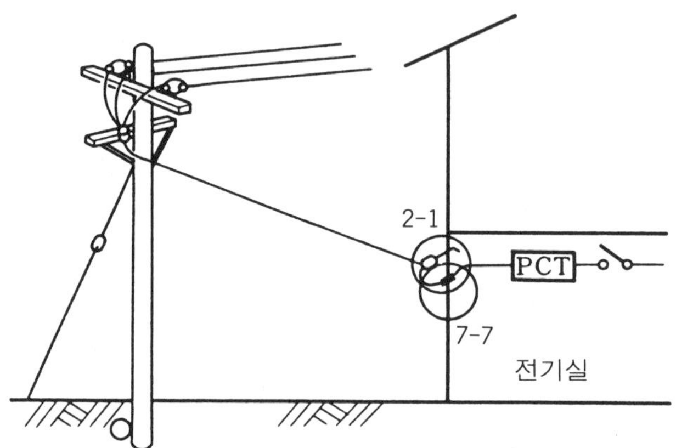

그 리 는 포 인 트		대 외 타 합				설계도서 체크			
체 크 항 목	법 규 (조·항)	전력 회사	N T T			건축 전반	구 조	위생· 공조	전 기
법적체크 케이블 규격, 종류	전기 9, 10, 75, 109	○							○
가공선로(架空線路) 높이	전기 74, 109 내규 805-13	○				○			○
건조물, 도로, 기타 가공선 과의 격리	전기 82~97 내규 805-17, 18	○	○			○			○
접 지	전기 22								○
기 타	전기 64, 69, 76~81, 107~109								○
기술적체크 수전 전압, 수전 방식		○				○			○
인입지점, 경로		○	○			○	○	○	○
전주(電柱) 위치, 지선, 지주		○				○			○
케이블 헤드 접지						○			○
외벽 관통부의 방수 처리						○			○
(저압) 인입 개폐기와 WHM의 위치		○				○		○	○
인입 개폐기에의 배관 방수 처리						○			○

전기 설비 QC 공정도

공사명　　　　　공기 (工期)　　·　　·　~　　·　　·

공종	전력 인입 (지중)					확인인	건축	공조	위생	전기
관리 특성	상, 절연 저항값									

작업순서	프로세스		관 리 항 목			체 크 방 법			상세도 No.
	차트	공정명	관리점	점검점	기준값	시기	도구	기록	
1	①	먹줄치기		위치	시공도와의 차 ±10mm	먹줄치기	스케일		
2	②	외벽 관통부 슬리브 입(入) 외관 부설		종류 위치	물끊기 칼라 붙이 외구배	시공시	눈으로 관찰		2-1
3	◇①	콘크리트 타설(打設) 후 체크	외벽 관통부 위치		외구배		눈으로 관찰		
4	③	옥내 관로 부설		지지 접지	2m이하 고압은 E_1 저압은 E_3	부설시	스케일		
5	④	굴삭		매설깊이	15m이하는 1/6이상 15m이상은 2.5m이상	굴삭시	스케일		
6	⑤	건물 기둥 되메우기		위치	외구 취합에 의한다	시공시	눈으로 관찰		
7	⑥	케이블 부설 결선(結線)		굽힘 여유 헤드 종류	6R이상 단심8R이상 염해 지역은 내염헤드	부설시	스케일 눈으로 관찰		
8	◇②	메거링	절연 저항값		1.0MΩ이상	결선 후	메거	측정표	
9	◇③	상합	회전 방향		정방향	결선 후	검상기		

○ 시공　◇ 검사 · 체크

[상세도 2-1] 외벽 억류

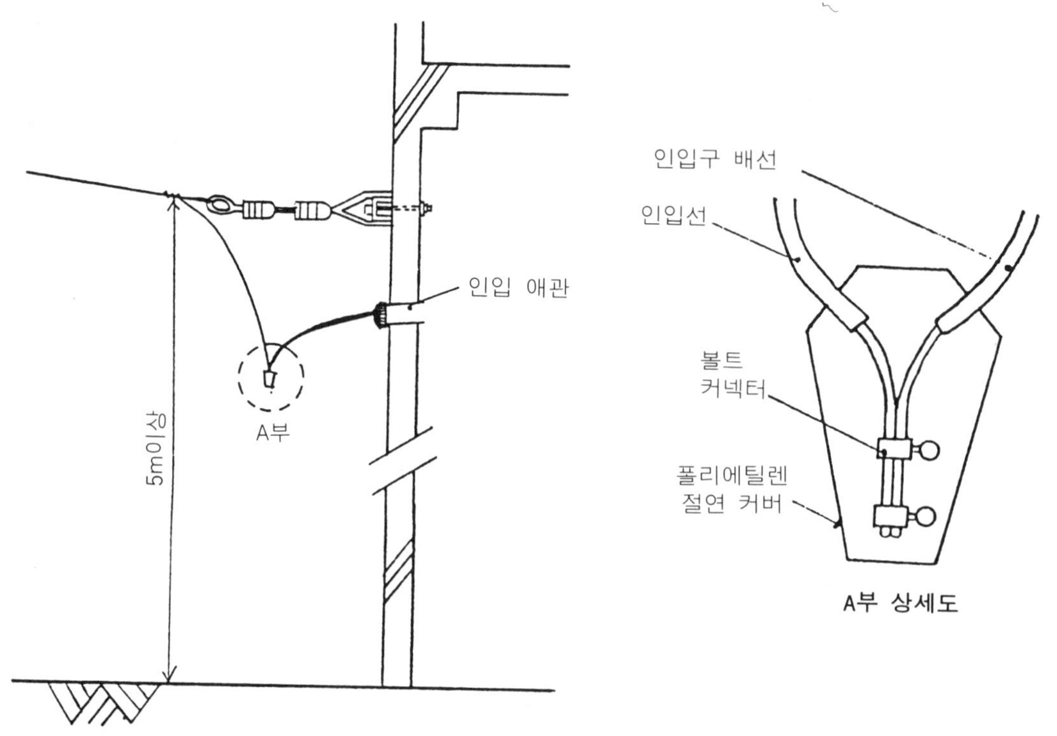

<포인트>
높이

- 건물에 인입할 경우, 인입선의 설치 높이는 5m 이상이다(고압의 경우).
- 각 시설에서의 인입전선 지표상의 높이는 전기(電技) 74, 107, 109조에 의한다.

4・3　수변전설비(개방형)

<개방형 수변전설비의 시공 범위>

- 전기실내 수변 전기기(電機器)의 설치와 결선(結線)

[주]　최근에는 폐쇄형(큐비클식) 수변전설비가 자주 사용되는데 파이프 프레임에 의한 개방형은 아래와 같은 특징이 있다.

①　개조하기 쉽다.

②　점검이 용이.

③　가격이 싸고 단공기(短工期)에 대응하기 쉽다.

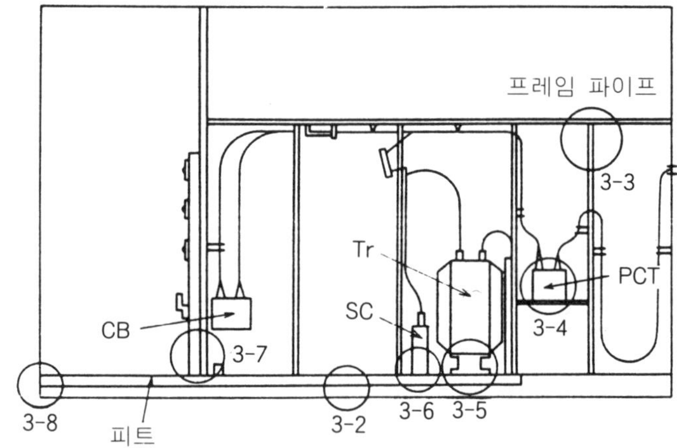

그　리　는　포　인　트		대　외　타　합				설계도서 체크			
체　크　항　목	법　규 (조・항)	통산국	전력회사	소방서	도도부현	건축전반	구조	위생・공조	전기
〈전기실〉 천정, 벽, 마루(내화성)	건기 2			○	○	○			
	고지 4-1 (3)	○							
창, 문짝(방화성)	고지 4-1 (3)	○		○	○	○			
문짝(시정)	전기 44-3	○	○			○			
	내규 705-4-3								
실내 조도	전기 55	○							○
	내규 705-4								
	고지 4-3 (1)								
방화 구획	건령 112			○	○	○			○
기타 용도의 배관 등	고지 4-3 (3)	○		○				○	○

	그리는 포인트		대 외 타 합				설계도서 체크			
	체크 항목	법 규 (조·항)	통산국	전력회사	소방서	도도부현(都道府懸)	건축전반	구조	위생·공조	전기
법적 체크	메인티넌스, 기기의 반출입	전기 54 / 고지 4-1(8)	○				○			○
	〈기기〉 설치 간격	고지 4-2(1), (3)	○	○	○		○	○	○	○
	고압 케이블 금속 부분	전기 217	○	○						○
	1종 접지	내규 705-14								
	2종 접지 저항값	전기 18	○	○						○
	접지	전기 18~27	○	○						○
	단상부하와 불평형	전기 115-1	○	○						○
	소화 설비	고지 4-3(2)	○		○				○	○
	계약 전력 500kW이상인 경우		○							○
기술적 체크	차단 용량			○						○
	릴레이 정정값			○						○
	거래용 전력량계의 설치 장소			○			○			○
	피트 폭, 래크 폭, 배치						○	○		○
	케이블 인입(引入) 위치			○			○	○		○
	기기, 프레임 방진, 내진							○		○
	변압기 등의 발열에 대한 환기				○		○		○	○
	조명 기구, 감지기 위치				○		○			○
	감전 방지 대책									○
	물의 침입 대책[집중 호우 등의 경우, 지하층은 침수되기 쉬우므로 전기실은 가급적 1층 이상인 층에 설치한다.]						○			○

전기 설비 QC 공정도

공사명　　　　　　공기 (工期)　　·　·　~　·　·

공종	수변전 설비 (개방형)
관리 특성	절연 저항값, 접지 저항값, 절연 내력(耐力), 릴레이 동작값

확인인	건축	공조	위생	전기

작업 순서	프로세스		관 리 항 목			체 크 방 법			상세도 No.
	차트	공정명	관리점	점검점	기준값	시기	도구	기록	
1	①	접지 공사	접지 저항값		$E_1 : 10\Omega$이하 $E_2 : \dfrac{150}{I_2}\Omega$ $E_3 : 100\Omega$	동판 매설 후	어스 테스트	측정표	
2	②	전기실 먹줄치기		위치	시공도와의 차 ±10mm 이내	먹줄치기시	스케일		
3	③	신더 배관 피트 프레임 설치		굴곡부 모따기 지지	저압 6d이상 고압 8d이상 600mm이내	시공시	스케일		3-2
4	◇①	신더 콘크리트 타설입회	콘크리트 보양		보양 20mm이상		스케일		
5	④	채널 베이스 설치		레벨	수평	설치시	수준기		
6	⑤	프레임 파이트 조립		위치 접지	시공도와의 차 ±10mm 이내 E_1	조립시	스케일		3-3
7	⑥	고압기기 설치	내진 (耐震) · 방진 (防振)	앵커 볼트	볼트 규격 수평 가진력 1.0G이상 방진 고무 사용	설치시	스케일 눈으로 관찰		3-5 3-6
8	⑦	반 (盤) 설치		앵커 볼트	볼트 규격 최상층 수평 가진력 1.0G이상	설치시	스케일		3-7

작업순서	프로세스		관 리 항 목			체 크 방 법			상세도 No.
	차트	공정명	관리점	점검점	기준값	시기	도구	기록	
9	⑧	모선 (母線) 접속		지지점 방진 (防振)	고압 2300 　　mm이상 저압 1900 　　mm이상 플랙시블 도대 (導帶) 의 사용	시공시	스케일 눈으로 관찰		
10	⑨	계기 · 변성기 설치 결선		2차측 전로 접지	E_3	시공시	눈으로 관찰		3-4
11	⑩	철강 설치		접지	E_1	시공시	눈으로관찰		
12	◇②	시험	절연 저항값 접지 저항값 릴레이 동작값 내압 (耐壓)		기준을 만족		각 시험기	측정표	

○ 시공 　◇ 검사 · 체크

[상세도 3-1]　기기의 전체 배치

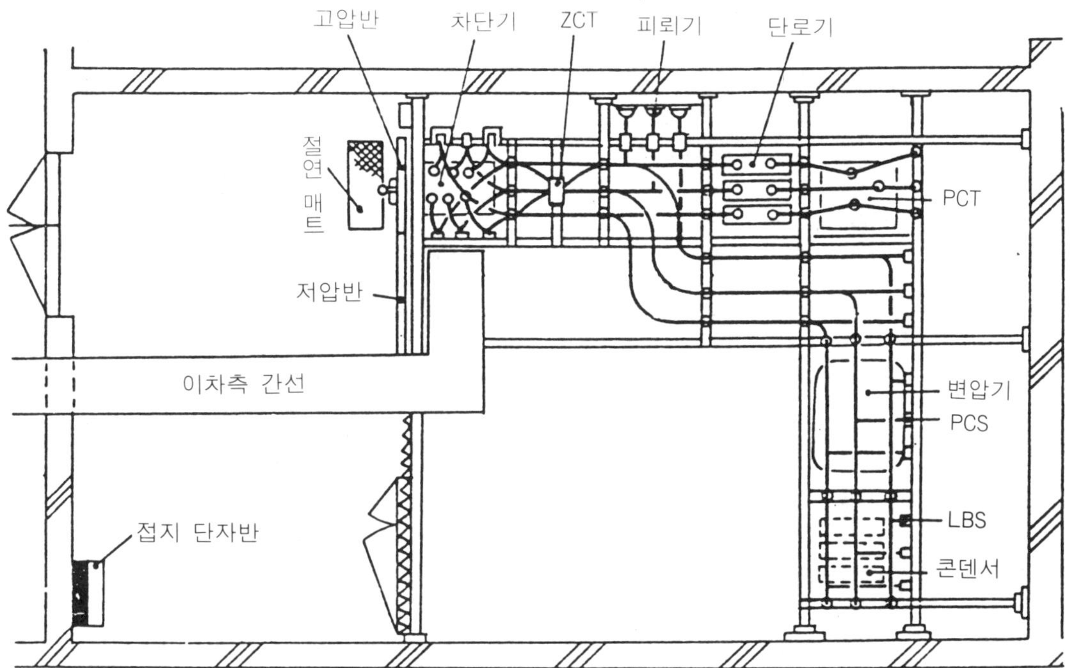

* 상세도에는 없지만 전체를 이해하기 쉽도록 기재했다.

<포인트>

① 기기 배치 　● 조작, 점검, 보수, 교체가 용이하고 안전하게 할 수 있도록 치수를 확보한다.
　● OCB의 오일 탱크의 오일 교체 스페이스와 거래용 PCT의 교환 스페이스를 확보한다.
　● LA 등 아크(arc)를 발하는 기구는 가연물(可燃物)에서 1m 이상 격리시킨다.
　● DS는 개방 상태에서 가동 브레이드(blade)의 최하단이 바닥면에서 2.3m 이상 필요.
　● 고압 모선 등의 나충(裸充)전부는 바닥면에서 2.3m 이상 필요.
　● 변압기 등으로의 고압 인하선은 PD선 또는 IJ선으로 한다.
　● 조명 기구, 화재 감지기는 모선(母線)이나 기기의 직상(直上)이나 그 가까이에 설치하지 않는다.

② 환기 　● 유효한 환기설비를 설치한다. 또 환기구가 모선 상부에 오지 않도록 한다.

③ 출입구 　● 도어(door) 치수는 변압기의 반출입(搬出入)에 지장이 없는 크기로 하고, 개폐는 외개(外開)로 한다.

④ 바닥의 높이 　● 펌프실 등으로 인접하여 침수의 우려가 있는 전기실의 바닥면은 다른 부분의 바닥면에서 100mm 이상 높게 한다.

[상세도 3-2]　피트(pit)도와 철물 제작

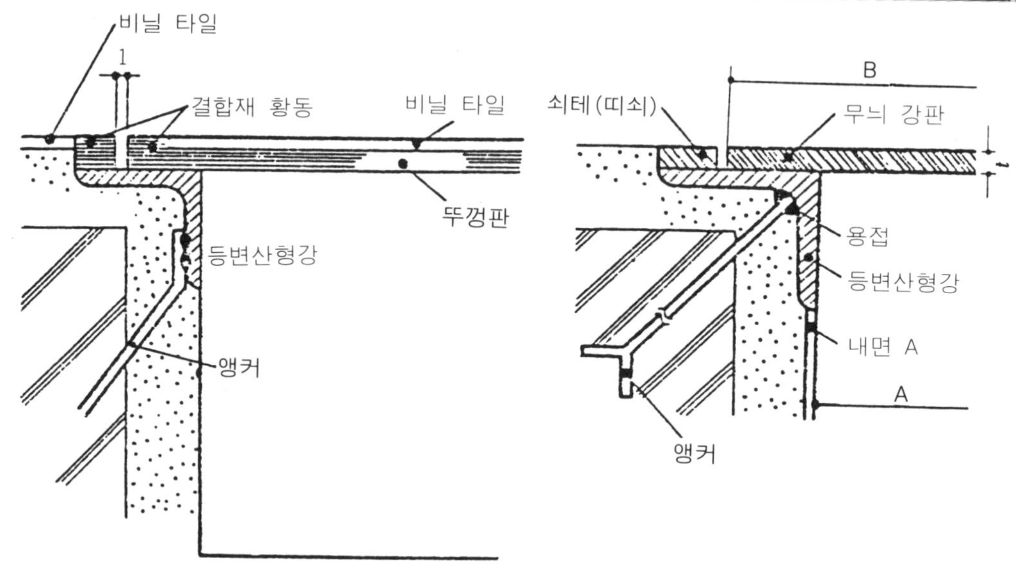

참고 치수

홈의 폭 A [mm]	뚜 껑(무 늬 간 판)				구 연 금 물	
	공칭두께 t 〔mm〕	폭 B 〔mm〕	길이 〔kg〕	개산 중량 〔mm〕	평강 〔mm〕	산형강 〔mm〕
200	4.5	238	450	4.94	19×6	3×40×40
250	4.5	288	450	5.14	19×6	3×40×40
300	4.5	336	600	7.80	19×6	3×40×40
500	6.0	544	1200	33.3	25×9	4×50×50
600	6.0	644	1200	39.9	25×9	4×50×50
800	6.0	844	900	53.3	25×9	4×50×50

<포인트>

① 피트
- 피트의 단면적은 수용할 전선의 피복(被覆)을 포함한 단면적 총합의 5배 이상으로 하고 상기의 피트, 철물 치수를 참고로 한다.
- 피트 굴곡부의 모따기는 케이블의 굽힘 반경(저압은 6d, 고압은 8d)을 고려하여 정한다.
- 고저압 케이블을 동일 피트 내에 수용할 경우는 세퍼레이터 (separator)를 설치하고 교차에 주의한다.
- 피트 내에 IV선을 수납할 경우는 1.6mm 이상의 철판을 피트 속에 붙인다.

② 케이블
- 케이블의 허용전류는 피트 내에 수납하는 케이블의 개수에 따라 변하므로 체크한다(내규 130-1~130-5).

[상세도 3-3] 프레임 파이프의 조립

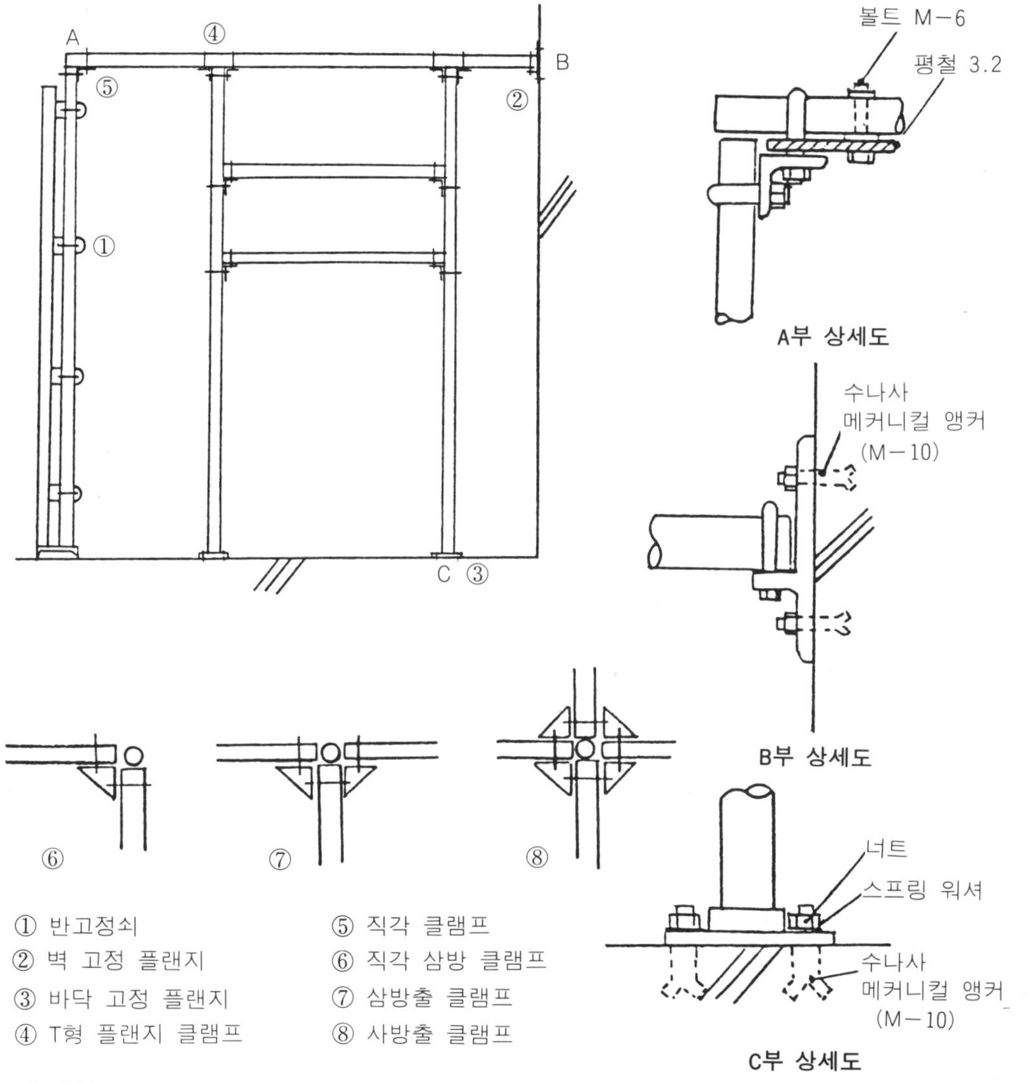

① 반고정쇠　　　　⑤ 직각 클램프
② 벽 고정 플랜지　⑥ 직각 삼방 클램프
③ 바닥 고정 플랜지　⑦ 삼방출 클램프
④ T형 플랜지 클램프　⑧ 사방출 클램프

<포인트>

① 지지, 고정　● 전기실의 간막이로서 블록벽은 지진에 약하기 때문에 바람직
하지 않다. 블록벽으로 할 경우는 보강근(補強筋)을 상하의
슬래브에 확실하게 고정시키고 모르타르를 완전히 충전한다.

● 개폐기 등, 중량물을 조가(吊架)하는 프레임에는 그 밑에 기둥
을 세운다. 프레임 철물로만 지지되어 있는 프레임 파이프에는
중량 기기를 조가하지 않는다.

(p. 93 * 으로)

[상세도 3-4]　거래용 PCT의 설치

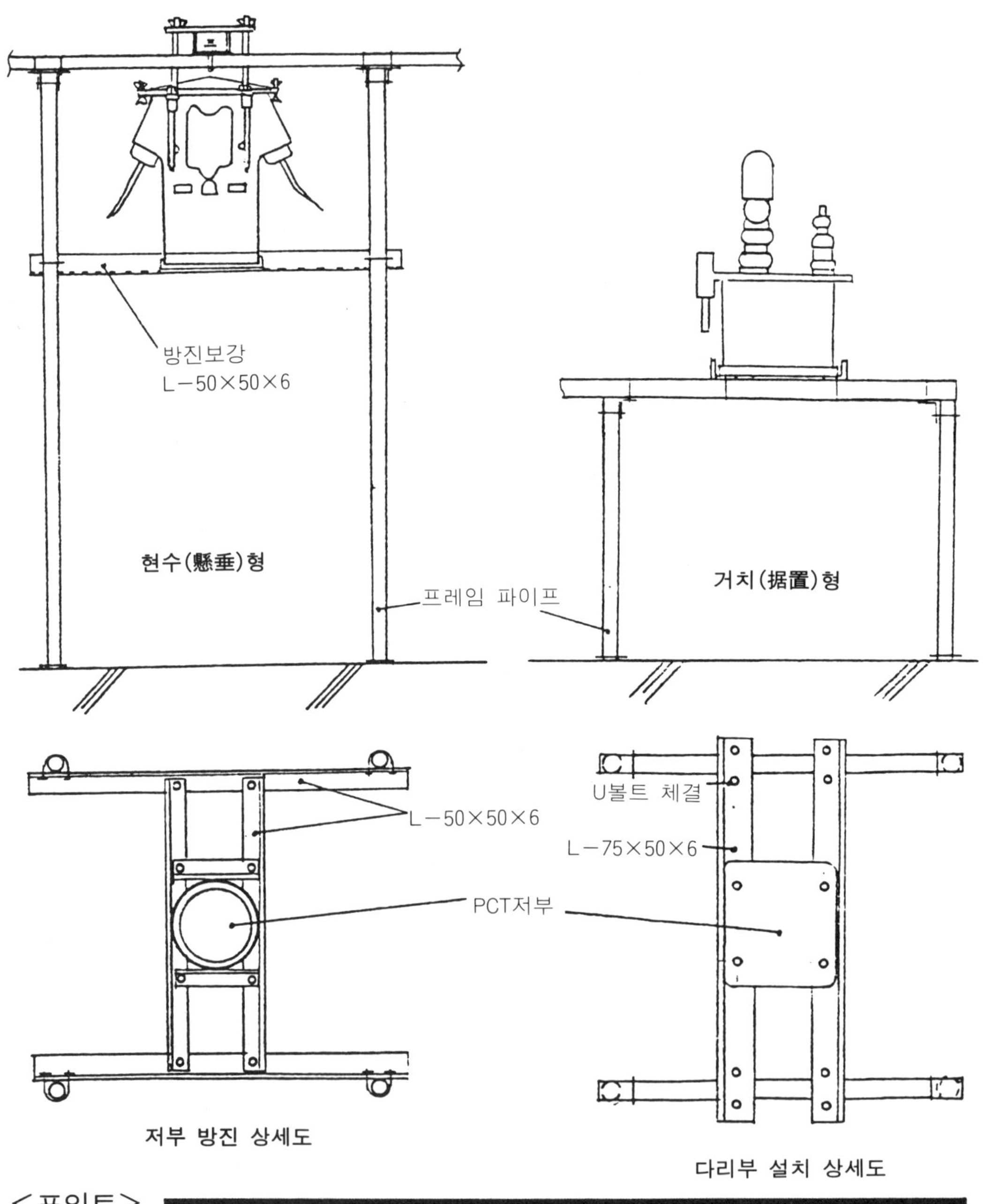

<포인트>

① 확인　　　● PCT는 계약전력에 따라서 기종이 달라지므로 작도 전에 전력

　　　　　　회사와 타합을 한다.

② 스페이스　　●PCT는 장래 교체작업이 있기 때문에 반출입(搬出入) 작업용
　　　　　　　　공간을 확보하여 분리 가능한 가대(架台)로 한다.

③ 고정　　　　●가대를 독립시켜 설치했을 경우에는 그 정상부를 나사 플랜지
　　　　　　　　등으로 기둥이나 벽에 억류를 한다.

　　　　　　　●다리부는 가급적 짧게 하고, 내진(耐震)을 고려하여 앵커 볼트
　　　　　　　　등으로 바닥에 견고하게 고정시킨다.

〰〰〰〰〰〰〰〰〰〰〰〰〰〰〰〰〰〰〰〰〰〰〰〰〰〰〰〰〰〰

(p. 91 ＊ 에서)

　　　　　　　●PCT를 앵글 가대(架台) 위에 설치할 경우에는 중심의 위치가
　　　　　　　　높아, 내진상(耐震上) 약점으로 되기 쉽기 때문에 보강은 스테
　　　　　　　　이 등으로 수평 방향으로도 실시한다.

② 철물　　　　●프레임 파이프 조립 철물은 용도에 따라 적절한 것을 선정한
　　　　　　　　다. 4방출(四方出) 클램프는 프레임을 다시 조립할 때 클램프
　　　　　　　　를 분리시킬 수가 없기 때문에 주의를 요한다. 또 직각을 많이
　　　　　　　　사용하면 U 볼트가 체결되지 않을 수가 있다.

③ 접지　　　　●프레임의 접지는 도장(塗裝) 전에 실시한다.

［상세도 3-5］　소형 변압기의 설치

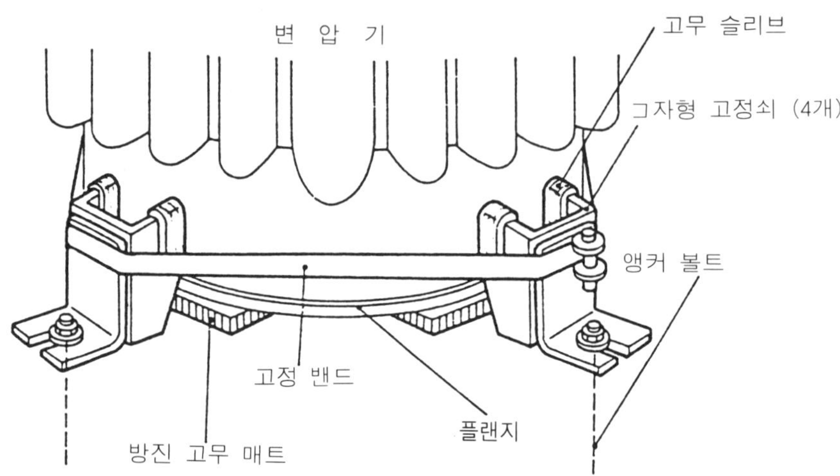

(a) 변압기 밑이 플랜지

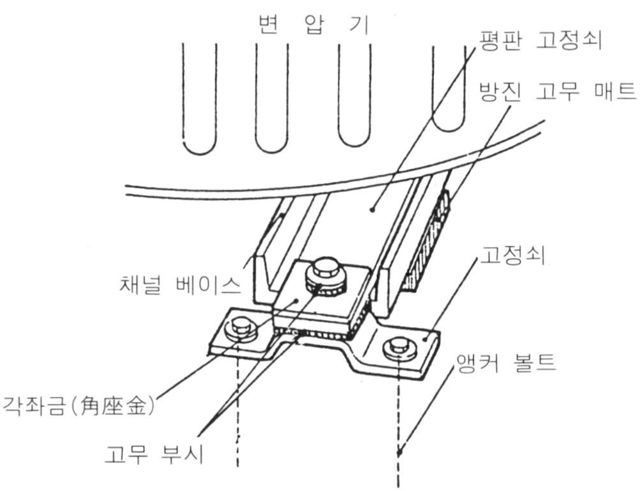

(b) 변압기 밑이 채널 베이스

<포인트>

방진

- 맨션 등에서 전기실과 거실이 인접하고 있는 경우에는 방진을 실시한다.
- 변압기 용량, 중량에 따라 적당한 고무 매트를 선정한다.
- 저압측이 동(銅) 바(bar)인 경우, 변압기의 저압 단자와의 접속에 편조(編組) 도체를 사용하여 진동의 전달을 방지한다.
- 변압기를 파이프 프레임에 고정하여 내진을 실시할 때에도 고무 매트 등을 사용하지 않으면 진동이 바닥, 벽으로 전달되어 인접되어 있는 방에 소음의 영향을 줄 수 있다.

[상세도 3-6]　콘덴서의 설치

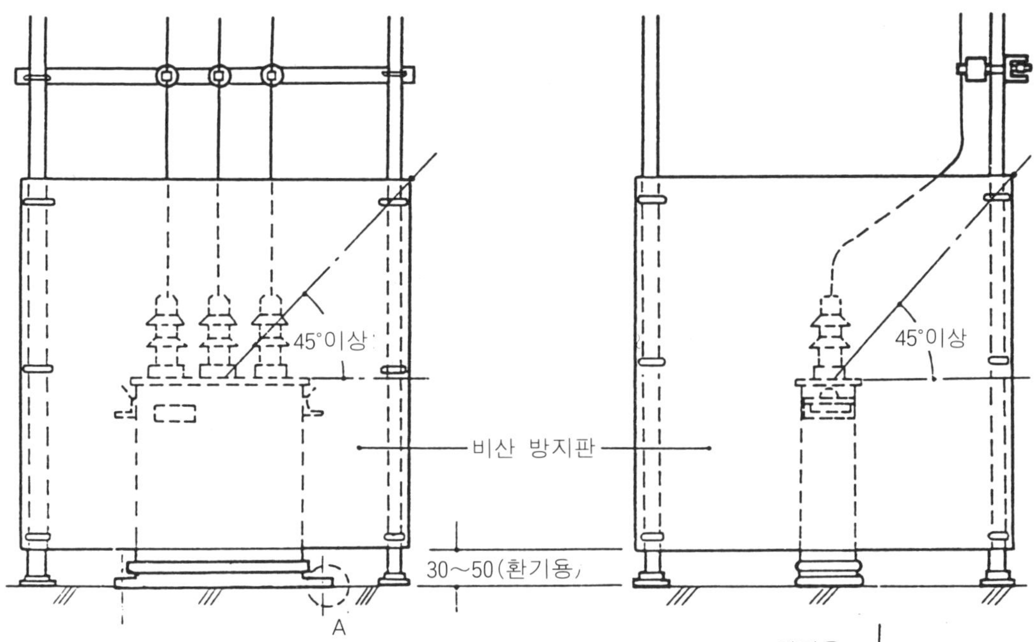

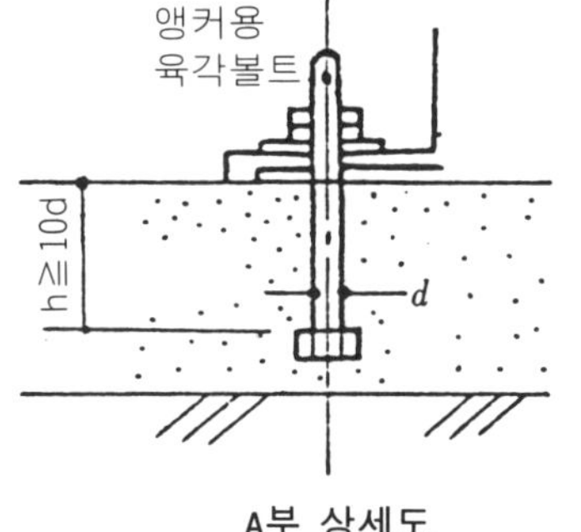

<포인트>

오일 비산 보호

- 오일 비산(飛散) 방지판은 석면 판 또는 철판 등의 불연재(不燃材)로 하여 트립되지 않도록 프레임 파이프에 설치한다.
- 콘덴서의 정격전류 3배 이하의 프레임의 한류(限流) 퓨즈(fuse)로 보호했을 경우 또는 철함의 압력 검출장치와 차단기의 조합 보호로 했을 경우에는, 오일 비산 방지판은 설치하지 않아도 된다. 압력 접점에 의한 보호일 경우, 압력 접점 → 차단기 트립 → 경보로 한다.
- 수년 전, 일류 메이커에서 전력용 유입(油入) 콘덴서의 폭발사고가 빈발하여 전기실에 오일이 비산되었다. 제조공정 중의 미스가 원인이었는데 앞으로도 이러한 사고의 발생이 예상되므로 주의를 요한다.
- PCB입 불연유의 사용이 금지되고 있는 현재, 콘덴서 폭발은 전기실 전체의 화재로 될 위험이 크다.
- 철함의 파괴는 주로 전류의 발열 에너지에 의해서 일어나고 전압에는 그다지 관계가 없다.

[상세도 3-7]　저압 배전반의 설치

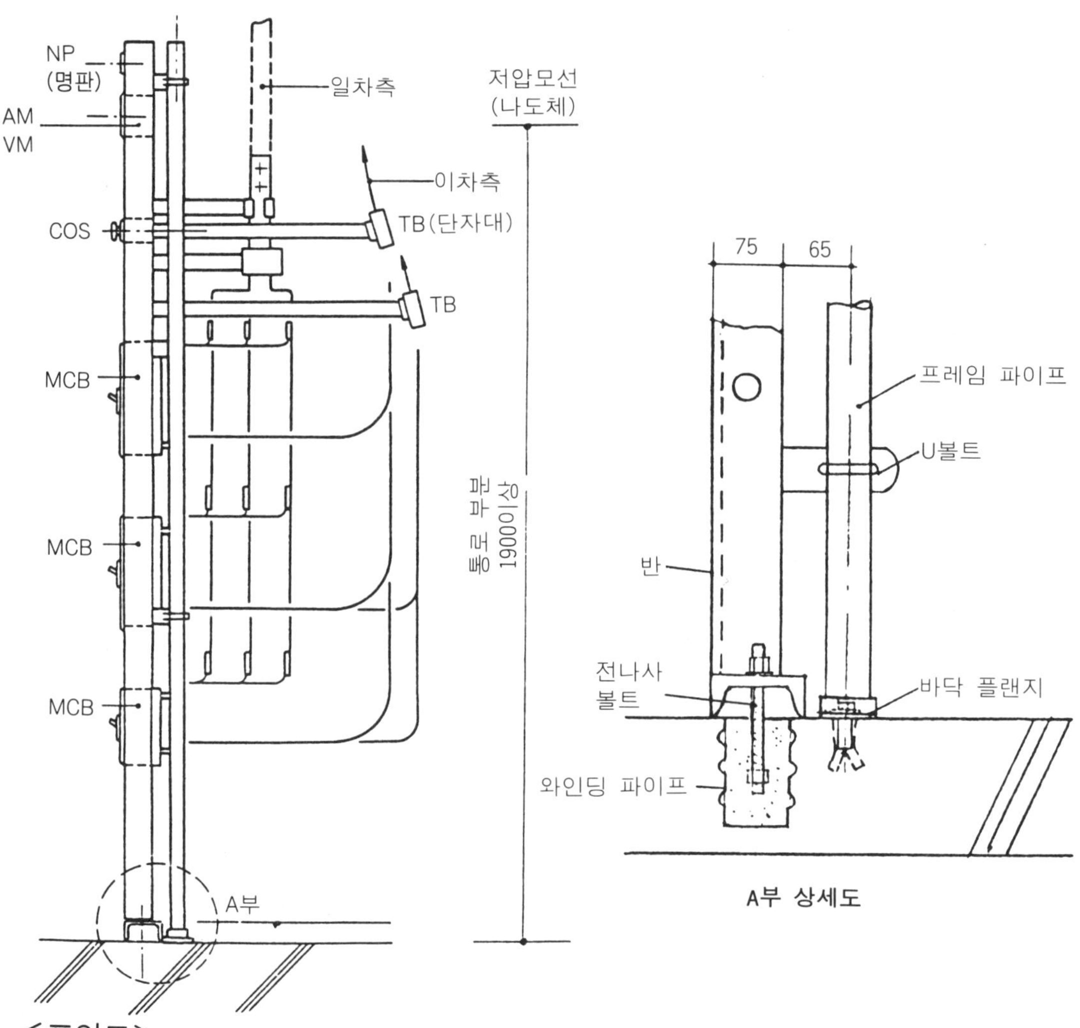

<포인트>

① 단 자 대
- 회로의 오결선(誤結線)으로 인한 사고방지나 점검·시험을 정확하고 안전하게 실시하기 위해서는 전력선은 물론 조작선 신호선 등 반(盤)에 출입되는 모든 배선은 반 부속의 단자대를 경유하여 접속하는 것이 바람직하다.
- 단자대는 원칙적으로 외부 배선 인출 방향에 가까운 위치에 설치한다.
- 단자대에는 선번(線番)을 붙여, 접속 후 플라스틱 보호 커버를

(p. 97 * 로)

[상세도 3-8]　피트의 방화 구획 관통

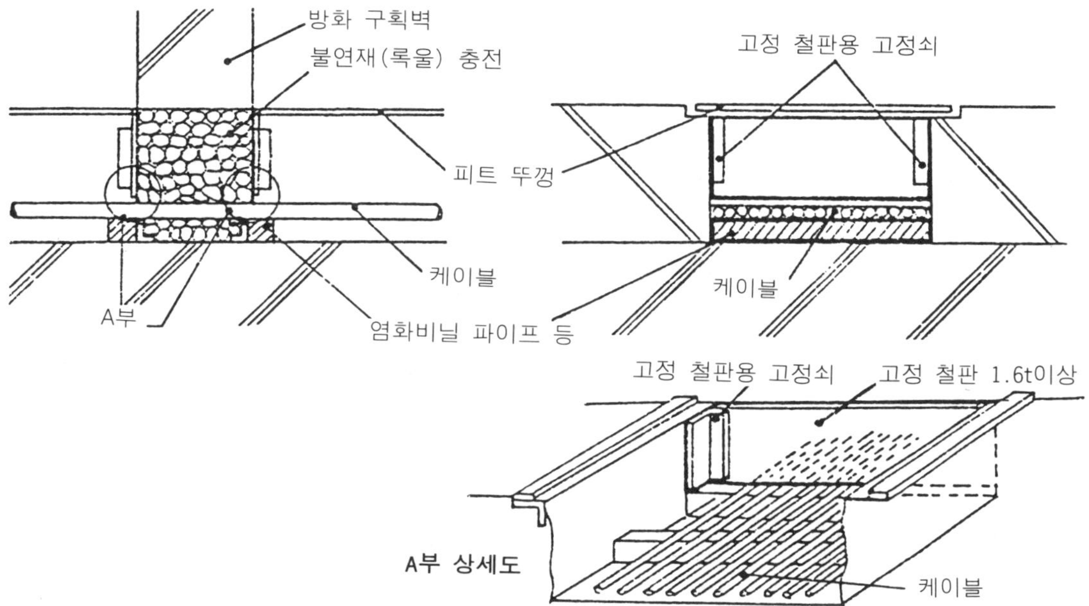

<포인트>

충 전 재　● 충전하는 불연재는 록 울(rock wool) 등 불연재의 인정을 받은 것을 사용한다.

　　　　　● 관통부(貫通部) 처리의 생력화(省力化)공업으로서 관통유닛을 사용해도 된다.

(p. 96 ＊ 에서)

씌운다. 단자대나 플라스틱 커버가 없기 때문에 점검 시험 중 드라이버 등이 스치게 되어 사고가 일어난 예가 있으므로 주의를 한다.

② 명판　● 명판을 명시하기 위하여 그 뒤에 조명 기구를 설치하는 방법은 관구(管球)의 교체 등으로 사고를 일으킨 예가 있기 때문에 실시하지 않는 편이 좋다. 만약 필요한 경우는 전면(前面)에서 메인티넌스가 가능하도록 설치한다.

4·4 수변전설비(옥외 폐쇄형)

〈 폐쇄형 수변전설비의 시공 범위 〉

- 폐쇄형 배전반(JIS C 4620)의 설치와 결선
- 배전반의 기초

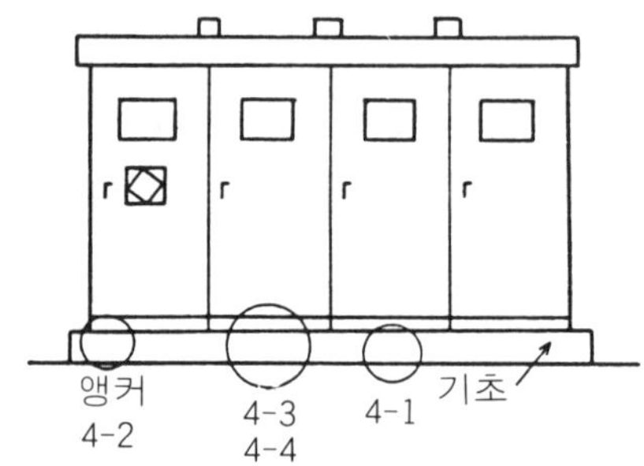

그 리 는 포 인 트		대 외 타 합				설계도서 체크			
체 크 항 목	법 규 (조·항)	통산국	전력회사	소방서	도도부현	건축전반	구조	위생·공조	전기
법적체크 격 리 접 지 단상부하(單相負荷) 불평형 계약 전력 500kW이상의 경우	고지 4-2 (5) 전기 18~27 내규 115-1	○ ○ ○	○ ○						○
기술적체크 배전반의 설치장소(기상 조건의 조사) 배전반의 방수와 방청처리 배전반의 환기 배전반의 방진과 내진처리 거래용 전력계의 설치장소 케이블 인입 위치 기초 주위 방수처리			○ ○	○		○ ○ ○ ○	○ ○ ○		○ ○ ○ ○ ○ ○ ○

전기 설비 QC 공정도

공사명　　　　공기 (工期)　　·　·　～　·　·

공종	수전압 설비 (폐쇄형)
관리 특성	절연 저항값, 접지 저항값, 절연 내력, 릴레이 동작값

확인인	건축	공조	위생	전기

작업순서	프로세스		관　리　항　목			체　크　방　법			상세도 No.
	차트	공정명	관리점	점검점	기준값	시기	도구	기록	
1	①	먹줄치기		위치	시공도와의 차 ±10mm 이내	먹줄치기	스케일		
2	②	기초 형틀 슬리브입(入)		위치	모서리와의 차 ±5mm이내	시공시	스케일		4-1
3	③	매설 배관 부설		격리　지지	격리 30mm 이상　철근에 결속	부설시	스케일 눈으로 관찰		
4	◇①	콘크리트 타설 후 체크	슬리브 위치 배관 위치 콘크리트 레벨		오차 ±5mm　수평		스케일		
5	④	기초 볼트 설치		볼트 규격 깊이	수평 가진력 1.0G이상 10d이상	설치 전	스케일		4-1 4-2
6	▽	큐비클 반입		안전 양중하중 (揚重荷重)	자격자에 의한 작업 양중기 정격 총 하중 이하				
7	⑤	큐비클 설치		방수	베이스 주위 코킹	설치 후			4-3 4-4
8	⑥	모선접속		체결 강도	1t	결선시	토크 렌치		
9	◇②	시험	접지 저항값 절연 저항값 절연 내력 릴레이 동작값		기준을 만족		각 시험기	측정기	

○ 시공　◇ 검사 · 체크

[상세도 4-1]   큐비클의 기초

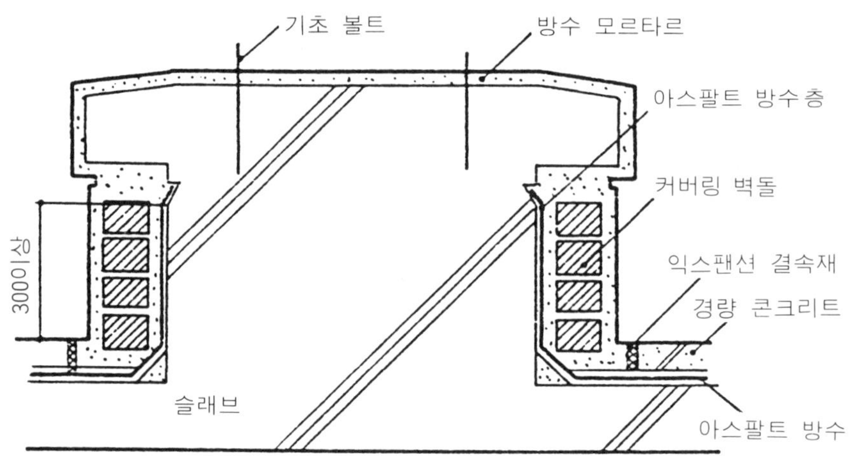

(a) 커버링 콘크리트

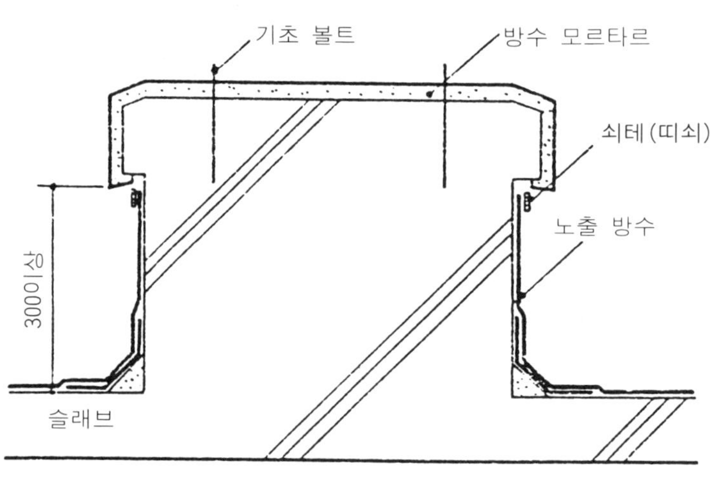

(b) 노출 방수

<포인트>

노출 방수의   ● 노출 방수(露出防水)의 위에 직접 콘크리트 기초를 설치할 경
보호   우에는 고무 패트를 깔든가 연장기초를 하여 방수재의 온도 상
                승을 방지한다.

[상세도 4-2]　기초 볼트의 후체결(와인딩 파이프)

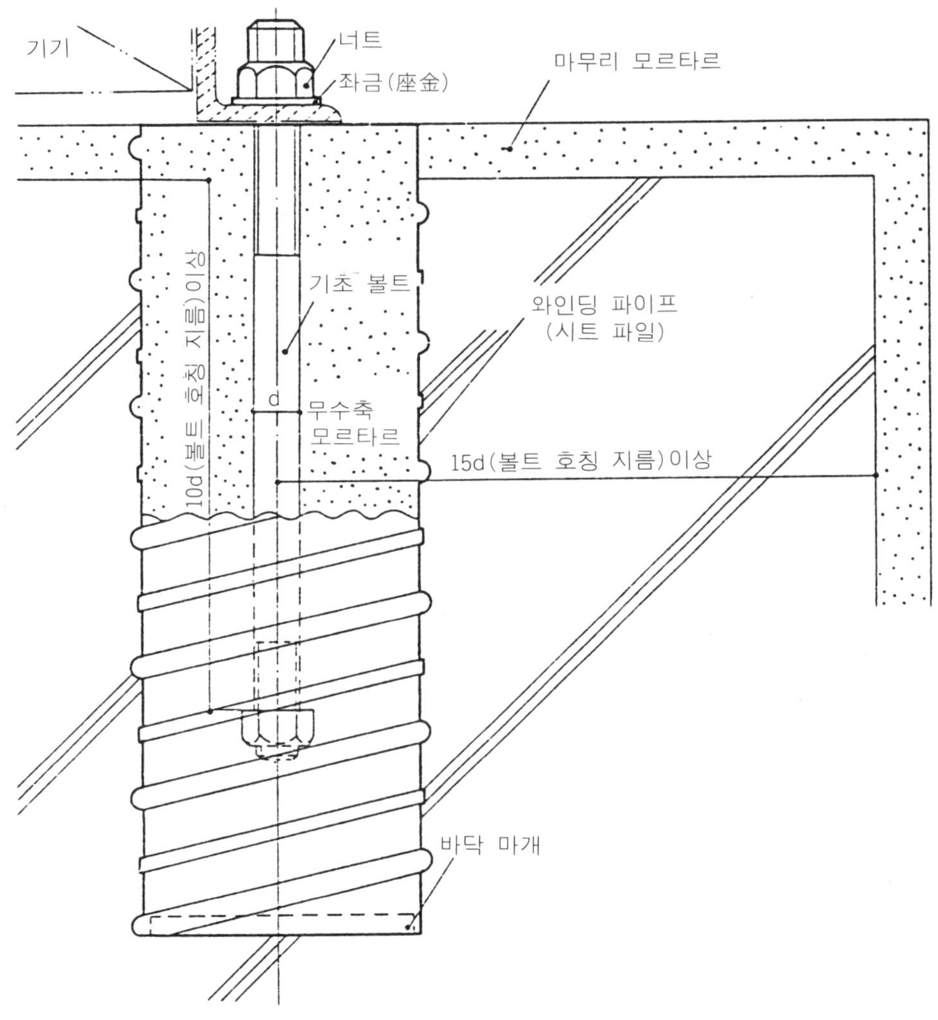

<포인트>

① 슬리브　●와인딩 파이프 (리브붙이 스파이럴)를 필요 치수로 절단한 것을 사용한다.

② 모르타르　●모르타르 무수축(無收縮) 그라우트재를 추가하는 것으로 한다.

　●양생(養生)은 타설(打設) 후 3일 이상으로 한다.

③ 볼트　●기초 볼트의 유효 매입 길이는 10d(d ; 볼트 지름) 이상으로 한다.

　●재료는 용융(溶融) 아연 도금(JIS H 8641에 의한 HDZ 35 A)을 사용하여 방수 캡을 씌운다.

[상세도 4-3] 큐비클 주위의 옥상 배관

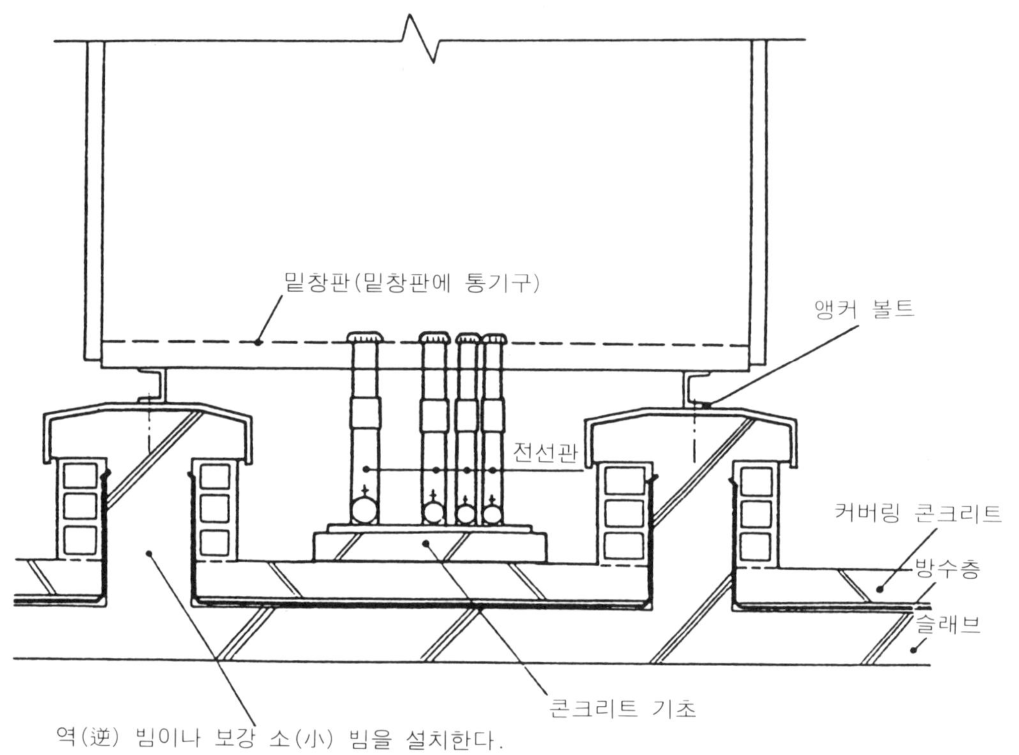

<포인트>

① 확인   • 배관의 옥상 부설인 경우, 옥상 전선로의 적용을 받는 경우가 있으므로 사전에 통산국(通産局)과의 타협을 요한다.

      • 바닥 보강의 확인을 하기 위하여 기기 및 기초의 중량, 위치 등에 관해 건축에 연락하여 승인을 얻는다. 또 앵커 볼트의 규격에 관해서 구조(構造) 담당자로부터 지시를 받는다.

② 방청   • 옥외로 노출되는 금속부분은 방청(防請)처리(아연 도금, 스테인리스) 등을 실시한다.

[상세도 4-4]　큐비클 주위의 옥내 배관

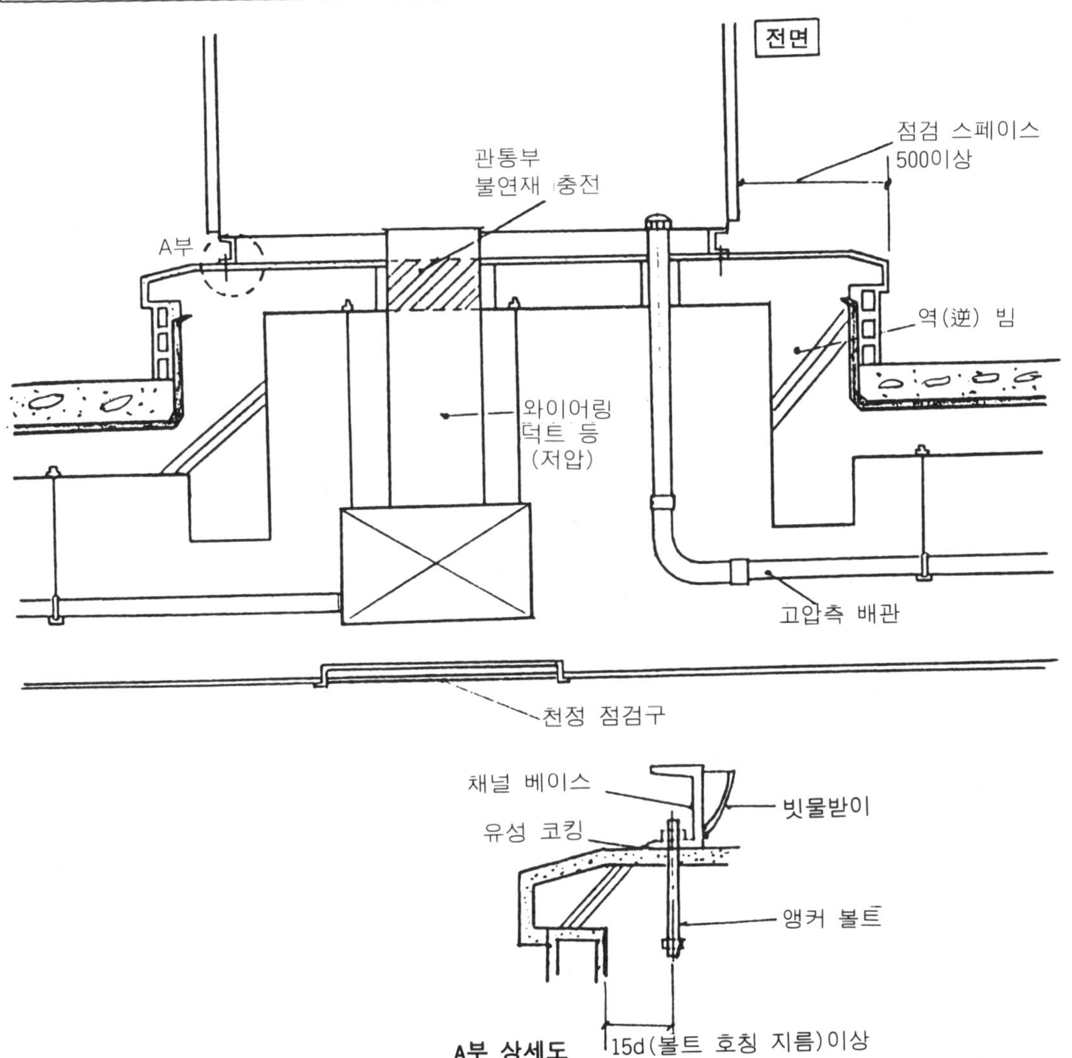

<포인트>

① 방수　●큐비클의 하부는 모르타르 방수 정도밖에 실시하지 않기 때문에 채널 베이스에 통기구(通氣口)를 설치했을 경우는 빗물을 부착하여 큐비클 하부에 물이 침입하지 않도록 한다.

② 방로(防露)●전선관이나 덕트의 내부에서 옥내의 난기(暖氣)가 상승하여 옥상 부근의 냉기로 냉각되어 결로(結露)를 발생시켜 떨어지는 물방울로 인하여 절연(絕緣) 불량을 일으킬 수 있으므로 난기가 상승하지 않도록 관이나 덕트의 도중에서 통선(通線) 종료 후, 통기 방지를 한다.

4 · 5 비상용 예비 발전설비

<비상용 예비설비의 시공 범위>

- 발전기, 원동기의 설치와 결선
- 연료 및 냉각수 배관
- 시험과 조정

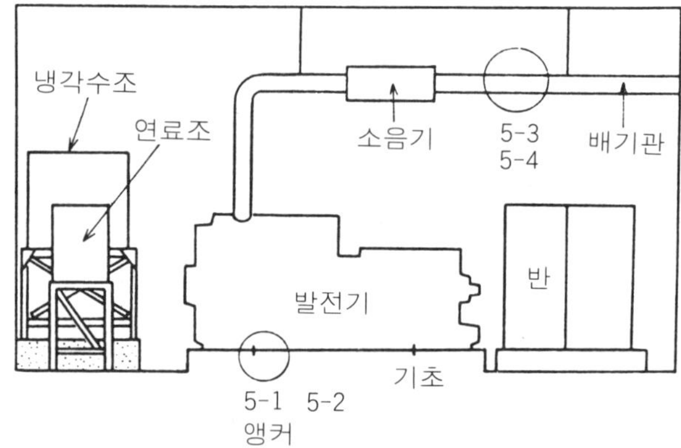

	그 리 는 포 인 트		대 외 타 합				설계도서 체크			
	체 크 항 목	법 규 (조·항)	통산국	소방서	도도부현		건축전반	구조	위생·공조	전기
법 적 체 크	〈반전기실〉									
	천정, 벽, 바닥은 불연재	건기 2 고지 4-1 (3)		○	○		○			○
	창, 문짝은 갑방(甲防) 또는 을방(乙防)	건령 112 고지 4-1 (3)		○	○		○			○
	방화 구획 관통부의 처리	건령 112		○	○		○			○
	타용도에 제공하는 배관 등	고지 4-3 (3)		○					○	○
	장치의 주위 격리	소규 12-4		○						○
	발전기 용량			○	○					○
크	기타 수변전의 항목에 준한다.									
	출력 100kW 이상인 것		○							
기 술 적 체 크	장치의 방진, 내진			○			○	○		○
	장치의 소음 대책				○		○			○
	방유제의 위치, 높이			○			○			○
	배기관의 외벽 관통부 방수처리						○			○
	배기관 및 통기관의 경로와 인출 위치				○		○			○

전기 설비 QC 공정도

		공사명		공기 (工期)	· · ~ · ·

공종	예비 발전 설비
관리 특성	접지 저항값, 절연 저항값, 절연 내력(耐力), 릴레이 동작, 보호 장치, 조속기, 시퀀스, 시동, 부하(負荷), 방음, 방진

확인인	건축	공조	위생	전기

작업순서	프로세스		관　　리　　항　　목			체　　크　　방　　법			상세도 No.
	차트	공정명	관리점	점검점	기준값	시기	도구	기록	
1	①	먹줄치기		위치	오차 ±10mm	먹줄치기	스케일		
2	②	앵커 볼트 입		지름 깊이	구조 담당자 체크 10d이상	계획시 시공시	스케일		5-1
3	③	신더 내 배관		지지 위치	2m이하 오차 ±10 mm이내	배관 부설시	스케일		
4	◇①	콘크리트 타설 (打設) 후 체크	앵커 볼트 위치		오차 ±10 mm이내		스케일		
5	④	기계 설치		내진 (耐震) 방진 (防振)	수평 1.0G (옥상) 0.3G (최하층) 방진 고무 사용	설치시	눈으로 관찰		5-2
6	⑤	급배수 급유 배관		위치	취합 (取合)에 따름	계획시 시공시	눈으로 관찰 스케일		
7	⑥	급배기 덕트 공사		경로	취합 (取合)에 따름	계획시 시공시	눈으로 관찰 스케일		
8	⑦	전기 배관		지지 경로 구획 관통 처리	2m이하 취합 (取合)에 의한 불연재 충전	시공시	눈으로 관찰 스케일		
9	⑧	케이블 부설		지지 굽힘 여유 구획 관통 처리	2m이내 2R이상 불연재 충전	시공시	눈으로 관찰 스케일		
10	⑨	단말 처리 결선		단자 규격	케이블 일치 전수 (全數)	시공시	게이지 눈으로 관찰		
11	⑩	배기관 설치		지지 방화 구획 관통	2~3m이내 불연재 충전	시공시	스케일 눈으로 관찰		5-3 5-4
12	◇②	시험			기준을 만족	시험 운전	소음계 진동계 시험기	측정표	

○ 시공　◇ 검사 · 체크

[상세도 5-1]　기초 볼트의 선체결(線締結)

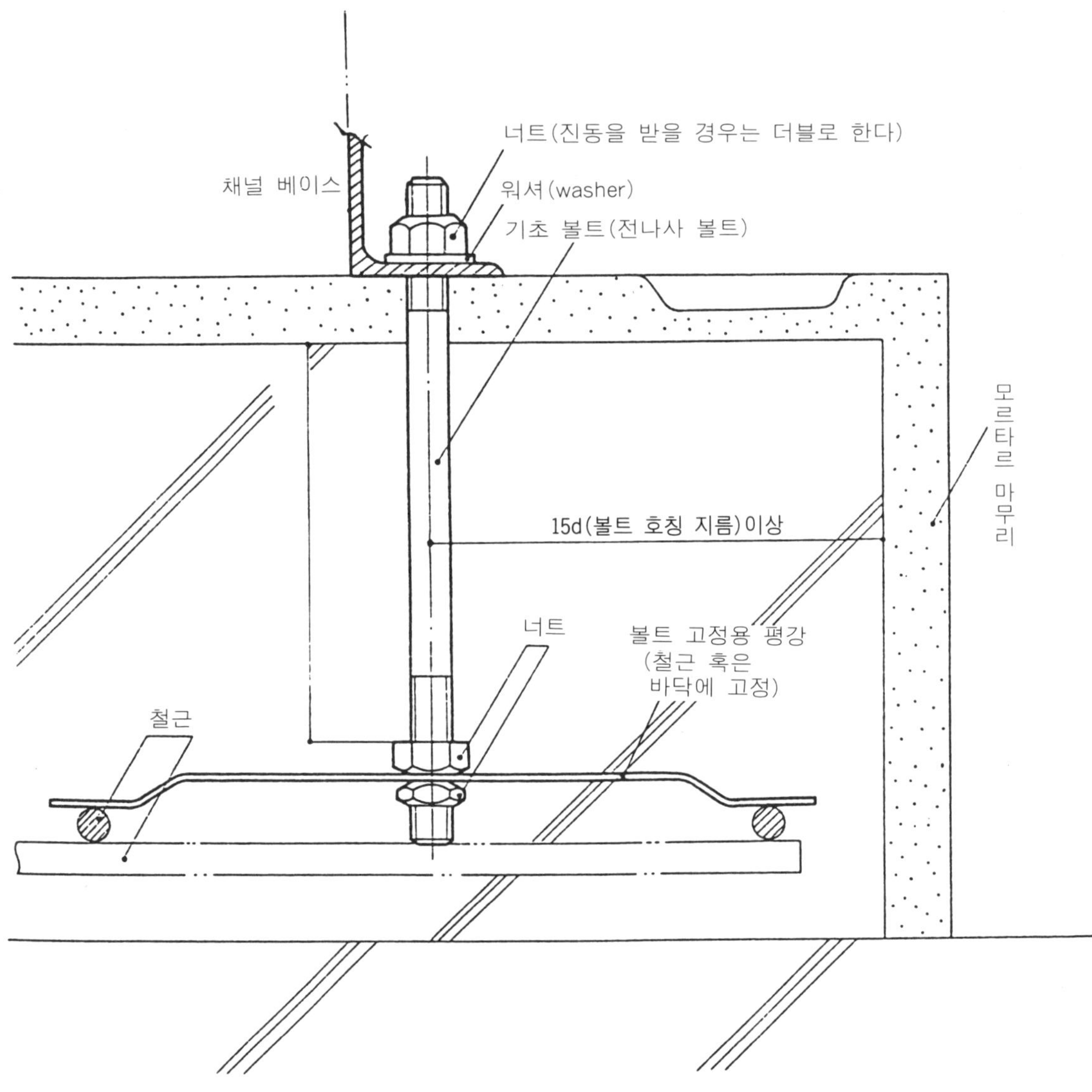

<포인트>

① 적용　●기초 콘크리트의 타설(打設)시에 기초 볼트의 위치를 정확히 결정할 수 있는 경우에 사용한다.

② 볼트 매입 깊이　●유효 매입 깊이는 10d(d ; 볼트 호칭 지름) 이상으로 한다.

③ 방청　●옥외에 설치할 경우는 용융 아연 도금 처리를 실시한 것을 사용하고 방수 캡을 씌운다.

[상세도 5-2]　패키지형 발전기의 설치(스토퍼식)

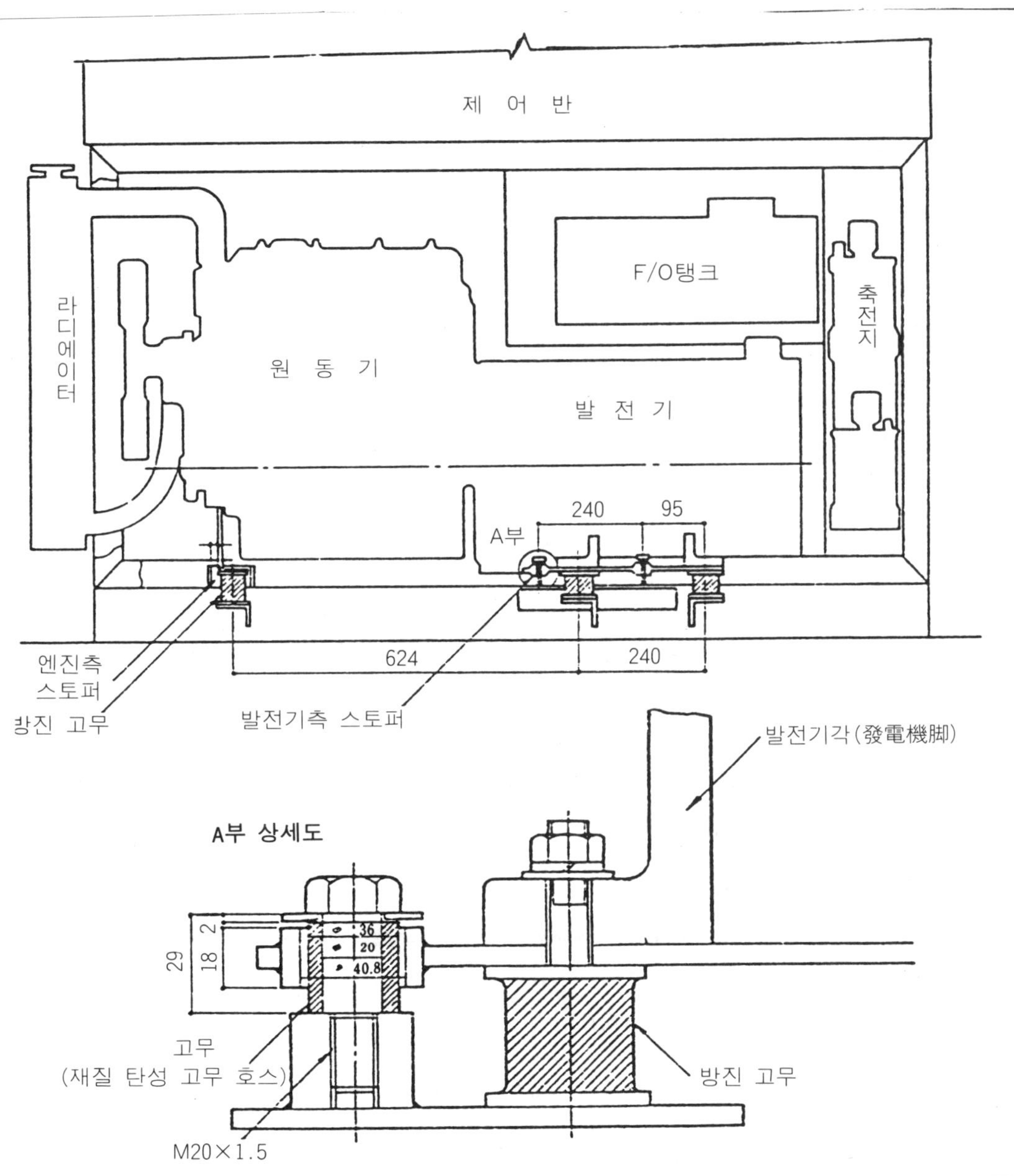

<포인트>

내진

- 지하층, 1층에 설치할 경우는 수평 가진력(加震力) 0.3G, 최상
  층에 설치할 경우에는 1.0G에 견딜 수 있는 지지(支持)를 한
  다.

[상세도5-3] 배기관의 행거(hanger)

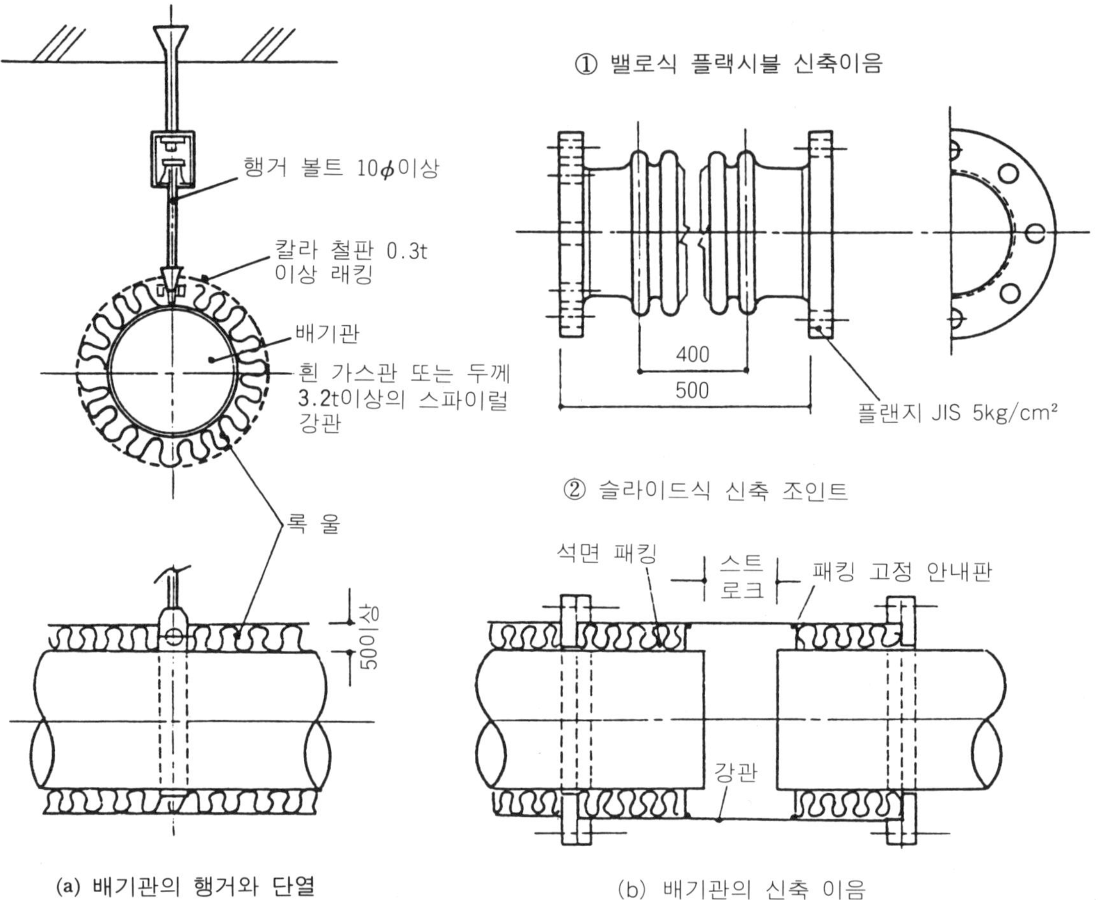

(a) 배기관의 행거와 단열 (b) 배기관의 신축 이음

<포인트>

① 지지
- 지지 간격은 2~3m마다 실시한다. 단, 신축(伸縮) 이음이나 행거 소음기(消音器)의 전후에는 반드시 행거 고정쇠로 지지한다.
- 행거 볼트는 고온으로 되기 때문에 다른 공작물에 접촉시키지 않는다.
- 엔진 운전시에서의 직관부의 신장을 신축 이음으로 흡수되도록 직관부의 적당한 위치에 고정 지지부를 설치한다.

② 신축이음
- 신축이음은 직관부 약 15m마다 설치한다. 스트로크는 직관부분 6mm/m의 신장을 고려하여 선정한다. 벨로식인 경우의 자바라는 약 2mm/1산(山)이다.
- 두께 50mm의 록 울 블랭킷으로 단열(斷熱)한다.

[상세도5-4]　배기관의 벽 관통

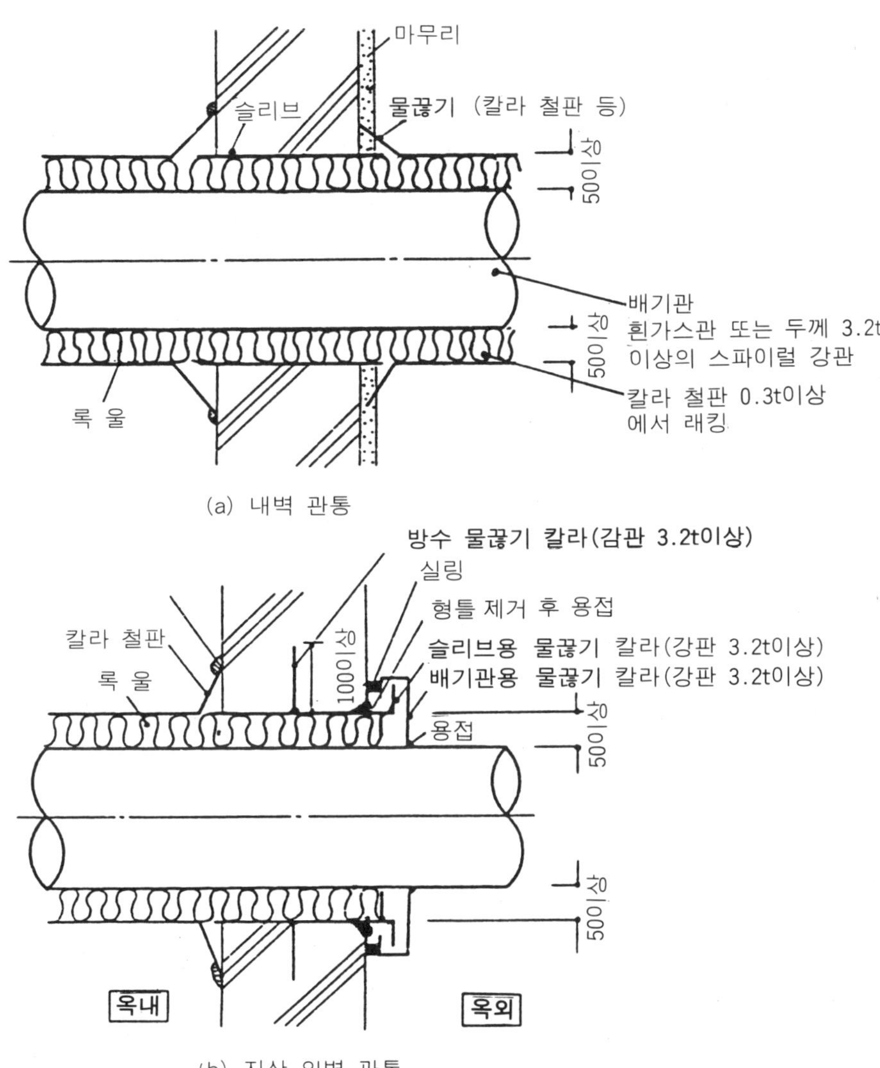

<포인트>

고정 지지　　　●배기관의 고정점은 관통부의 바로 옆으로 한다.

<간선설비의 시공범위>

- 전기실 배전반에서 동력 제어반, 전등 분전반까지의 배관 배선
- 반으로의 배선 연결

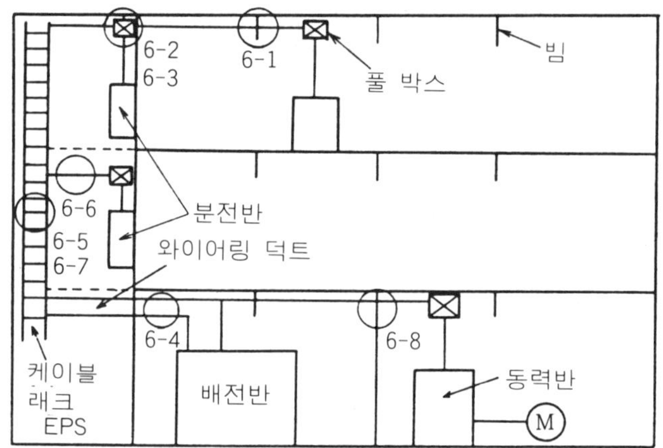

그 리 는 포 인 트		대 외 타 합				설계도서 체크			
체 크 항 목	법 규 (조·항)	소 방 서	도 도 부 현			건 축 전 반	구 조	위 생· 공조· 반송	전 기
법적체크 접 지	전기 13, 19~21 내규 140								○
방화구획 관통부 처리	건기 112-15	○	○			○	○		○
케이블 지지방법, 간격	전기 201 내규 410-7, 450-1								○
금속관 공사, 금속 덕트 공사	전기 194, 197 내규 410-8, 440								○
풀 박스의 크기, 위치	내규 410-9, 10								○
케이블 규격 (허용 전류값, 전압강하)	전기 187 내규 120-1, 130-1								○
간선분기 (幹線分岐)	전기 185, 186	○	○						○
기술적체크 EPS 크기, 위치						○	○		○
케이블 래크, 배관류의 내진 (耐震) 처리							○		○
빔 관통 위치						○	○	○	○
배관 경로의 확인 (빔, 덕트,기타의 설비배관, 기기 등)						○	○	○	○
옥외배관, 박스류의 방청처리									○

전기설비 QC 공정도

| | 공사명 | | 공기 (工期) | ·   ·   ~   ·   · |

공 종	간선 설비		확인인	건축	공조	위생	전기
관리특성	절연 저항값						

작업순서	프로세스		관 리 항 목			체 크 방 법			상세도
	차트	공정명	관리점	점검점	기준값	시기	도구	기록	No.
1	①	먹줄치기		위치	오차 ±10 mm이내	먹줄칠 때	스케일		
2	②	슬리브 입 (入)		위치	오차 ±10 mm이내	슬리브	스케일		6-1
3	③	매설배관 부설		간격 지지 접지	간격30mm 이상 2m이하 300V이하 E_3	부설시	스케일		
4	◇①	콘크리트 타설 (打設) 후 체크	슬리브 위치 배관위치		오차±10 mm이내		스케일		
5	④	노출배관 부설		굽힘 지지 접지	6R이상 2m이하 300V이하 E_3	부설시	눈으로 관찰		6-2 6-3 7-1
6	⑤	케이블 부설		지지 접지	2m이하 300V이하 E_3 300V이상 특(特) E_3	부설시	눈으로 관찰		6-5
7	⑥	와이어링 덕트 부설		판두께 접지	1.6mm이상 300V이하 E_3 300V이상 특(特) E_3	부설시	눈으로 관찰		6-4
8	⑦	케이블 · 전선부설		지지 굽힘여유	2m이내 6R이상 단심 8R이상	부설시	눈으로 관찰		6-3 6-6 6-7
9	⑧	방화 구획관 통부 메우기		충전재료 필요	불연재 완전	시공 전 시공 후	눈으로 관찰		6-8
10	⑨	배전반측 연결		체결강도 단자규격	1t JIS에의한	결선시	토크 렌치		
11	⑩	부하측 연결		체결강도 단자규격	1t JIS에의한	결선시	토크 렌치		
12	◇②	메거링	절연 저항값		1.0MΩ이상	결선시	메거 (mega-)	측정표	

○ 시공 ◇검사 · 체크

[상세도 6-1] 철근 콘크리트 빔의 슬리브 개구

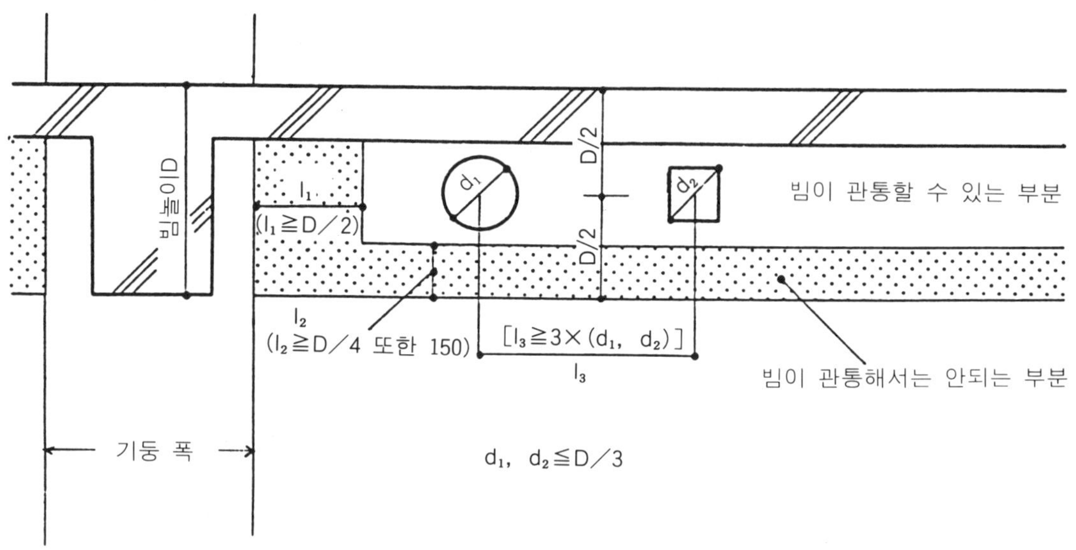

<포인트>

① 확인   • 타업종과 공통의 슬리브도를 작성하고 건축의 승인을 받는다.

② 슬리브 • 원형 또는 정방형으로 한다.

• 구멍 지름 d_1, d_2는 빔 길이의 $1/3$ 이하로 한다. 단, d_1은 원공(圓孔)의 직경, d_2는 정방형 구멍의 대각선 길이를 표현한다.

• 구멍이 연속될 경우의 구멍 중심 간격 l_3은 구멍 지름의 3배 이상으로 한다. 또 사장근(斜長筋)의 배근(配筋) 위에서는 빔 길이 이상 격리시키는 것이 바람직하다.

• 구멍 지름이 빔 높이의 $1/4$ 이상일 경우의 1개의 빔에 설치하는 구멍의 개수는 3개 이하로 한다.

• 구멍의 상하 방향의 편심(偏心)은 가급적 피하고 중앙부에 설치한다. 어쩔 수 없이 편심시킬 경우에는 관통 구멍 단면의 상하에 각각 빔 길이의 $1/4$ 이상, 또한 150mm 이상의 부분을 확보한다.

• 빔 단부에 배치하는 구멍은 그 중심 위치를 기둥면에서 빔 높이의 $1/2$ 이상 격리시킨 위치에 설치한다.

③ 보이드

(단위 : mm)

내경	50	75	100	125	150	175	200	250	300	350	400
두께	2.5	3.0	3.5	3.5	4	4	5	5	6	7	8
외경	55	81	107	132	158	183	210	260	312	364	416

[상세도 6-2] 풀 박스와 전선관의 접속

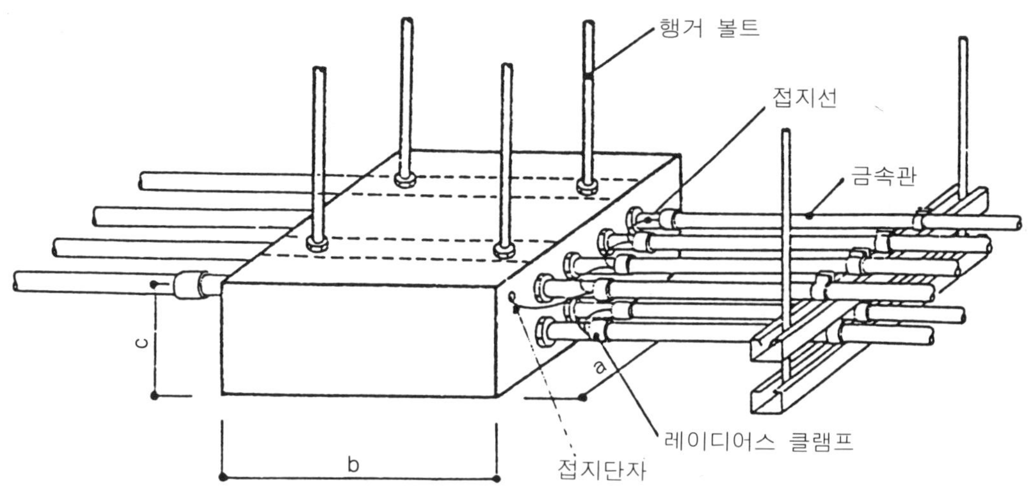

＜포인트＞

① 박스 내부
- 박스 내부에는 돌기는 설치하지 않는다. 어쩔 수 없는 경우에는 돌기물에 보호 커버를 씌운다. 보강 용접 단부는 버(burr) 등을 완전히 제거하고 매끄럽게 마무리한다.
- 풀 박스의 장변이 400mm를 초과할 경우에는 내부에 강관(鋼管) 또는 평강(平鋼)으로 전선 지지재를 설치한다. 지지 쇠장식은 풀 박스의 대각선에 따라 수평으로 설치한다.
- 세퍼레이터는 1.2mm 두께 이상의 강판제로 하고 설치는 나사 조임(탈착 가능)으로 한다.

② 뚜껑
- 600mm² 이상의 뚜껑은 2분할 이상으로 한다.
- 점검측의 뚜껑 비스(프 vis)는 나비 나사, 탈락 방지용 비스를 사용한다. 또 옥외에 설치하는 박스에는 6각 비스를 사용한다.

③ 접지(接地)
- 풀 박스와 금속관은 전기적(電氣的)으로 완전히 체결한다. 접지 단자 비스를 설치한다.

④ 방청(防錆)
- 강판, 보강재는 인산염(燐酸鹽) 피막처리 등의 초벌 처리를 하고 방청제 도장(塗裝) 후 마무리 한다.

⑤ 보강(補強)
- 풀 박스를 행거 볼트로 달아 맨 경우는 풀 박스의 네 귀퉁이를 보강하여 설치 구멍을 설치한다.

강판 두께와 보강재 크기[mm]

장변의 길이	강판의 두께	보강재의 크기
～ 400이하	1.6이하	—
400을 초과～ 600 〃	2.0 〃	L25×25×3
600 〃 800 〃	2.0 〃	L30×30×3
800 〃 1000 〃	2.0 〃	L40×40×3

⑥ 풀 박스 규격 　●직각 배관의 경우 : $a, b = \sum(P_i+30)+30+5Pm$

(단위 : mm) 　●직선 배관의 경우 : $a = (P_i+30)+30+2W, \quad b = Pm×8$

여기에서, P_i : 전선관의 외경

P_m : 최대 전선관의 외경

W : 보강재(補強材)의 폭

풀 박스 높이 기준[mm]

관 지름 단수(段數)	19 (16)	25 (22)	31 (28)	39 (36)	51 (42)	63 (54)	75 (70)
1단 배열	100	100	100	150	150	200	200
2단 배열	200	200	200	275	275	350	350
2단 이상 1단 마다	100	100	100	125	125	150	150

[상세도 6-3] 전선의 지지(수직부설)

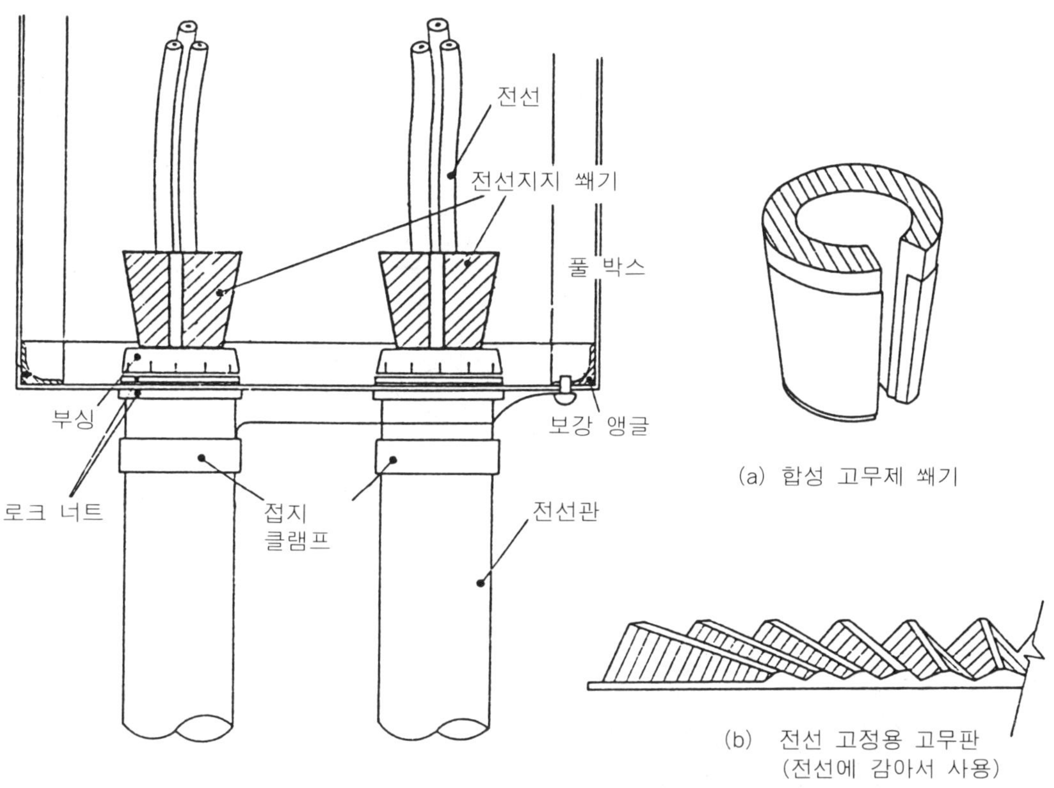

<포인트>

지지

- 금속관의 관단에 고무제의 쐐기를 사용하여 하부에서부터 순차로 상부로 전선에 여유를 주면서 손상되지 않도록 고정시킨다.
- 수직으로 배관한 금속관 내(內)의 전선은 아래 표의 간격 이하마다 지지한다.

전선의 굵기와 지지의 간격

전선 굵기[mm²]	지지 간격[m]
50이하	30
100 〃	25
150 〃	20
250 〃	15
250을 넘는 것	12

[상세도 6-4] 와이어링 덕트의 부설

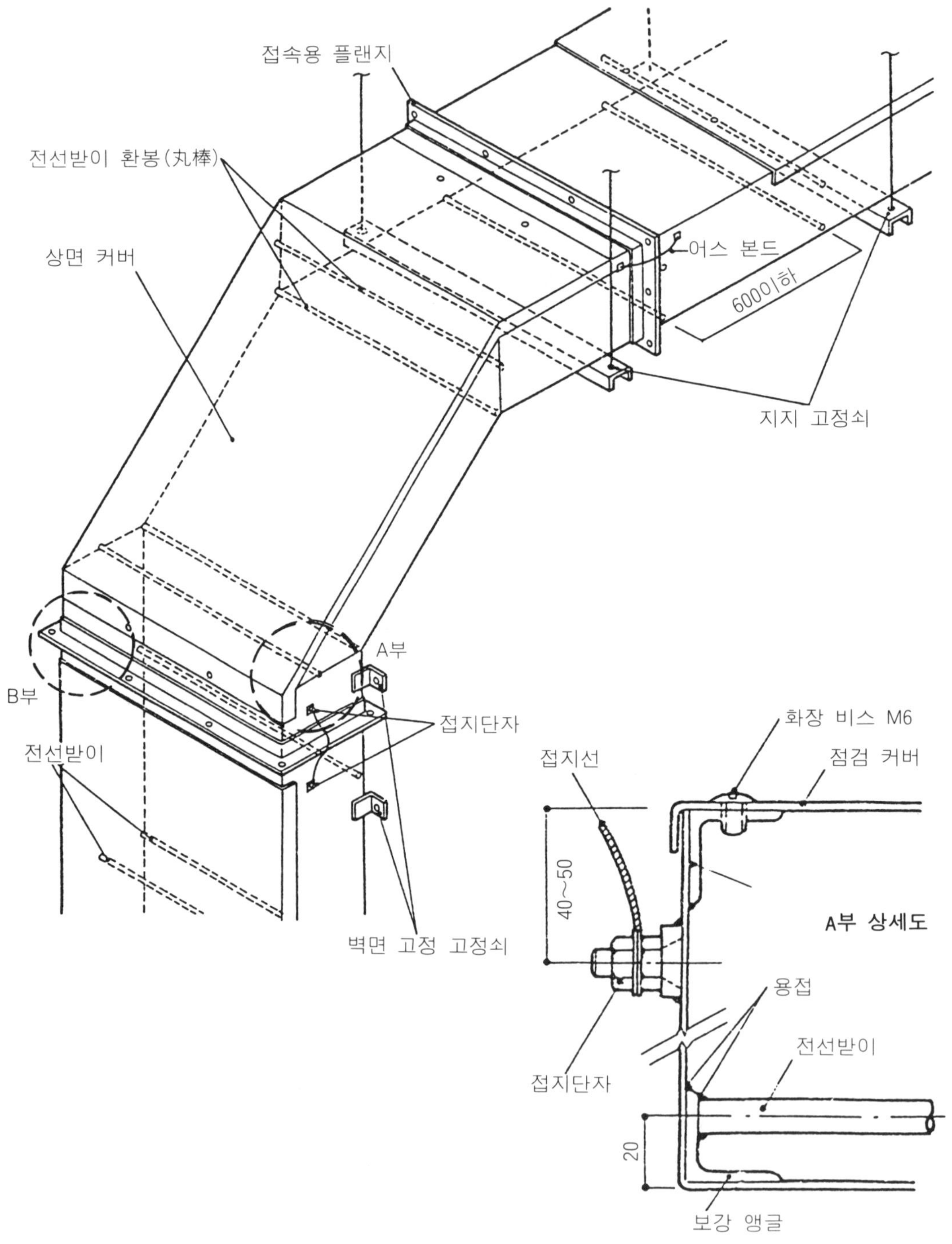

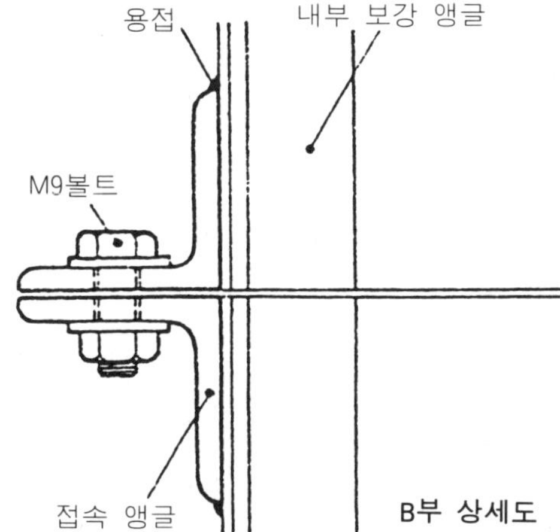

<포인트>

① 덕트

- 금속 덕트의 단면적은 수용하는 전선의 피복(被覆)을 포함한 단면적 합계의 5배 이상으로 한다. 수용하는 전선수는 30개 이하로 하는 것이 바람직하다.
- 덕트 내면에는 전선의 피복을 손상시킬 수 있는 돌기(突起)가 있어서는 안된다.
- 덕트 내외면에는 방청을 위해 도금 또는 도장으로 방청처리를 한다.
- 사용전압이 300V 이하인 경우와 300V를 초과하고 사람이 접촉될 우려가 없도록 실시할 경우에는 제3종 접지공사를 하고, 300V를 초과하는 경우에는 특별 제3종 접지공사를 실시한다.

② 통선

- 금속 덕트 내에서는 전선에 접속점을 설치하고 분기(分岐)하지 않는다. 단, 용이하게 점검할 수 있을 때는 분기할 수 있다.
- 다수의 전선을 시설했을 경우, 그 시설 방법에 따라서는 허용전류가 감소되어 사용시 전선의 온도가 전선의 허용 온도 이상으로 될 수 있으므로 주의를 요한다.

③ 지지 ● 아래 표에 의한다. 　　④ 보강 ● 아래 표에 의한다.

금속 덕트의 지지 간격[mm]

본체 단면의 장변의 길이	지지점간의 최대 거리
300이하	2400
600 〃	2000
800 〃	1800

본체의 강판 두께와 보강재의 크기[mm]

본체 단면의 장변의 길이	강판의 두께	보강재의 굵기
300이하	1.6이상	—
300을 초과 400 〃	2.0 〃	—
400을 초과 600 〃	2.0 〃	L25×25×3 평강 50×3
600을 초과 800 〃	2.0 〃	L30×30×3 평강50×4.5

[상세도 6-5]　케이블 래크의 부설

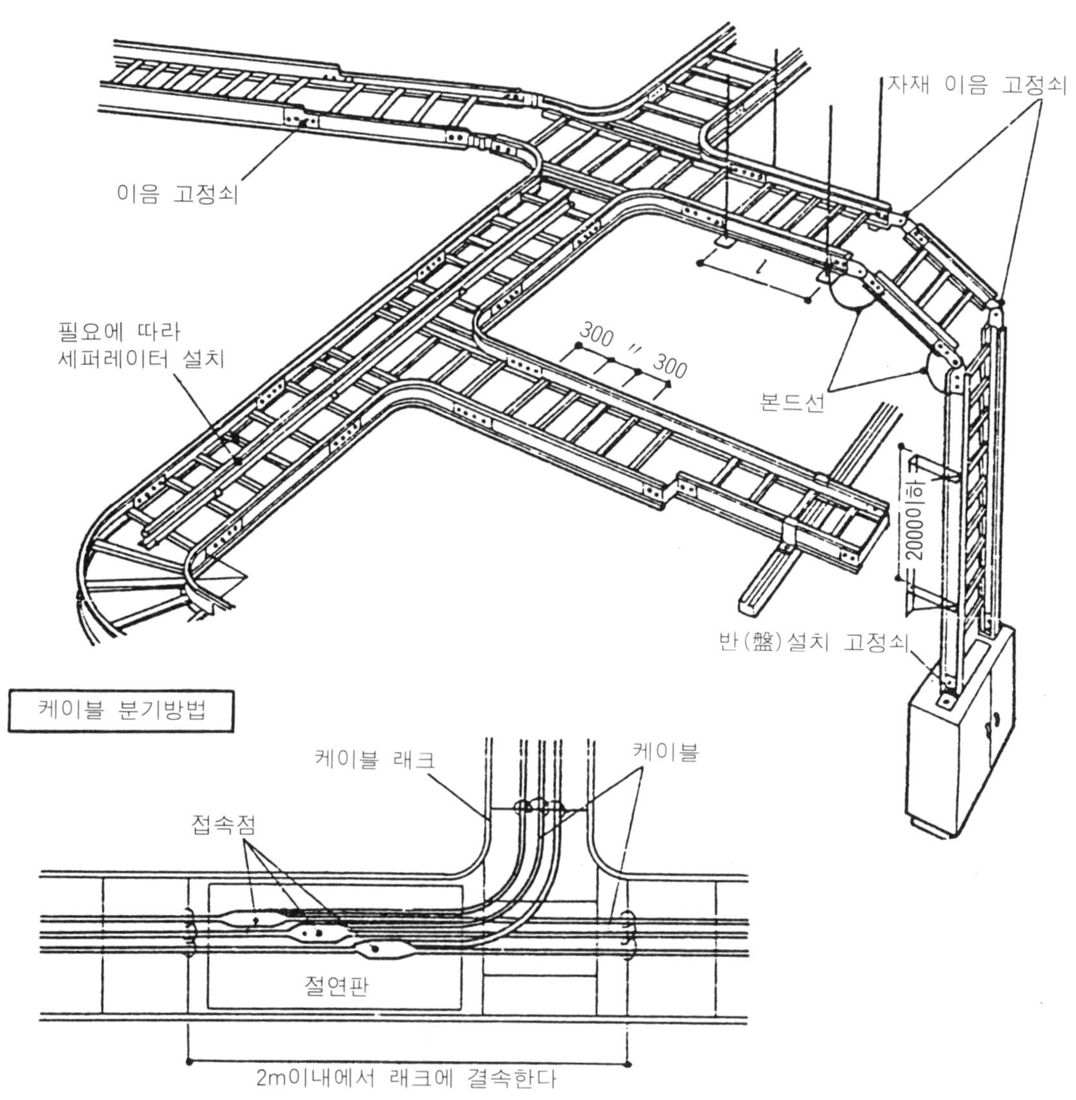

<포인트>

① 지지

- 지지재는 래크 전용 독립으로 하고 수도·가스관 등, 전기 이외의 공작물과는 공용(共用)하지 않는다.
- 지지 간격은 최대 휨(굴곡)을 1/300 이하로 되도록 주의한다 (아래 표 참조).
- 케이블의 지지 간격은 2m 이내로 하고 클리트, 새들, 클립 등

으로 결속시킨다.

② 접지 ● 사용전압이 300V 이하인 경우에는 제3종 접지공사를, 300V를 초과할 경우에는 특별 제3종 접지공사를 실시한다.

● 래크 상호간의 접속에 이음쇠를 사용할 경우, 본드를 사용할 필요는 없지만 자재 이음, 이음매 이음, 신축 이음 등일 경우에는 본드선으로 접속한다.

③ 허용 하중 ● 모 들보·자 들보의 허용 하중(荷重)을 비교하여 작은 수치를 래크의 허용 하중으로 한다(아래 표 참조).

케이블 레크 허용 하중(荷重)[kg/m]

케이블 레크 폭	지 지 거 리 l				
	1m	1.5m	2m	2.5m	3m
200mm	600	260	110	50	30
300	600	260	110	50	30
400	500	260	110	50	30
500	400	260	110	50	30
600	340	260	110	50	30

［상세도 6-6］　케이블의 지지（벽면）

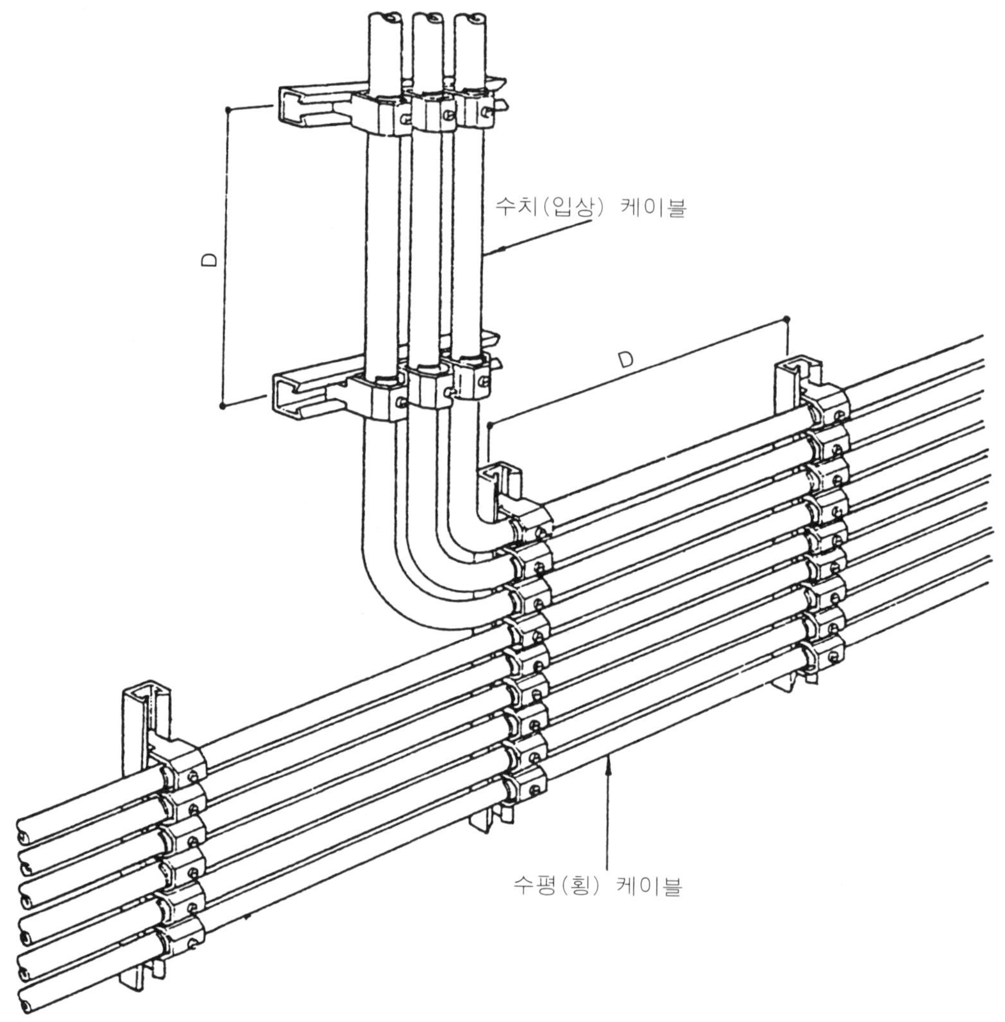

<포인트>

① 굽힘　　　●굴곡부의 내측 반경은 마무리 외경의 6배 이상이 필요하다.
　　　　　　　단, 단심 케이블에 관해서는 8배 이상을 필요로 한다(내규
　　　　　　　450-3).

② 지지 간격　●지지점 거리 D는 2m 이하로 한다(내규 450-2).

[상세도 6-7]　케이블의 지지(장대(長大)케이블 수직부설)

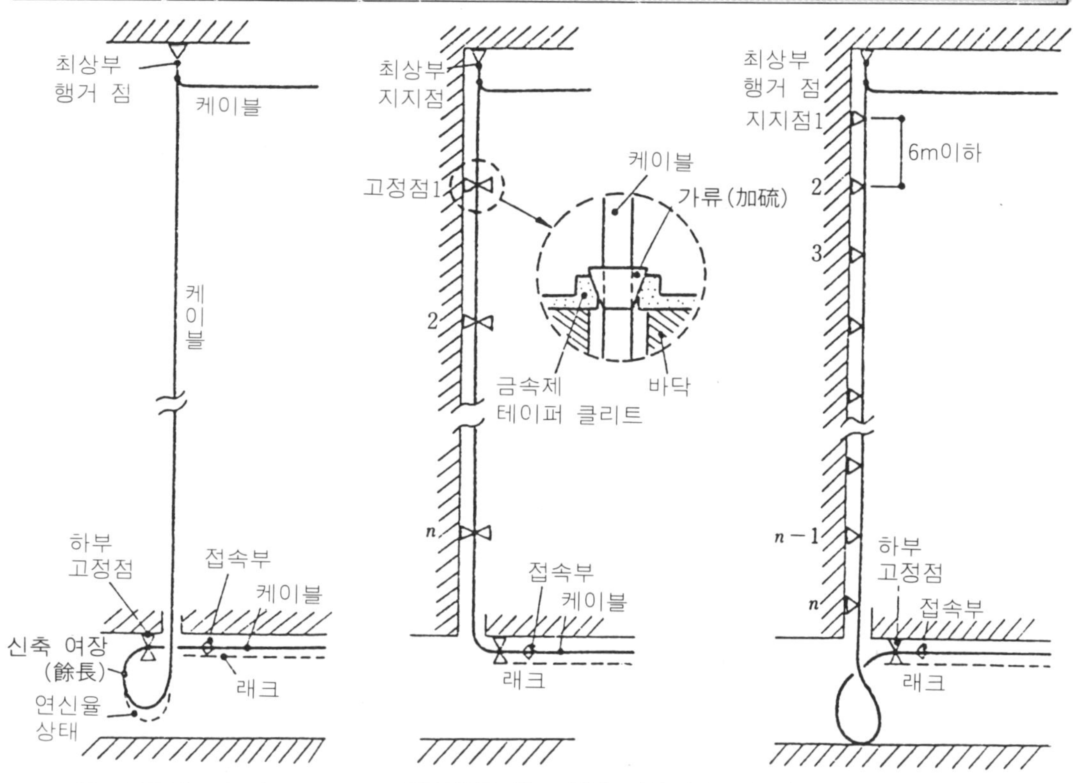

도중, 방진장치를 여러 단마다 실시하는 것이 바람직하다.

연신율을 각 고정점 사이에서 확실하게 흡수하는 방법. 금속제나 목제의 클리트 또는 새들 등으로 여러 해에 걸쳐 완전히 고정시킬 수는 없기 때문에 점선 내의 용법 등으로 실시한다.

6m이하마다(샤프트 내의 경우) 지지하는 방법. 통상의 지지재로는 완전한 고정이 되지 않아 최상부 한점의 행거와 같은 결과가 되기 때문에 최하부에 신축여장이 필요하다.

(a) 일점 행거　　　　(b) 다점 고정　　　　(c) 일점 행거와 다점 지지병용

<포인트>

장대 케이블의
신축

● 마무리 외경 60mm 정도 이상의 큰 규격 케이블을 수직으로 부설할 경우에는 (부설 길이 60m 정도 이상), 통전(通電)과 경년(經年)에 따라 신장이 최하부에 집중되어 현저하게 변화하거나 접속부가 이동 또는 과열된 예가 적지 않다. 큰 규격 케이블은 거의 가요성이 없고 수직 부설된 경우, 강체(剛體)에 가까운 성질로 되기 때문에 도중의 지지점 사이에서 신장을 흡수하기가 어렵다.

[상세도 6-8] 방화 규획 관통

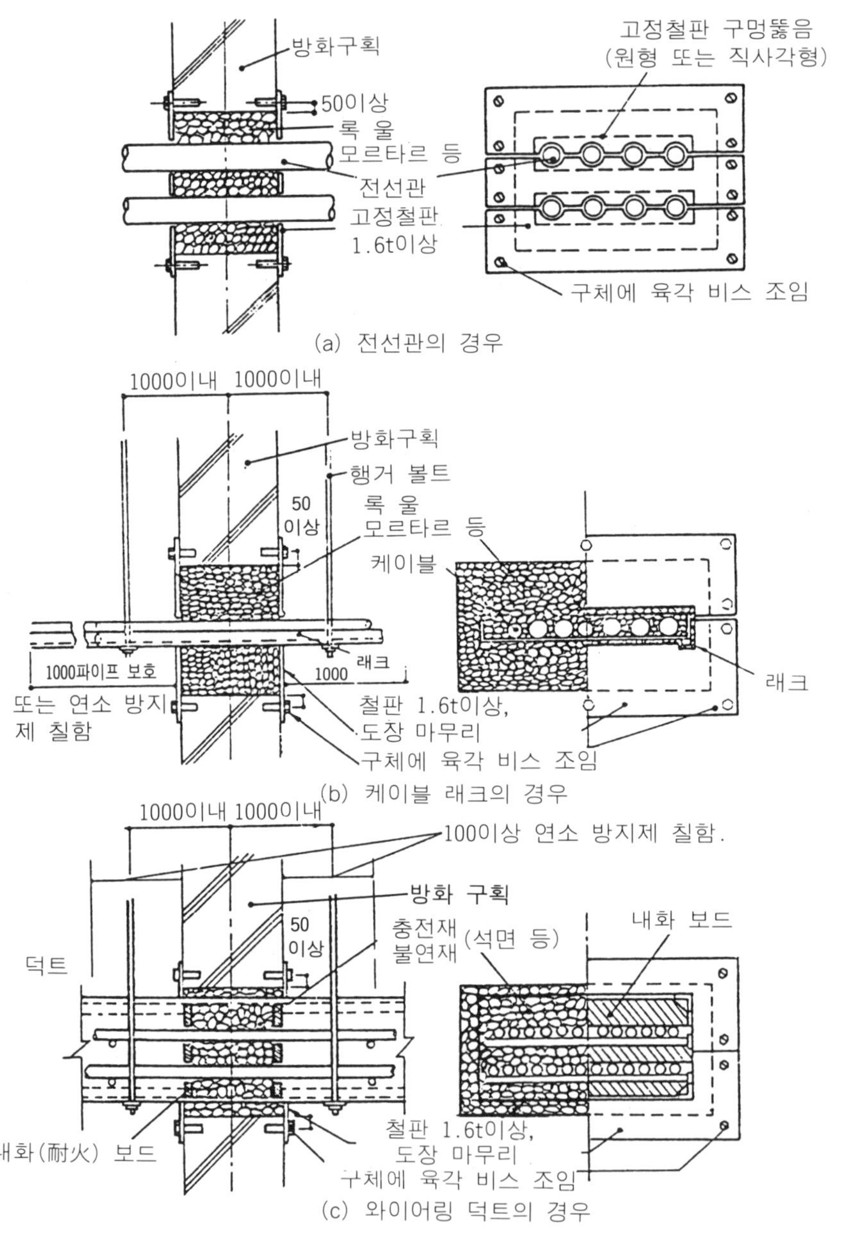

<포인트>

지지 ● 관통부의 벽심 1m 이내에서 지지를 잡는다. 고정 철판에 덕트나 래크의 중량을 걸어서는 안된다.

4·7　동 력 설 비

<동력설비의 시공 범위>

- 동력 제어반의 설치
- 반(盤)과 부하(負荷) 기기 상호간의 배선과 결선
- 제어선의 배선과 결선

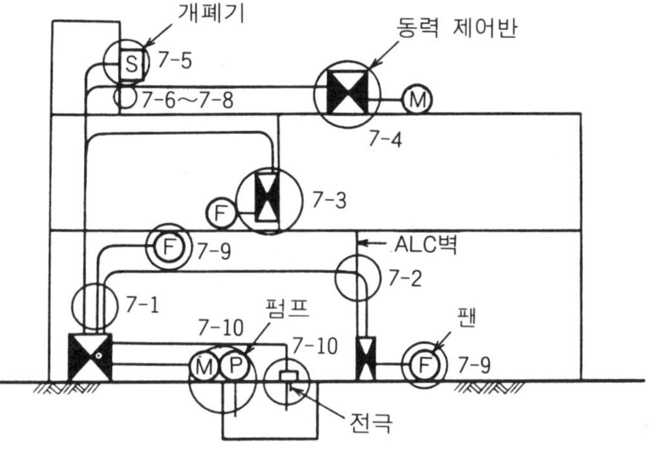

그 리 는 포 인 트		대 외 타 합				설계도서 체크			
체 크 항 목	법 규 (조·항)	소방서	도都 道 부府 현懸			건축전반	구조	위생·공조·반송	전기
법적체크 보호협조	전기 38								○
법적 부하용 반(盤) 설치위치	소규(消規) 12	○	○						○
법정 부하용 전선 종류	전기 179	○	○						○
접 지	전기 28 내규 155-7								○
전동기용 차단기	전기 184 내규 305-5								○
압착 단자 규격	전기 181-4 내규 400-7-1								○
배관지지(支持)	전기 201-3					○	○		○
기술적체크 전동기 전압, 용량, 시동방식								○	○
반내진(盤耐震)							○		○
시퀀스(연동, 인터 로크)								○	○
원격 조작, 표시								○	○
배선 규격									○
배관 방진(진동 기기에의 배관)						○	○	○	○
외벽 관통부 방수 처치						○			○
옥외반, 배관 방수, 방청 처치									○

전기 설비 QC 공정도   공사명   공기 (工期) · · ~ · ·

공종	동력 설비			확인인	건축	공조	위생	전기
관리 특성	접지 저항값, 절연 저항값, 릴레이 동작값, 전동기 회전방향							

작업순서	차트	프로세스 공정명	관리점	점검점	기준값	시기	도구	기록	상세도 No.
1	①	먹줄치기		위치	오차 ±10mm	먹줄칠 때	스케일		
2	②	슬리브 입 (入)		위치	오차 ±10mm	슬리브 넣을 때	스케일		6-1
3	③	매설 배관 부설		간격 지지 접지	격리 30mm 이상 2m이하 300V이하 E_3	부설시	스케일		
4	◇1	콘크리트 타설 (打設) 후 체크	슬리브 위치 배관 위치		오차 ±10mm		스케일		
5	④	노출 배관 부설		굽힘 지지 접지	6R이하 2m이하 300V이하 E_3	부설시	스케일 눈으로 관찰		7-1 7-7 7-2 7-8 7-6
6	⑤	케이블 레크 부설		지지 접지	2mm이하 300V이하 특E_3 300V이하 E_3	부설시	스케일 눈으로 관찰		
7	⑥	와이어링 덕트 부설		판 두께 접지	1.6mm이상 300V이상 특E_3 300V이하 E_3	부설시	스케일 눈으로 관찰		
8	⑦	반 설치		지지 배관 인출구 위치	구체 (軀體)에 구정 오차 2mm이내	설치시	스케일 눈으로 관찰		7-3 7-4 7-5
9	⑧	케이블 부설		지지 굽힘 여유	2m이내 6R이상 단심 8R 이상	부설시	스케일 눈으로 관찰		
10	⑨	반측 결선 (盤側結線)	체결 마크	체결 강도	1t 전수 (全數)	결선시	토크 렌치 눈으로 관찰	단자	
11	⑩	기기측 결선	체결 마크	체결 강도 접지	1t E_3 전수	결선시	토크 렌치 눈으로 관찰	단자	7-9 7-10
12	◇2	시험	메거링 전기 특성		1.0Ω이상 정정 (整定) 값과 비교	결선 후 결선시	메거 시험기	측정표	
13	◇3	상합 (相合)	회전 방향		정방향	결선 후 결선시	검상기 (檢相器)	체크 리스트	

○ 시공 ◇ 검사·체크

[상세도 7-1]　노출 배관 지지

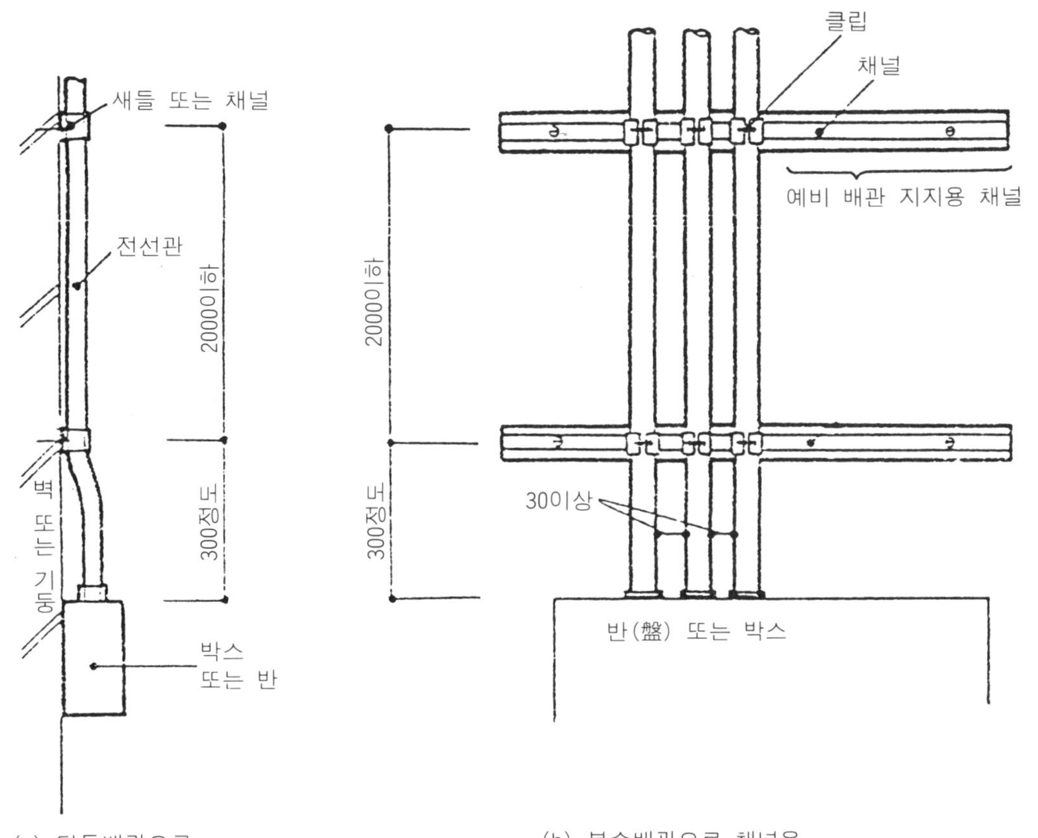

(a) 단독배관으로
　　벽 또는 기둥에 직접 설치하는 경우

(b) 복수배관으로 채널을
　　사용하여 설치하는 경우

<포인트>

배관

- 배관을 굽힐 경우는 그 단면이 현저하게 변형되지 않도록 굽히고, 그 굽힘 내측 반경은 관 내경의 6배 이상으로 한다.
- 접지극에서 배관의 최종단까지의 전기저항은 2Ω 이하로 한다 (접속을 확실하게 한다).
- 다른 배관, 덕트, 가스관 등과 직접 접촉해서는 안된다.

[상세도 7-2] 배관의 ALC 벽 관통

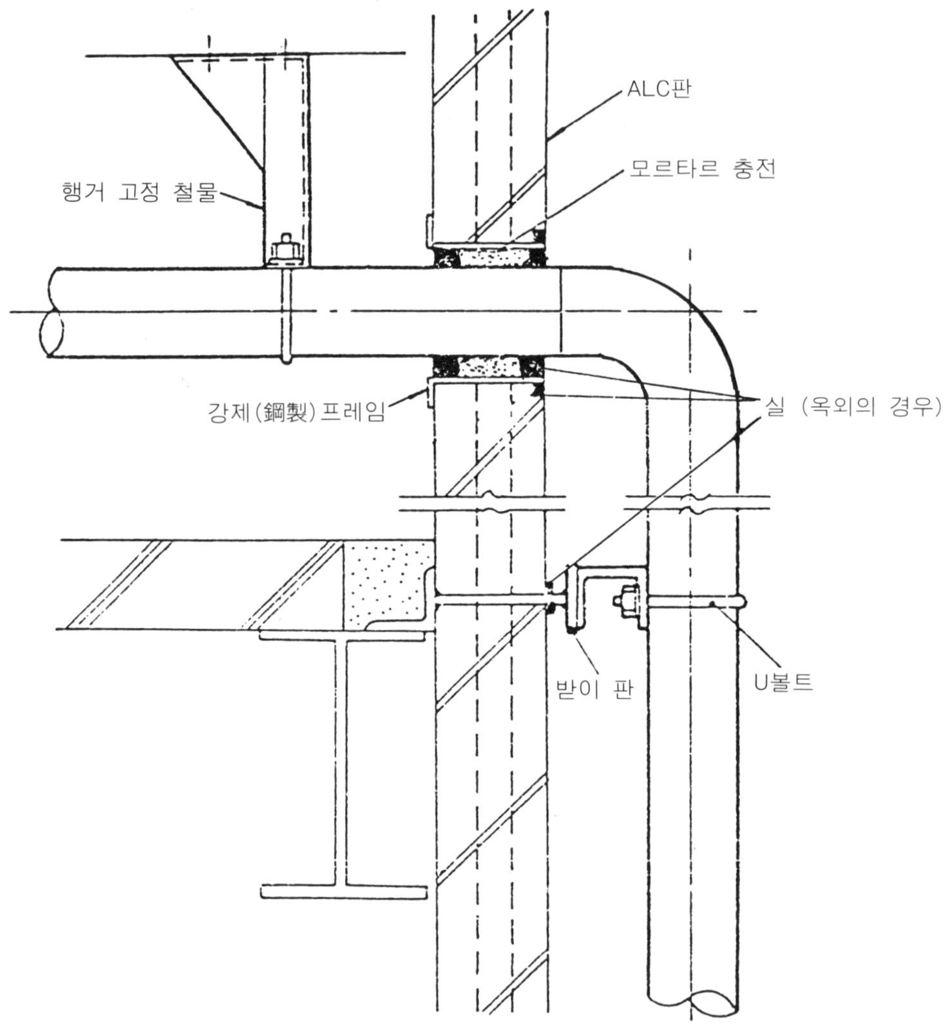

<포인트>

관통

- 관통부분은 ALC 이음 부분을 원칙으로 한다.
- 관통 개소(箇所)수는 ALC판 1판당 1개소로 하고, 복수 개소 일 경우는 철판 프레임을 설치하여 프레임 내(內) 철판을 관통 한다.
- 관통 개소의 전후에서 배관을 견고하게 고정한다.

[상세도 7-3]　옥내 자립반의 설치(방수층이 있는 경우)

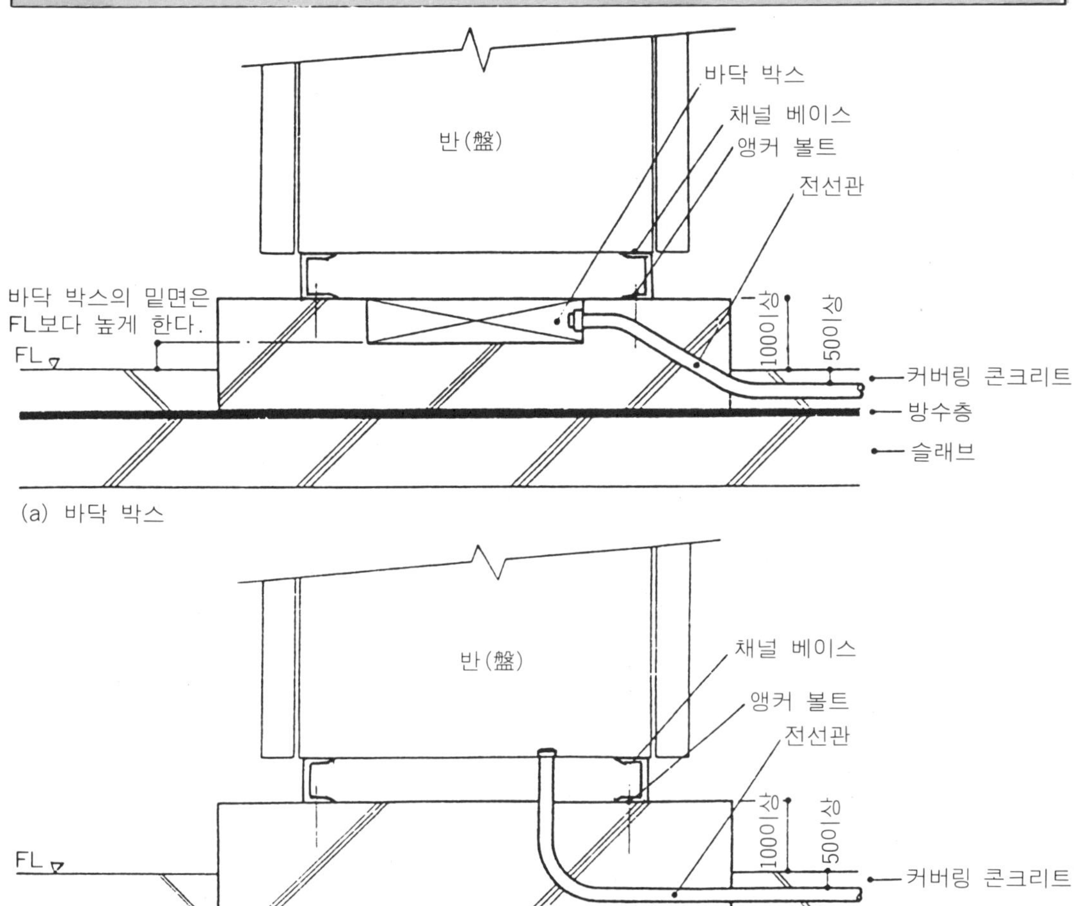

<포인트>

① 적용
- 경량(300kg 이하)인 반의 경우로 한다. 건축과 타합한 다음에 시공한다.

② 배관
- 바닥 방수가 되어 있는 기계실 등은 공조 기기의 드레인으로 상시 신더 내에 물이 있는 것이라 생각해야 한다. 따라서 반 내 배관은 바닥 마무리 면(面)보다 상부로 한다.
- 바닥 박스를 설치할 경우, 박스의 저면(底面)도 바닥 마무리 면보다 높게 한다.

③ 내진
- 전도(轉倒) 방지를 위하여 반(盤)의 상부나 벽, 기둥 등에 지지하는 것이 바람직하다. 따라서 진동 방지용 지지 철물을 설치할 수 있도록 제작도에 미리 기입해 두면 된다.

[상세도 7-4]　옥외 자립반의 설치

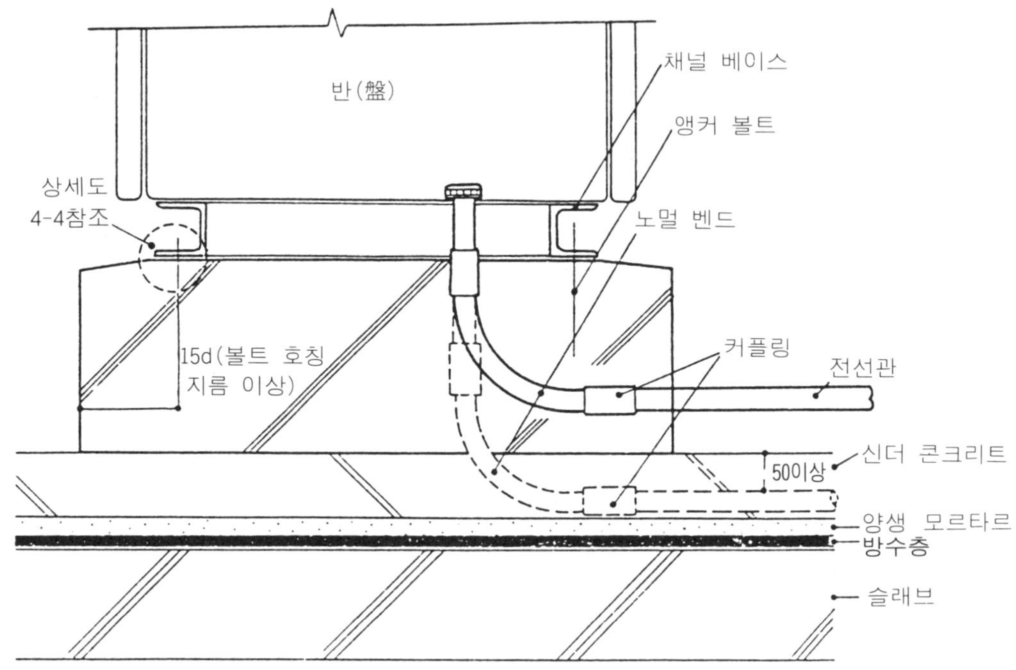

<포인트>

① 확인　　●반 및 기초의 중량, 위치를 건축에 제출하고 체크를 받는다.

② 기초　　●원칙적으로 전면(全面) 기초로 하고 조인트의 위는 피한다.

　　　　　●높이는 앵커 볼트의 필요 매설 깊이(앵커 볼트 구경×10)와 노멀 벤드(normal bend)의 휨(굽음)에 의해서 결정된다

③ 방청　　●옥외로 노출되는 금속부분은 방청처리 (스테인리스, 아연 호붙이, 베이킹 도장 등)를 실시한다.

④ 배관　　●원칙적으로 노출 배관으로 하지만 어쩔 수 없는 경우에는 신더 콘크리트 안에 매입할 수 있다. 이 경우, 옥내에의 관로(管路)는 반드시 상세도 7-6에 따른다.

　　　　　●VV케이블 사용인 경우는 자외선(紫外線) 기타 기상 조건을 고려하여 방호(防護) 대책을 실행한다.

[상세도 7-5]　운전 개폐기의 설치(옥외)

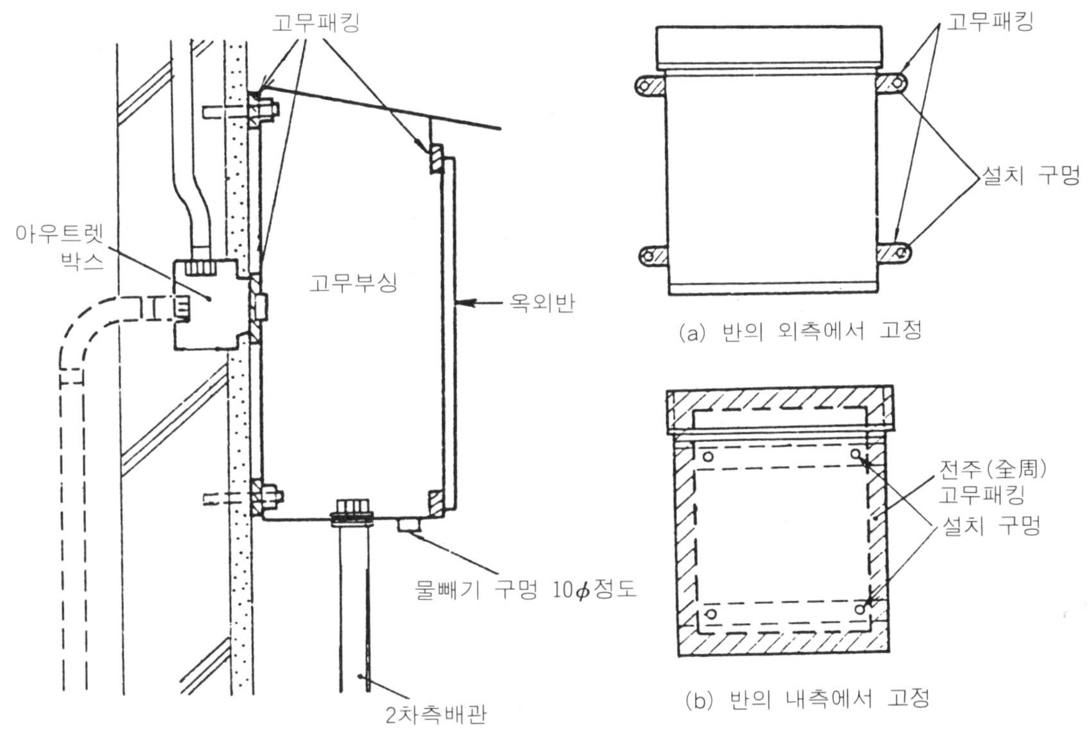

<포인트>

① 배관　● 외벽부분은 원칙적으로 상부에서 배관한다.

● 본래 외벽에 배관을 타입(打込)하는 것은 외벽에 균열을 발생시켜 누수(漏水)의 원인이 될 수 있기 때문에 특히 옥내측에 지장이 없는 한 점선과 같은 배관 방법으로 한다.

● 외벽에 타입하는 전선관의 규격은 31mmφ 이하로 한다.

② 반　● 전원 인출용의 뒤 박스와 반내 가터 스페이스의 관련을 고려하여 제작한다.

● 원칙적으로 외벽면에의 반(盤) 설치 구멍은 반의 외측에 설치한다.

③ 방수　● 고무 패킹의 위에 방수 코킹을 한다. 지지 볼트는 스테인리스제이든가 아연 도금을 실시한 것을 사용하는 것이 바람직하다.

[상세도 7-6] 배관의 옥상 관통

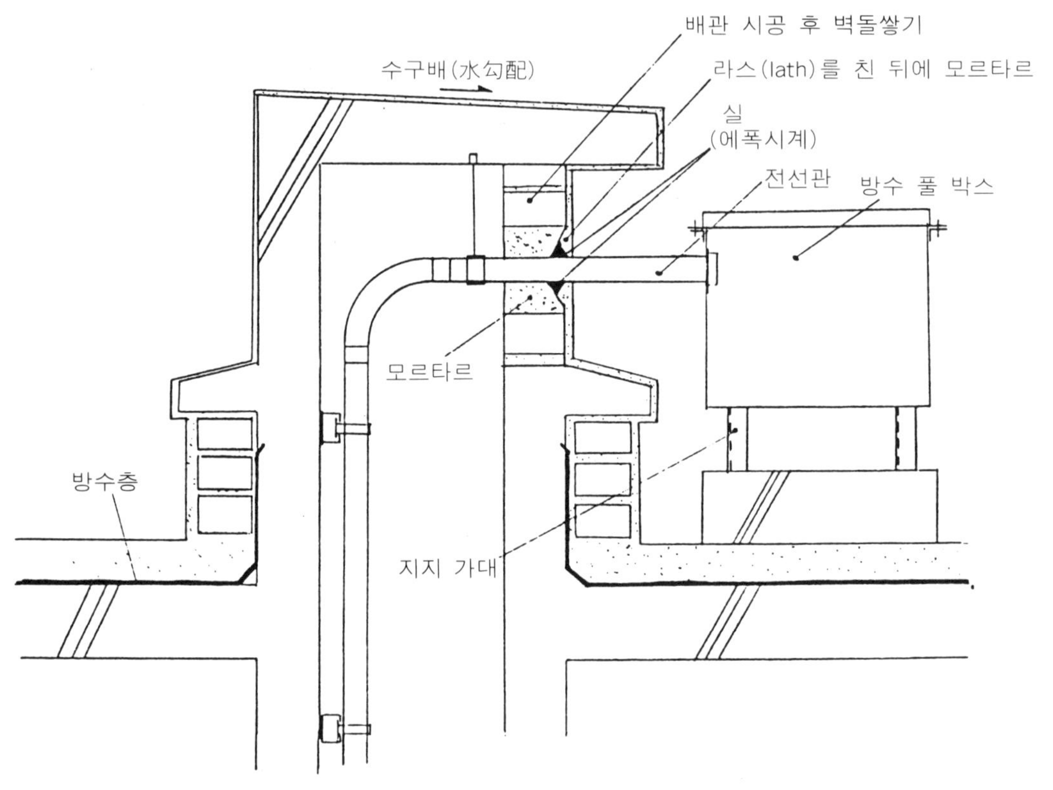

<포인트>

① 지지

- 배관은 관통부의 전후에서 고정한다.
- 2개 이상의 배관을 관통시킬 경우, 관 상호간의 간격은 100mm 이상으로 한다.

② 방로

- 옥상 관통 배관에 있어서 관내의 난기(暖氣)가 상승하여 상부에서 관 외의 냉기로 냉각 결로(結露)되어 관내(管內)를 유하(流下)하여 하부의 단자부분에서 절연 저하나 녹이 발생하는 수가 있다. 따라서 통선 종료 후, 옥내의 풀 박스나 반에서의 배관 인출구에 네오 실 등을 충전하여 결로를 방지하는 것이 바람직하다.

[상세도 7-7]　배관의 외벽 관통

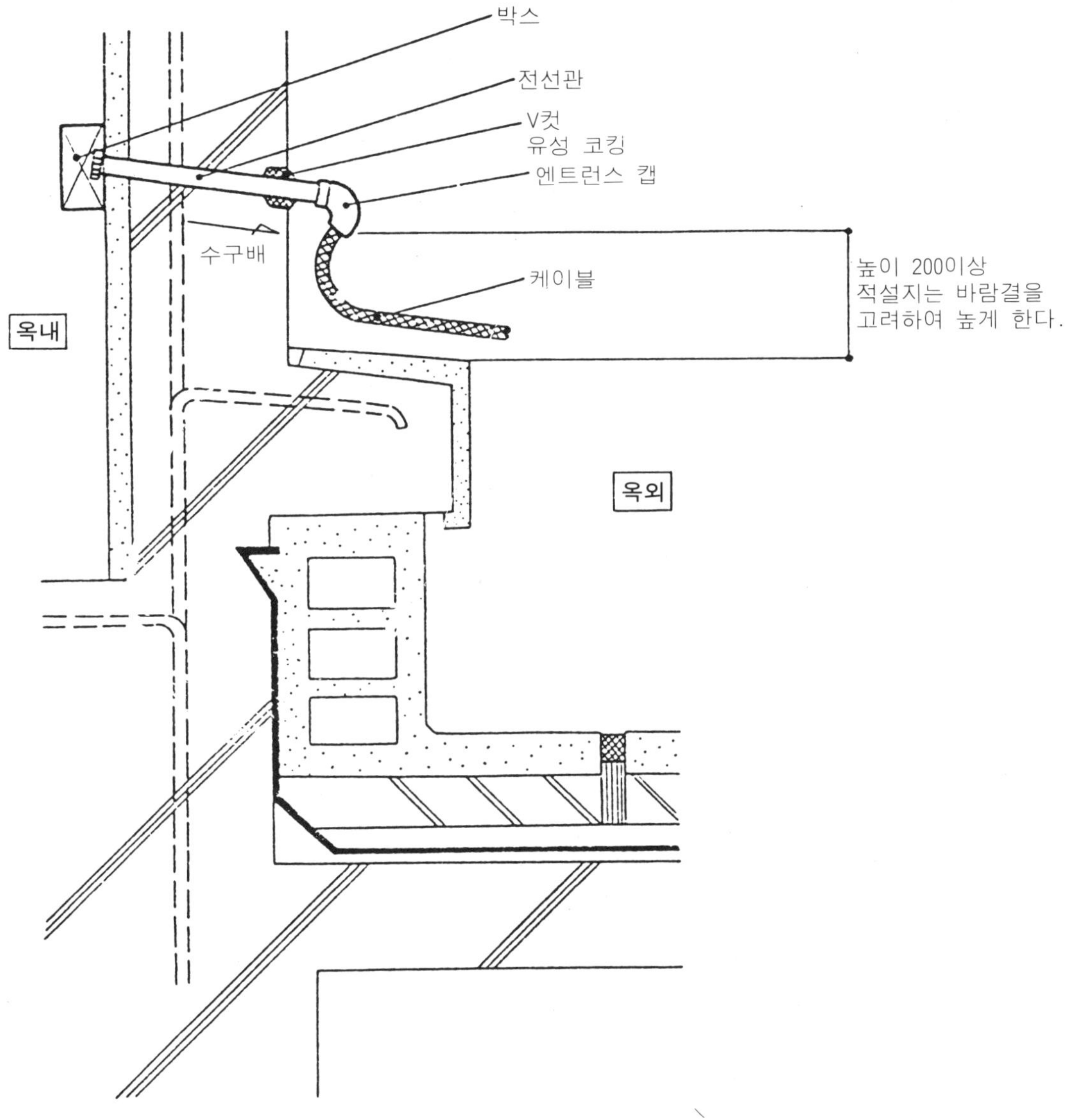

<포인트>

배관

- 관통관은 옥외가 물 밑이 되도록 구배(勾配)(1/10 이상)를 붙인다.
- 관통은 턱보다 위로 실시한다. 방수층을 관통해서는 안된다.
- 금속 덕트, 케이블 래크의 외벽 관통은 원칙적으로 실시하지 않는다.
- 외벽 관통부는 전선관을 직타입(直打込)한다.

[상세도 7-8] 배관의 패러핏 입상

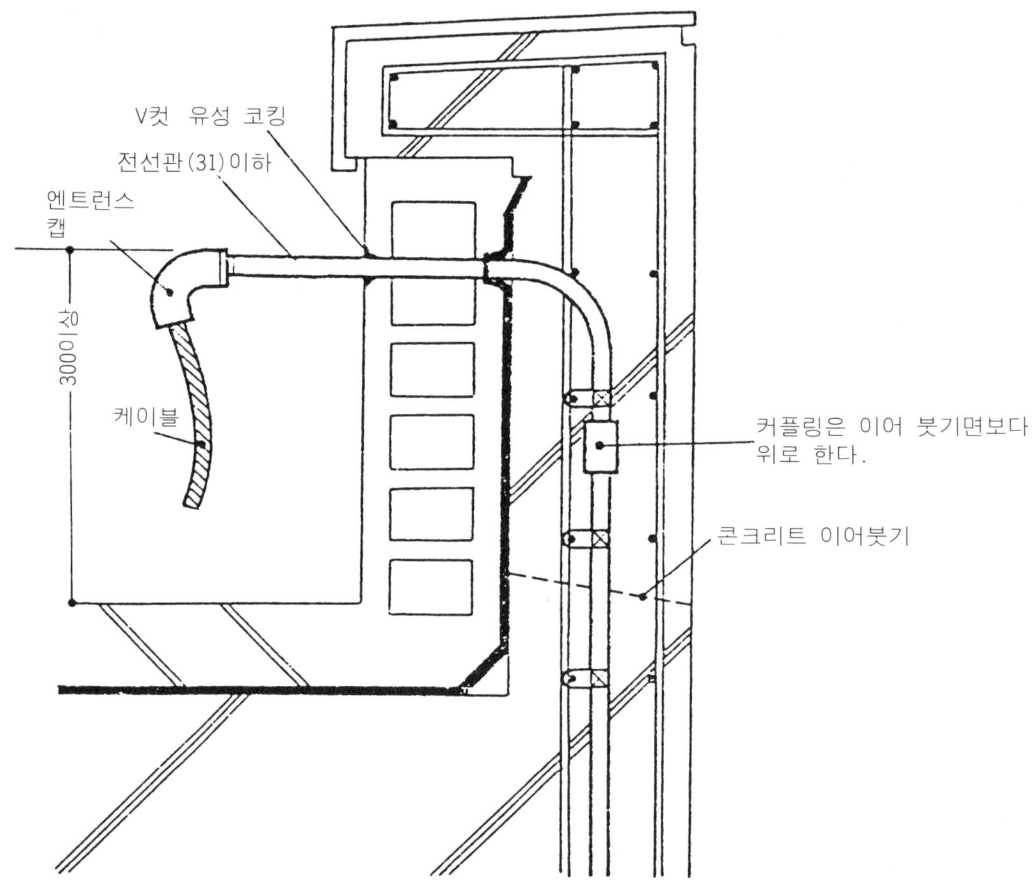

<포인트>

① 확인   ● 전선관의 패러핏 입상은 피뢰(避雷) 도선 등으로 어쩔 수 없는 경우에 한한다.

② 배관   ● 외벽의 타입 배관은 원칙적으로 피한다. 어쩔 수 없이 입상시킬 경우에는 내근(內筋)에 따라서 바인드로 하고, 관 규격은 31mm∅ 이하로 한다.

            ● 관은 패러핏을 수직으로 꿰뚫어서는 안된다. 또한 턱부분에는 관을 타입하지 않는다.

            ● 관은 옥외로 1/10 이상의 수구배를 붙인다.

[상세도 7-9]　팬 모터의 전원 접속

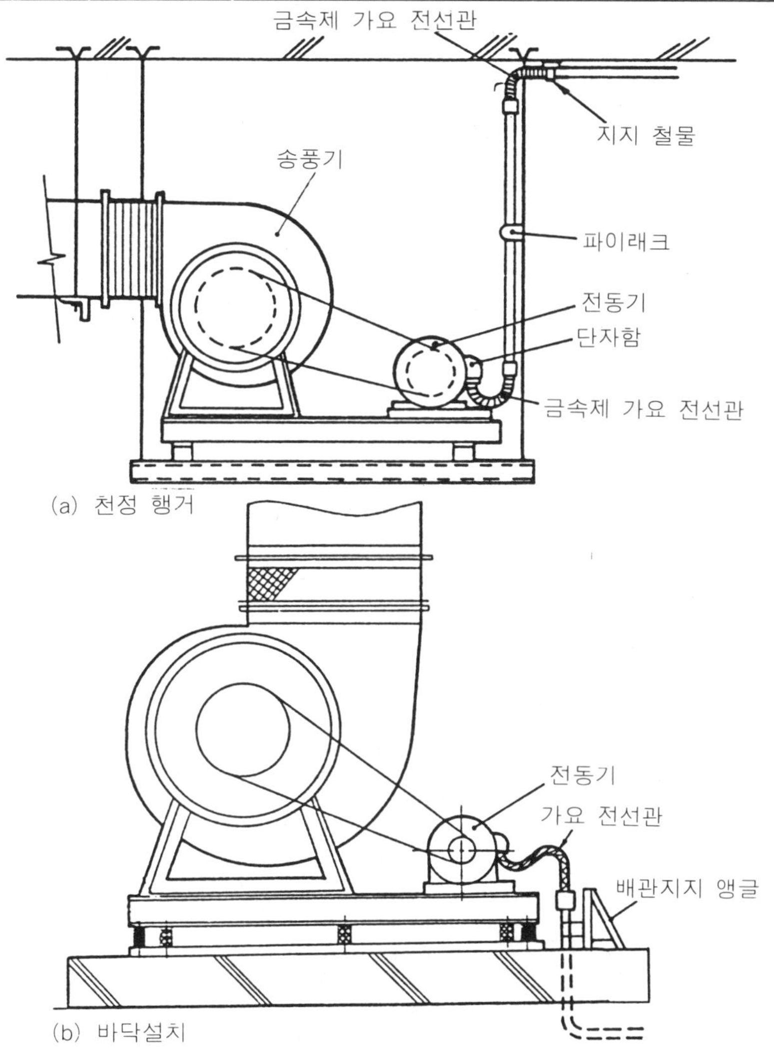

<포인트>

① 배선
- 송풍기 진동이 슬래브에 전달되지 않도록 금속제 가요 전선관을 사용한다.
- 배선은 연선을 사용하여 진동 등으로써 장력이 가해지지 않도록 길이에 여유를 둔다.
- 전원 단자 접속은 스프링 워셔(spring washer)를 사용하고 너트로 채결한다.

② 접지
- 전동기의 접지는 단자함의 접지 단자에서 접속하고, 접지선은 배관 속에 넣는다. 단, 3.7kW 이하일 경우에는 파이프 본드에 의한 접지로 해도 된다.

[상세도 7-10] 바닥 설치 전동기 전원의 접속과 전극 주위의 배선

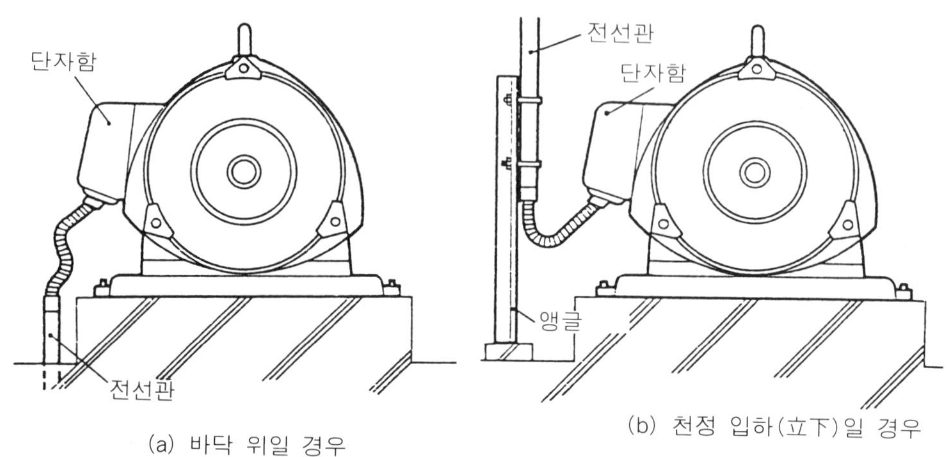

(a) 바닥 위일 경우

(b) 천정 입하(立下)일 경우

(C) 전극 주위의 배선

<포인트>

① 경로   ● 바닥에 상시(常時) 물이 고일 우려가 있는 장소에서는 천정에서 끌어 내리는 것을 원칙으로 한다.

● 배관의 입상(立上), 강하 위치는 전동기 단자함의 위치를 고려하여 결정한다.

② 접속   ● 전동기에 단자함이 부착되어 있는 경우는 2종 금속제 가요 전

　　　　　　　　　선관으로 접속한다.
* 전동기의 리드선으로서 케이블이 배선되어 있는 경우에는 조인트 박스(joint box) 내에서 IV선과 케이블의 접속을 한다.

③ 전극
* 전극 유지기는 특수한 경우를 제외하고 슬래브 면(面)보다 올린다.
* 오동작 방지를 위하여 비닐 튜브를 씌워 절연성 스페이서로 분리한다.
* 전극에 대한 배선은 유도 등으로 인한 오동작을 방지하기 위하여 동력(動力) 회로와는 별개의 배관에 수용한다.
* 수조의 측벽이나 보급수(補給水) 파이프의 토수구(吐水口) 부근에 설치하면, 오동작의 원인이 되기 때문에 피하고 필요에 따라서 파(波) 방지판을 설치한다.

④ 배관
* 배관의 관단에는 컴파운드 등을 충전한다.

4·8 전등·콘센트 설비

<전등·콘센트 설비의 시공 범위>

- 분전반의 설치
- 조명기구, 스위치, 콘센트 등의 설치
- 반과 기구 사이의 배관 배선 및 결선

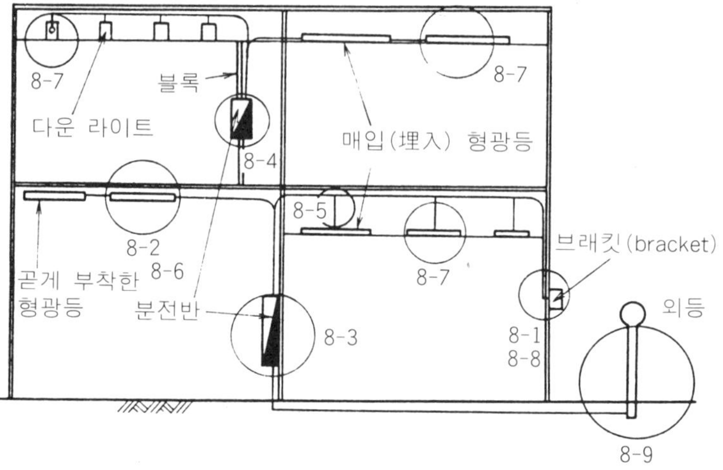

그 리 는 포 인 트		대 외 타 합				설계도서 체크			
체 크 항 목	법 규 (조·항)	소방서	도도부현			건축전반	구조	위생·공조·반송	전기
법적체크 대지(對地) 전압	전기 177								○
사용 전선	전기 179								○
옥내 방전등	전기 221, 222		○						○
공사 종류	전기 189								○
유도등의 위치와 종류	소령 28	○							○
	소규 28의 2, 3								
비상 조명의 설치	건령 126의 4, 5		○						○
기술적체크 분전반 위치 및 크기									○
분전반 지지 방법									○
계량 구분									○
회로 구분									○
조명 기구와 타설비의 천정 취합 (덕트, 배출구, 스프링쿨러, 화재경보, 스피커)								○	○
조명 기구와 건구(문짝, 매달린 찬장 등)의 위치						○			○
매입의 기구와 천정 내 빔의 위치							○		○
조도 분포(照度分布)						○			○
배선 기구 설치 위치 (TV, 전화, 가스콕 등의 취합, 타일 접속의 검토)						○		○	○

전기 설비 QC 공정도

공사명　　　　　공기 (工期)　　·　·　　～　　·　·

공종	전등 · 콘센트 설비
관리 특성	조도, 절연 저항값

확인인	건축	공조	위생	전기

작업순서	프로세스 차트	프로세스 공정명	관리 항목 관리점	관리 항목 점검점	관리 항목 기준값	체크 방법 시기	체크 방법 도구	체크 방법 기록	상세도 No.
1	①	먹줄치기		위치	시공도와의 차 ±10mm 이내	먹줄치기	스케일		
2	②	인서트 입 (入) 매설 배관 부설		간격 규격 지지 간격	조명기 행거 규격에 의한 31mm이하 2m이내 30mm이상	시공시	스케일		8-1 8-2
3	◇①	콘크리트 타설 (打設) 후 체크	인서트 위치 박스 위치		시공도와의 차 ±10mm				
4	③	천정내 배관 부설		풀 박스 크기 지지	건설성 시방에 의한 2m이내	부설시	스케일		8-5
5	④	케이블 부설		지지 간격	2m이내 다른 배관과의 접촉 제로	부설시	스케일		
6	⑤	관로 배선		종류 접속점	절연 전선 박스 내	배선시	눈으로 관찰		
7	⑥	분전반 설치		지지 배관 인출구 위치	구체에 고정 오차 2mm이내	설치시	스케일 눈 으로 관찰		8-3 8-4
8	⑦	기구용 먹줄치기		위치	시공도와의 차 ±5mm	먹줄치기시	스케일		
9	⑧	행거 볼트 설치		길이 위치	여장 20mm 시공도와의 차 +2mm이내	설치시	스케일		
10	⑨	천정 개구		개구 치수	기구 개구 치수와의 차 +2mm이내	개구시	스케일		
11	⑩	조명 기구 설치 결선	기구 설치 상태	천정과의 융합 극성	틈새 없음 오류 없음	설치 결선시	눈으로 관찰		8-6 8-7 8-8
12	⑪	배선 기구 설치 결선		극성	오류 없음	설치 결선시	눈으로 관찰		
13	◇②	메거링	절연 저항값 조도		1.0MΩ이상 계획값 이상		메거 조도계	측정표	

○ 시공　◇ 검사 · 체크

[상세도 8-1] 전선관의 철근 콘크리트 벽 매설

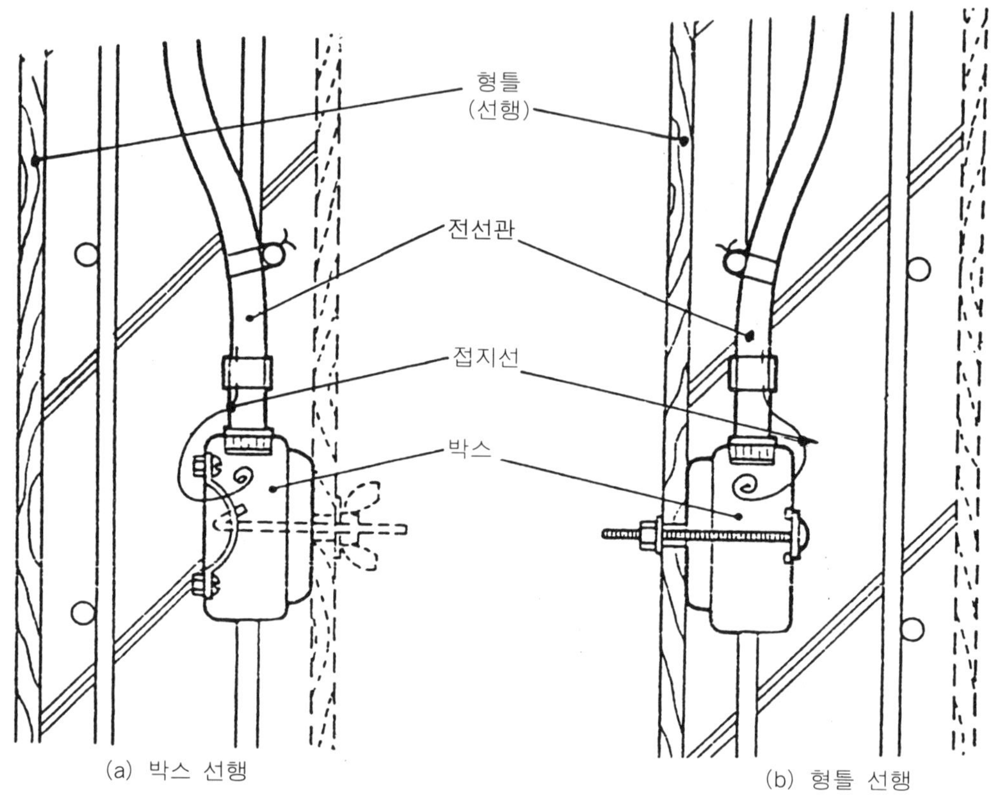

<포인트>

배관(配管)
- 벽에 매입하는 배관 지름은 31mm 이하로 한다.
- 배근(配筋)이 더블일 경우에는 철근 사이에 부설한다.
- 외벽 타입(打込)은 원칙적으로 하지 않는다.
- 나사없이 커플링으로 접속할 경우에는 틈새에서 콘크리트 (모르타르)의 침입을 방지하기 위하여 비닐 테이프 등을 감는다.
- 콘크리트 보양 두께는 20mm 이상으로 한다.
- 벽면에 병렬로 배관할 경우, 관 상호간의 간격은 30mm 이상으로 한다.
- 결속(結束)은 결속선 등으로 철근에 고정한다. 고정 간격은 1m 이내로 한다.
- 굽힘 내경은 관 내경의 6배 이상으로 한다.

[상세도 8-2]　전선관의 철근 콘크리트 바닥 매설

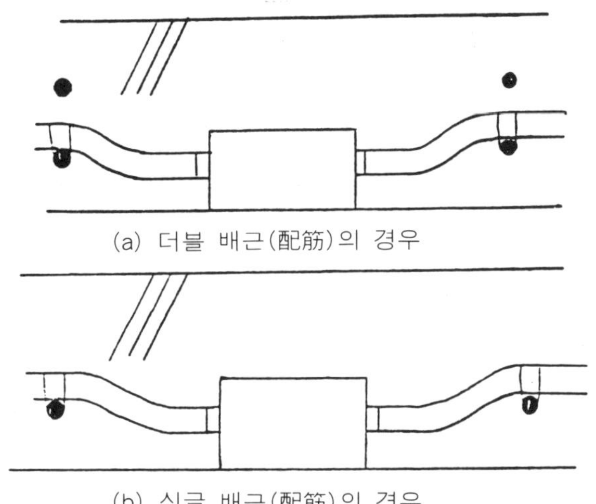

(a) 더블 배근(配筋)의 경우

(b) 싱글 배근(配筋)의 경우

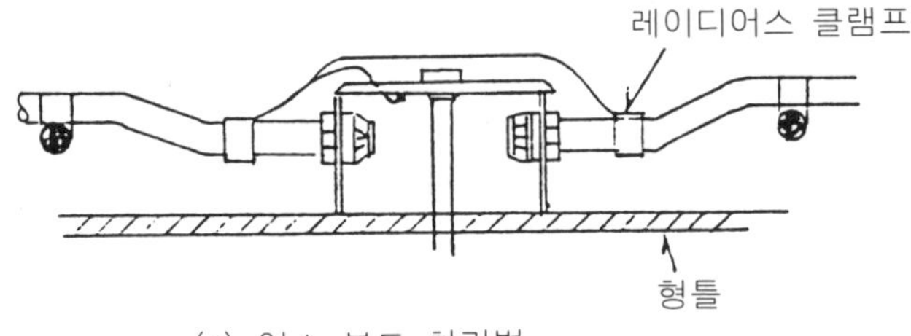

(c) 어스 본드 처리법

<포인트>

① 배관
- 바닥 슬래브 매입 배관 지름은 31mm 이하로 한다.
- 배근이 더블인 경우에는 철근 사이에, 싱글인 경우에는 철근의 위에 부설한다.
- 나사없이 커플링으로 접속할 경우, 틈새에서 콘크리트 (모르타르)의 침입을 방지하기 위해 비닐 테이프 등을 감는다.
- 바닥 슬래브에 병렬로 부설할 경우에는 관 상호 간격은 30mm 이상으로 한다.
- 콘크리트 보양 두께는 20mm 이상으로 한다.
- 결속은 결속선 등에 따라 철근에 고정한다. 고정 간격은 2m 이내로 한다.
- 박스 전후에는 배관, 박스에 무리한 짐이 실리지 않도록 S 벤드(bend)를 부착한다.

② 박스
- 철근의 위치와 겹치게 될 경우는 철근을 절단하여 보강근을 넣는다. 철근을 굽혀서는 안된다.

[상세도 8-3]　매입 분전반의 설치

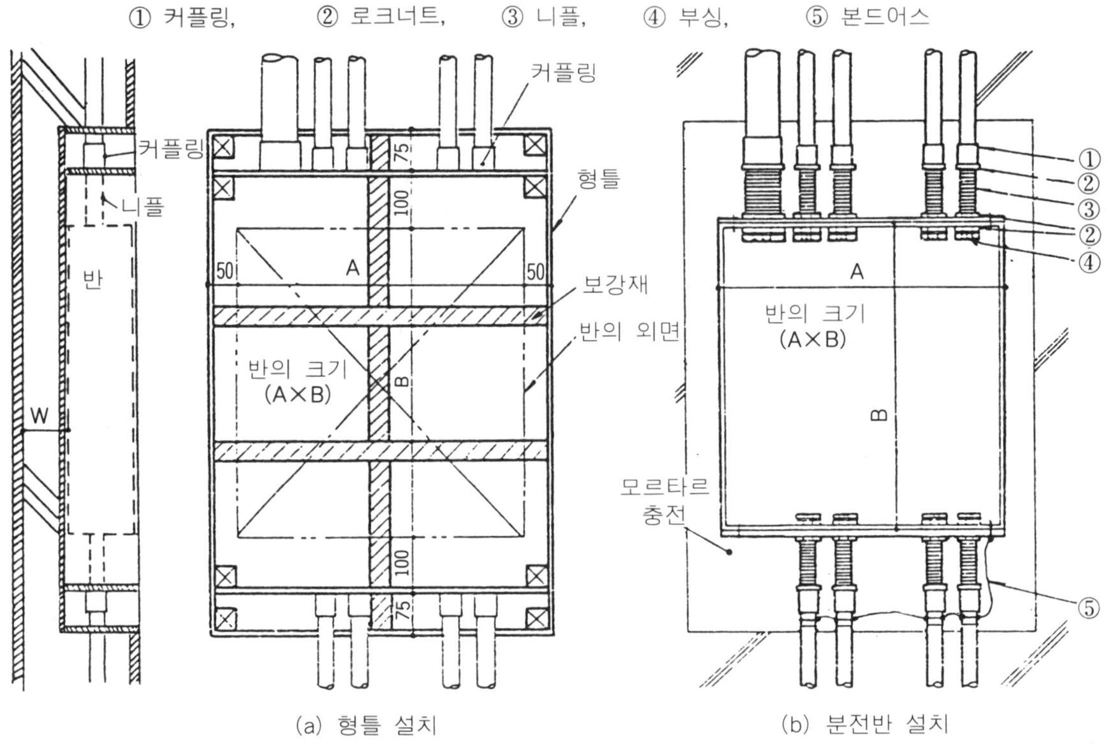

<포인트>

① 확인
- 구조 보강과 크랙(crack) 방지의 필요 여부를 사전에 건축과 타합한다.

② 반
- 내화(耐火) 구조의 벽에 반을 매입할 경우에는 벽 두께에 주의한다.(2시간 내화에서 W≧100mm).
- 벽이 방화 구획일 경우에는 반 철판 두께는 1.6mm 이상, 또는 라스 모르타르 40mm 이상으로 한다. 반류(盤類)를 외벽에 타입해서는 안된다.

③ 배관
- 배관의 간격은 콘크리트가 우회할 스페이스를 확보한다(파이프 1열의 경우, 유효 30mm 이상).
- 정규(철판)의 배관 구멍은 간격에 주의하고 인접 로크 너트(lock nut)에 접촉시켜서는 안된다.
- 철근 콘크리트에 타입(打込)하는 전선관의 굵기는 원칙적으로 31mm∅ 이하로 한다.

④ 거푸집
- 거푸집의 설치는 위치의 엇갈림, 변형 등이 발생하지 않도록 구체(軀體) 형틀에 견고하게 설치한다.

[상세도 8-4]　분전반의 설치(블록면)

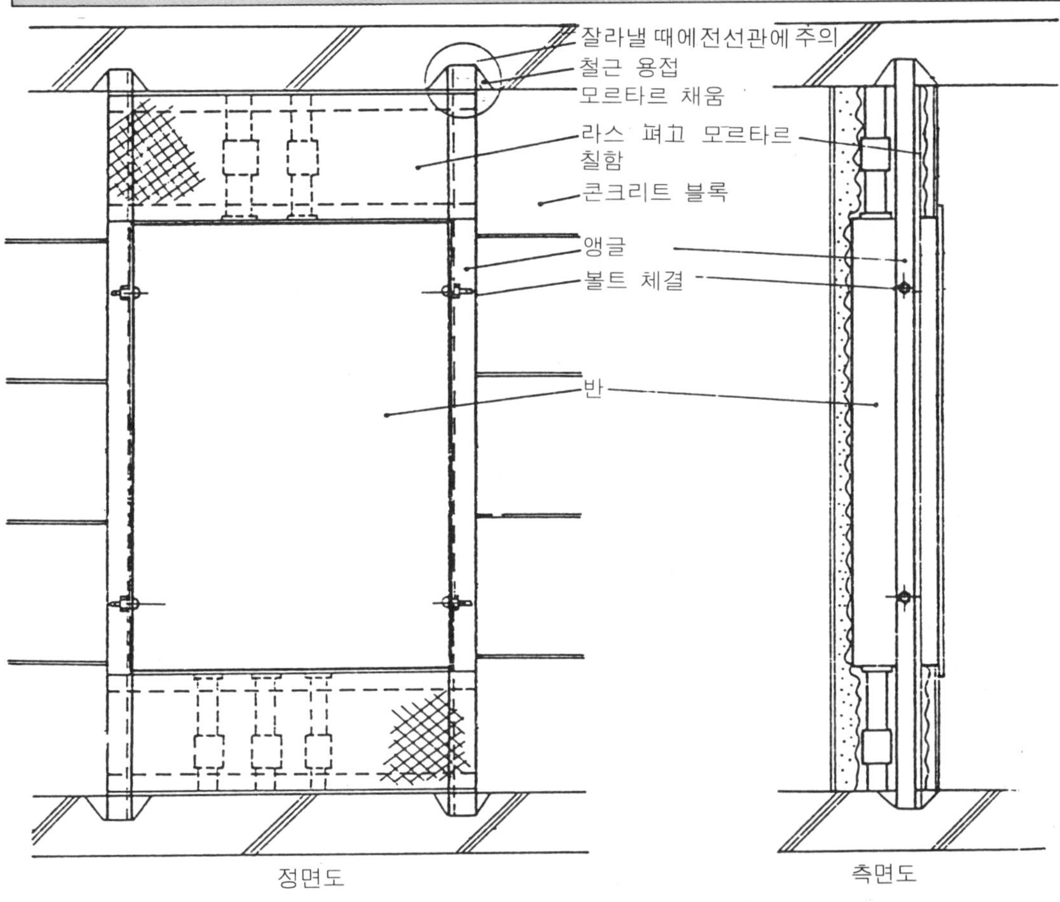

<포인트>

① 지지　　●대형의 반 등, 무거운 반을 설치할 경우에는 앵글 등으로 가대 (架台)를 조성하고 거기에 설치한다.

② 공정 확인　　●블록 적상의 공정을 상세히 타합하여 작업한다.

③ 크랙 방지　　●함체에는 미리 용접용의 앵글 등을 설치한다. 이면(裏面) 라스 첨부의 면적은 함체 외주(外周)보다 50mm 이상 크게 한다.

④ ALC의 경우　　●ALC로의 분전반류 설치는 이면에서 지지하고, 배관은 이면 노출 배관으로 한다.

●ALC를 크게 잘라낼 경우는 조인트를 중심으로 두 면에 걸치 게 하는 것이 바람직하다. 어쩔 수 없이 전면 절단할 경우에는 보강근 프레임을 설치한다.

[상세도 8-5] 천정 속 내부 배관 배선의 지지

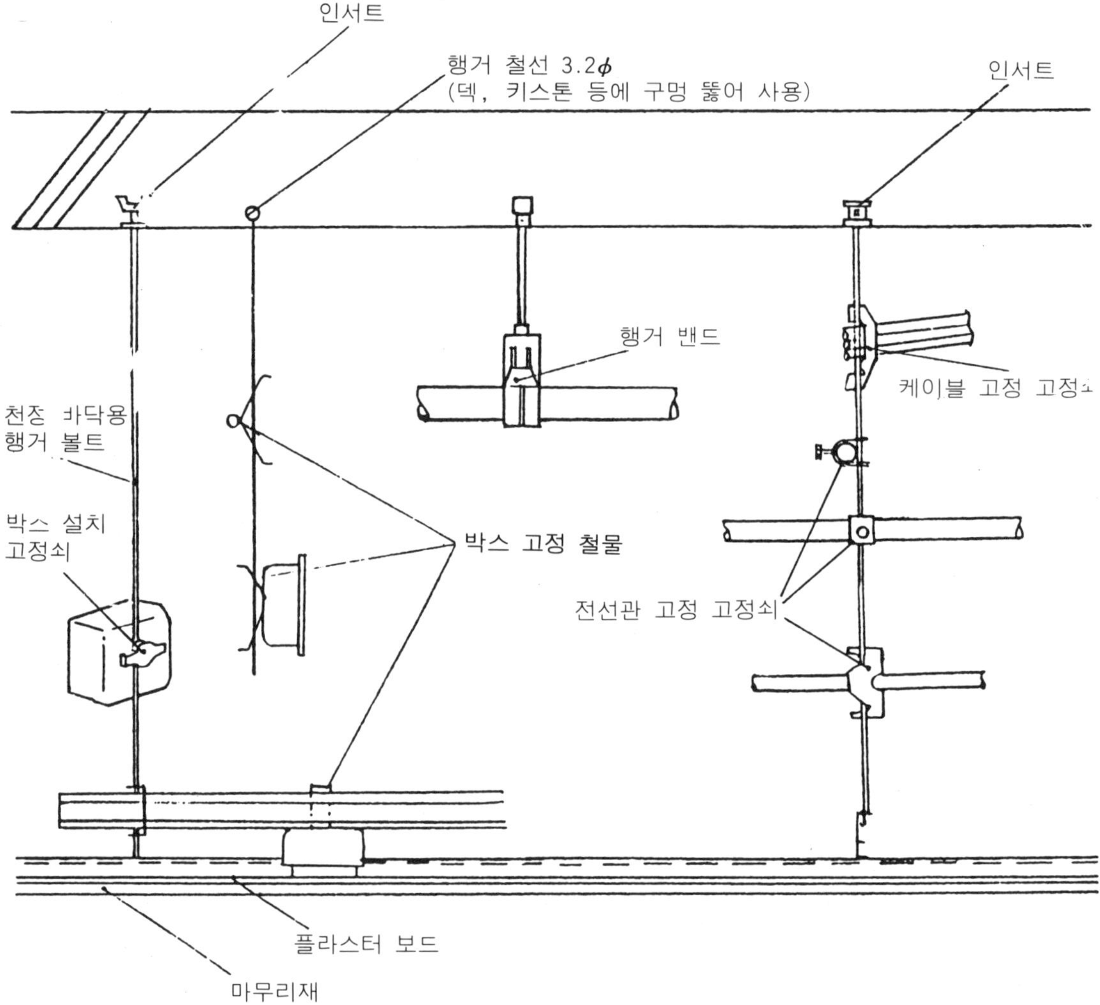

<포인트>

① 지지   • 지지 간격은 2m 이하로 하고 새들(saddle), 행거 등의 고정 쇠
          장식으로 견고하게 지지한다.

② 굽힘   • 관의 굽힘 내경은 관 내경의 6배 이상으로 한다.

③ 격리   • 저압 배선과 약전류 전선, 수관, 가스 관, 덕트 등과는 접촉
          시키지 않는다.

[상세도 8-6]　직결 기구의 콘크리트면 설치(직결 천정)

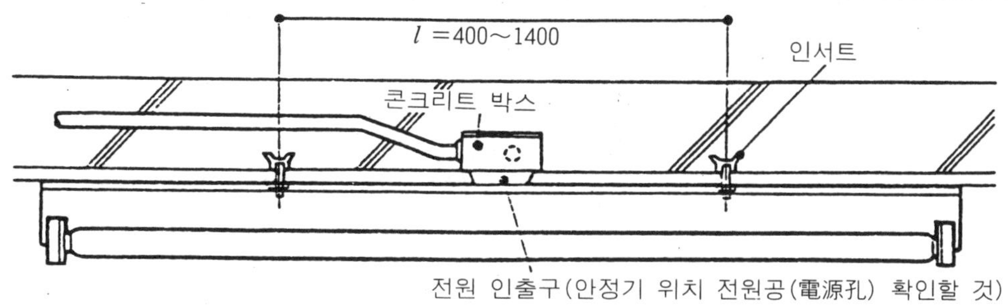

(a) 인서트에 의한 고정

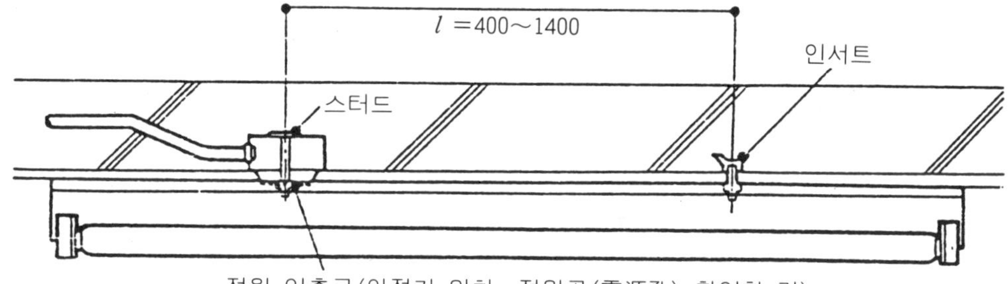

(b) 인서트 스터드 볼트에 의한 고정

표준 지지(支持) 간격표

기구 출력〔W〕	간격 l 〔mm〕
20	400
40	600
110	1400

<포인트>

① 박스 위치　●기구의 종류에 따라 안정기의 위치가 달라지기 때문에 기구 제
　　　　　　　작도 등에 의하여 확인한다.

② 지지　　　●기구는 2점 지지를 원칙으로 한다.

③ 접속　　　●박스 내 또는 기구 내 단자에서 실시한다.

[상세도 8-7]　매입 조명 기구의 설치

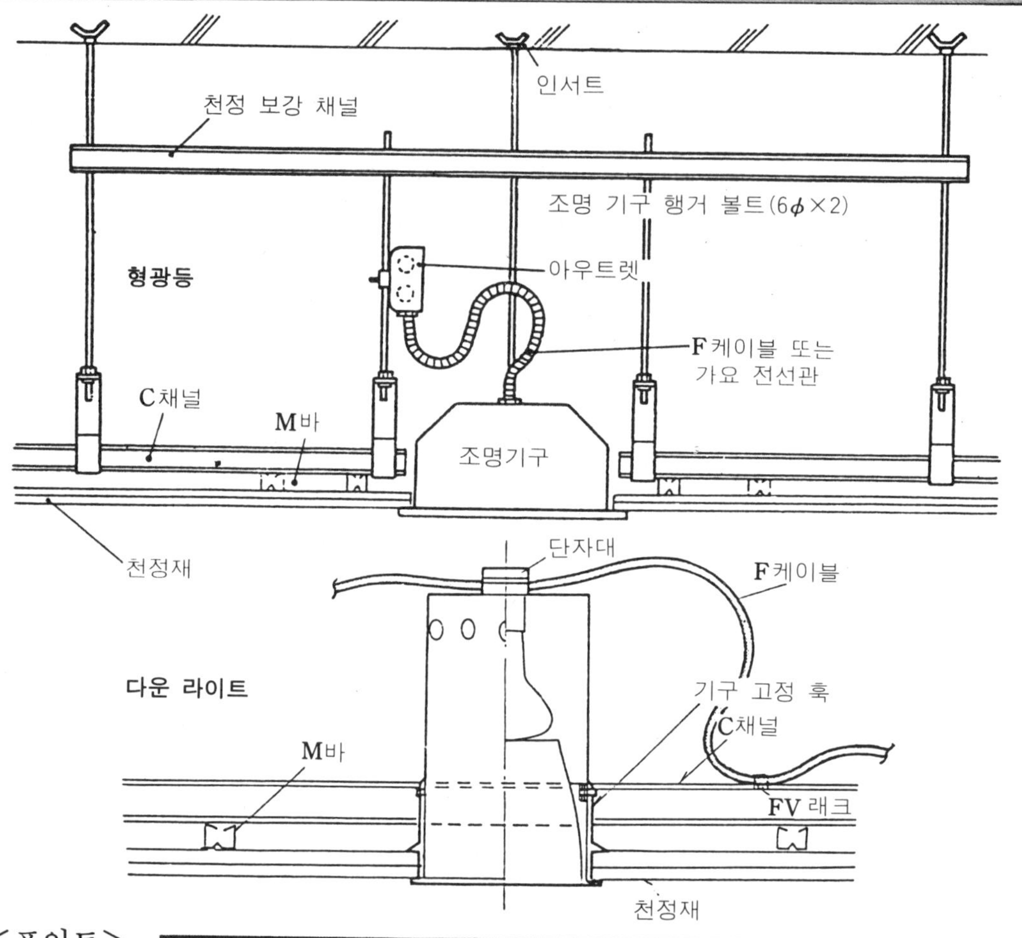

<포인트>

① 위치	● 기구의 위치는 사전에 충분히 조정하여 가급적 공조 덕트 등 장해물의 아래를 피한다.
② 보강	● 기구 매입을 위한 천정 경량 철골 소재(C 채널, M 바)를 절단했을 경우에는 반드시 소재 보강 철물을 넣는다.
③ 전원구출 (電源口出)	● F 케이블 또는 가요 전선관을 사용하여 배선을 절단하지 않고도 점검이 가능한 길이(L)로 한다. L ≧ 천정면＋750mm.
	● F 케이블 사용일 경우에는 아우트렛 박스 인출구 및 기구 전원 구멍에 고무 부싱을 넣는다.
④ 지지	● 2점 지지를 원칙으로 한다. 110W의 기구는 3점 이상으로 한다.
	● 행거 볼트는 슬래브에 직접 지지한다.

[상세도 8-8]　직결 조명 기구의 설치(외벽)

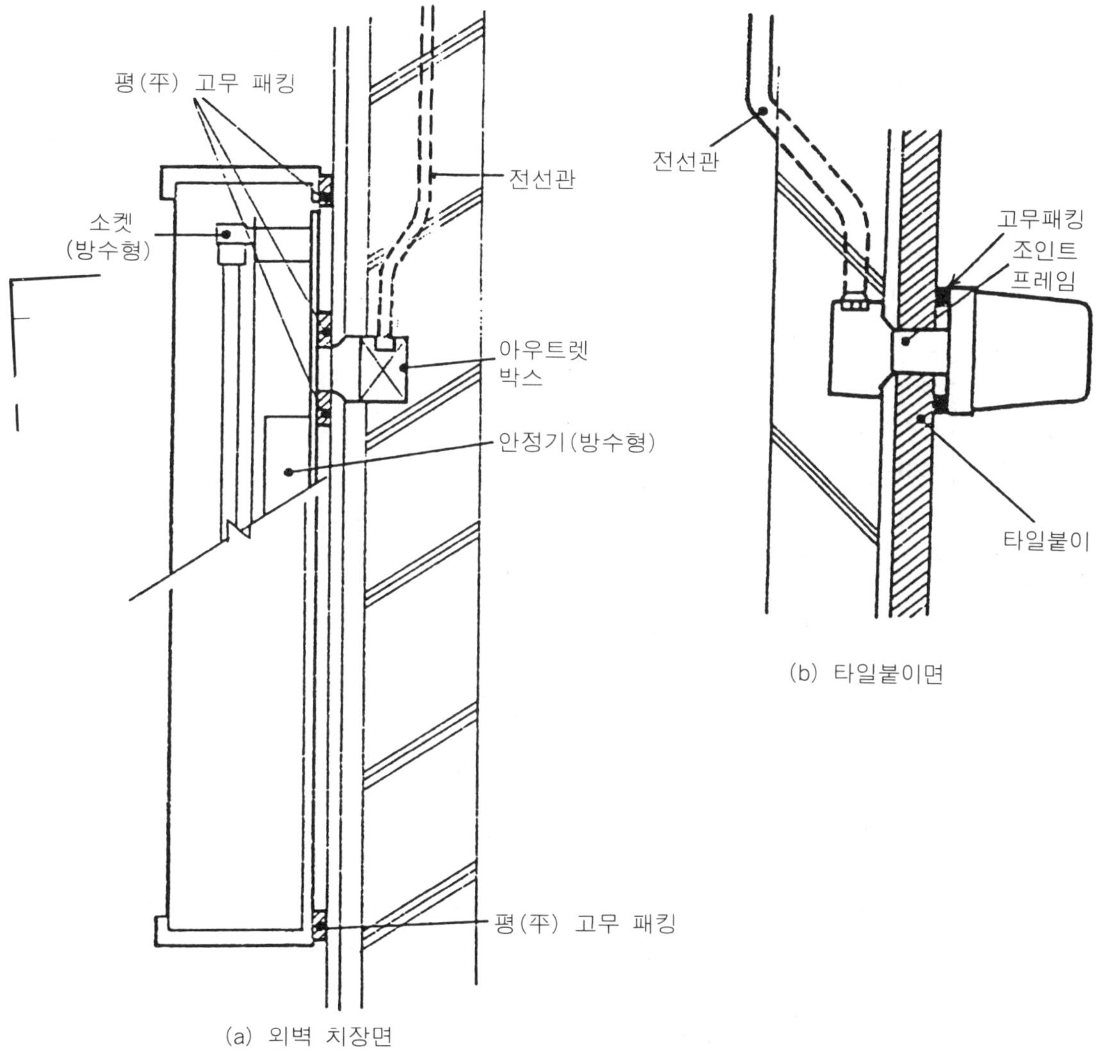

<포인트>

① 설치　　●외벽의 조인트를 피한다.
　　　　　●설치 위치의 벽면은 평탄하게 마무리 한다.
　　　　　●타일의 경우에는 배치도로써 위치를 결정하고 잘라내는 치수
　　　　　　를 확인한다.
　　　　　●고무 패킹을 끼우고 도금 볼트에 의한 2점 지지로 한다.
② 기구 재질　●금속부분은 스테인리스제가 바람직하다.
③ 배판　　●박스 상부에서 접속한다.
　　　　　●원칙적으로 외벽에 대한 매입은 하지 않는다.

[상세도 8-9]　외등의 설치

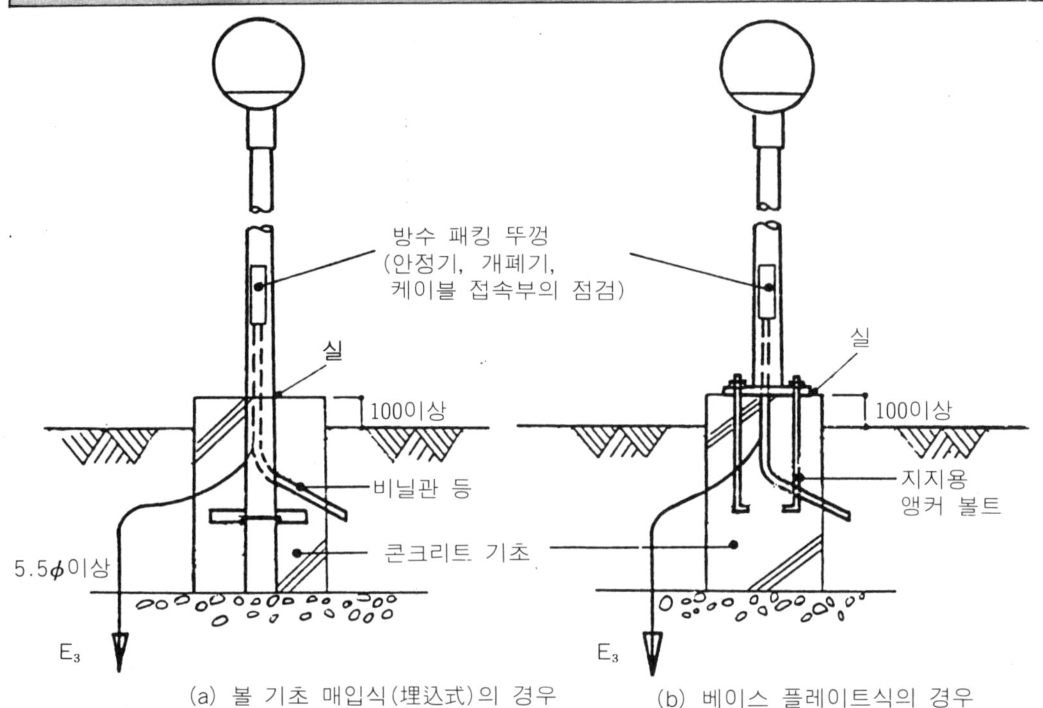

(a) 볼 기초 매입식(埋込式)의 경우　　　(b) 베이스 플레이트식의 경우

<포인트>

① 기초　　　●기초는 폴의 방식을 위해 GL＋100mm 이상으로 하고 수구배
　　　　　　　를 잡는다.

② 접지　　　●제3종 접지 공사를 실시한다. 단, 기구가 2중 절연구조인 경우
　　　　　　　에는 생략할 수 있다. 등수(灯數)가 많을 경우에는 어스(ear-
　　　　　　　th) 공용방식으로 하는 쪽이 염가로 되는 수가 많다.

③ 배선　　　●나이프 스위치 등을 통하여 전원을 접속한다. 송전 배선 접속
　　　　　　　을 원칙으로 한다.
　　　　　　　●전선관 수가 많을 경우 등, 필요에 따라 측근에 핸드 홀을 설
　　　　　　　치한다.

④ 방수·방습　●외등(外灯)의 절연 열화(劣火) 사고가 많은데 방수·방습이
　　　　　　　불완전하기 때문이다. 방수 패킹붙이 뚜껑으로 하는 등, 주의
　　　　　　　를 해야한다.

⑤ 매설 표시　●부근에 수목 등이 있는 경우에는 흙의 되메우기에 의한 단선사
　　　　　　　고가 일어날 수 있으므로 매설 케이블의 경로를 명확히 표시하
　　　　　　　는 것이 바람직하다.

＜전화설비의 시공 범위＞

- MDF, 단자반(端子盤)의 설치
- 전화 교환기의 설치
- 전화 배관과 배선 및 결선
- 전화기의 설치 및 결선

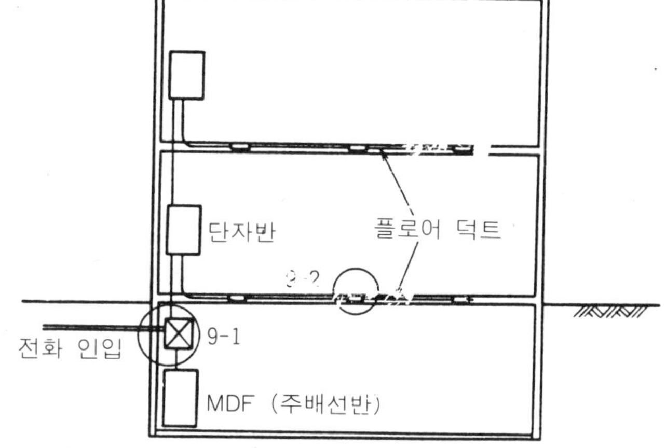

구분	그리는 포인트		대 외 타 합				설계도서 체크			
	체 크 항 목	법 규 (조·항)	N T T				건축전반	구조	위생·공조	전기
법적체크	플로어 덕트 종류, 배치	전기 199					○	○		○
	플로어 덕트 접지	전기 199-3								○
		내규 435-6								
	저압 전선과 약전류 전선	전기 204-3								○
		내규 400-8								
	기타 유선 전기 통신 설비령 8조, 시공 규칙 7조에 의함.									
기술적체크	인입 지점과 인입 방법		○				○	○	○	○
	MDF, 단자반의 위치, 크기		○				○		○	○
	MDF, 단자반의 문짝 열림상태		○				○		○	○
	MDF, 단자반 메인티넌스 베이스		○				○			○
	교환기실 메인티넌스 페이스, 환기공사 범위 (NTT, 공사점)		○				○		○	○
	예비관로		○							○
	기기 설치 위치와 높이						○			○
	배관 규격		○							○
	관로 계통		○							○

전기 설비 QC 공정도   공사명   공기 (工期)   ·   ·   ~   ·   ·

공종	전화 설비
관리 특성	플로어 덕트 레벨

확인인	건축	공조	위생	전기

작업순서	프로세스		관 리 항 목			체 크 방 법			상세도 No.
	차트	공정명	관리점	점검점	기준값	시기	도구	기록	
1	①	인입 관로 먹줄치기		위치	오차 ±10mm	먹줄칠 때	스케일		
2	②	인입 관로 부설		외벽 관통부 방수 처리 위치	물끊기 칼라 외구배	부설시	눈으로 관찰		9-1
3	◇①	인입 관로 체크	전력인입 (지중) 작업 순서 3~5참조 (p.77) (가공) 작업 순서 3참조 (p.83)						
4	③	마루 먹줄치기		위치	수평±2mm 수직±5mm	먹줄칠 때	스케일		
5	④	플로어 덕트 부설		레벨 지지	천정 조절−20 mm이하 1.5m이하	부설시	스케일		9-2
6	⑤	배관 부설		격리 지지	격리 30mm이하 2m이하	부설시	스케일		
7	◇②	콘크리트 타설 입회	플로어 덕트 레벨		콘크리트 상단늑인서트 스터드 상단			시공도	
8	⑥	단자반 (端子盤) 설치		지지 배관 구멍의 위치	구체에 고정 오차 2mm이내	설치시	눈으로 관찰 스케일		
9	⑦	호칭 선입선		실시	100%	입선시	눈으로관찰		
10	⑧	교환기 설치		지지	구체 (軀體)에 고정	설치시	눈으로 관찰		
11	⑨	케이블 부설		케이블 지지	NTT 확인	부설 전	타합 (打合)		
12	⑩	로테이션 전화기 설치		위치	건축주 확인	설치 전	타합 (打合)		

○ 시공 ◇ 검사·체크

[상세도 9-1]　전화 지중 인입

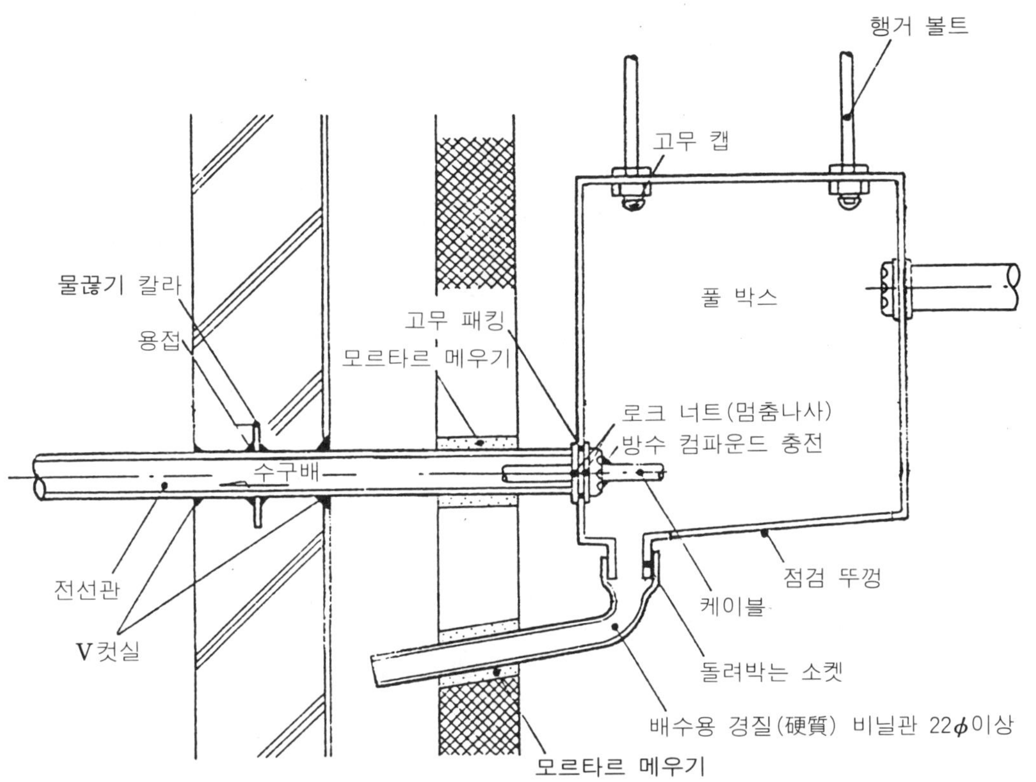

<포인트>

① 확인　●인입 개수, 관의 지름, 풀 박스의 크기, 위치는 그 때마다 NTT 와의 확인을 요한다.

② 배관　●인입용 배관은 핸드 홀, 맨홀을 설치하여 NTT의 관로와 간접 적으로 접속한다. 핸드 홀 등을 설치하지 않을 경우에는 외벽 에서 1m 이상 돌출시키고, 관단(管端)에는 반드시 나사를 내어 둔다.

③ 격리

지 하 매 설 물	격 리 거 리
저압 및 고압 케이블	30cm이상
특별 고압 케이블	60cm이상
수관 및 가스관	교차일 경우 15cm이상, 평행일 경우 30cm이상

[상세도 9-2]　플로어 덕트의 부설

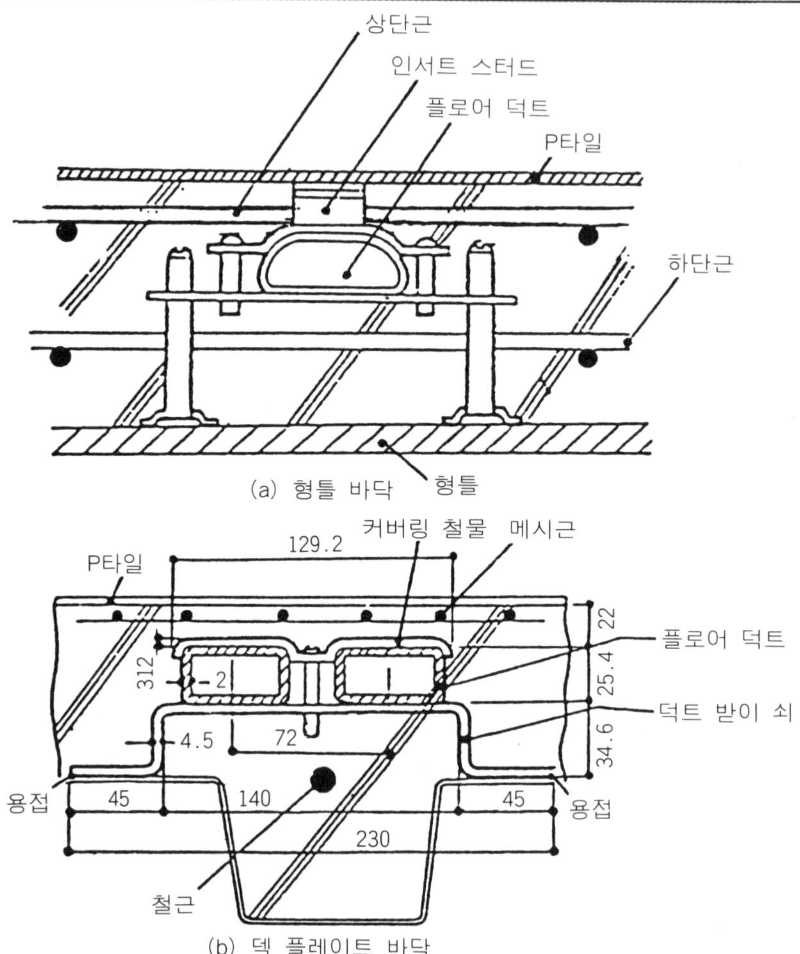

<포인트>

① 부설
- 바닥 단면의 결손은 1/5 이상이 되지 않도록 한다. 배근(配筋)은 더블로 한다.
- 덕트 상면의 콘크리트 두께가 40mm 이하일 경우, 콘크리트에 균열을 발생할 우려가 있으므로 덕트 상면에 메시(mesh) 근(筋)을 부설하고 콘크리트를 보강한다.

② 통선
- 플로어 덕트 내에서 전선 접속을 해서는 안된다. 접속은 정크션(junction) 박스 내에서 실시한다.
- 동일 플로어(floor) 덕트 내에 수납하는 전선의 단면적 총합은 플로어 덕트 단면적의 40% 이내로 한다.

4·10 피 뢰 설 비

<피뢰(避雷)설바의 시공 범위>

- 접지극 (동판, 동봉(銅棒))의 매설
- 수뢰부(受雷部) (돌침(突針), 동상도체(棟上導體))의 설치
- 피뢰 도선의 부설과 접지극 및 수뢰부와의 접속

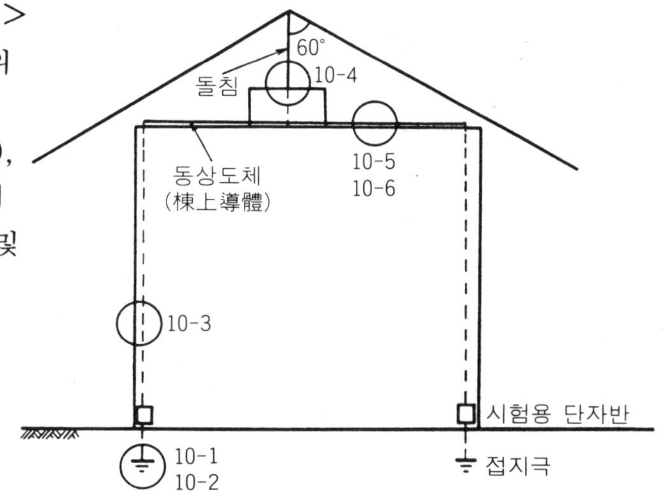

	그 리 는 포 인 트		대 외 타 합			설계도서 체크			
	체 크 항 목	법 규 (조·항)	도도부현			건축전반	구조	위생·공조	전기
법 적 체 크	높이 20m이상의 건물에 필요	건기(建基) 33, 88 건령 129-14, 15	○			○			○
	수뇌부의 위치와 보호범위	JIS A 4201-3·1·1	○			○		○	○
	피뢰(避雷) 도선 접속	JIS A 4201-3·1·1	○						○
	이종 금속 상호의 접속	JIS A 4201-3·1·1	○						○
	피뢰 도선 시방	JIS A 4201-3·1·3	○						○
	피뢰 도선의 지지간격, 재료	JIS A 4201-3·1·3	○						○
	통신선이나 가스관에서 떨어지는 간격	JIS A 4201-3·1·3	○					○	○
	1.5m이내에 근접하는 금속체	JIS A 4201-3·1·3	○			○		○	○
	접지극의 크기	JIS A 4201-3·1·4	○						○
	돌침과 가연물과의 격리 기타 JIS A 4201에 의한다	JIS A-3·3(1)	○			○			○
기 술 적 체 크	지지 철물의 내진, 내풍압(耐風壓)						○		○
	접지 단자 반(盤)의 위치					○	○	○	○
	측정용 보조 접지극 요하지 않음								○
	피뢰 도선의 방수 처치					○			○
	폴 기초의 방수 처치					○			○

전기 설비 QC 공정도

공사명　　　　　공기 (工期)　　·　·　~　·　·

공종	피뢰 (避雷) 설비
관리 특성	접지 저항값

확인인	건축	공조	위생	전기

작업순서	프로세스		관　리　항　목			체　크　방　법			상세도 No.
	차트	공정명	관리점	점검점	기준값	시기	도구	기록	
1	①	동판 도선 (導線) 납땜		결선결속	100% 저압 납 불가	용접 전	눈으로 관찰		10-1
2	②	먹줄치기		타의 매설물 취합	100%	시공도 작성시			
3	③	굴삭		깊이	2m이상	굴삭시	스케일		
4	④	동판 매설		깊이	판 상단 750mm이상	매설시	스케일		10-2
5	⑤	측정용 봉 (棒) 매설		간격	5m이상	매설시	스케일		
6	⑥	되메우기		토질	점토질	되메우기때	눈으로관찰		
7	◇1	측정	접지 저항값		10Ω이하		어스 테스트	측정표	
8	⑦	수절 (水切) 단자 설치		단자 위치	상수면 이상	설치시	눈으로 관찰		10-2
9	◇2	콘크리트 타설 후 체크	리드선 입상(立上) 위치		콘크리트 상단 이상				
10	⑧	철골 (철근) 용접		철골·철근의 상태	녹없이 주근 (主筋) 2조 이상	용접 전	눈으로 관찰		10-3
11	⑨	지지관용 앵커 설치		볼트 길이	10d이상	설치 전	스케일		
12	⑩	지지관,돌침 (突針) 접속		재질 단면적	JIS에 의한다	설치 전	스케일		
13	⑪	베이스 철물 설치		방청 처치 (防錆處置)	실, 캡 설치	설치 후	눈으로 관찰		10-4
14	⑫	지지관 설치		지지	벽부착일 경우 3개소 고정	설치 전	눈으로 관찰		10-4 10-5
15	⑬	접지 단자반 설치		위치	도면대로	설치 전	눈으로 관찰		
16	⑭	도선 (導線) 부설 접속		용접 면적	단면적의 5배 이상	접속시	스케일		10-4 10-6
17	◇3	측정	접지 저항값		10Ω이하		어스 테스트	측정표	

○ 시공　◇ 검사·체크

상세도 10-1 접지극과 도선과의 접속

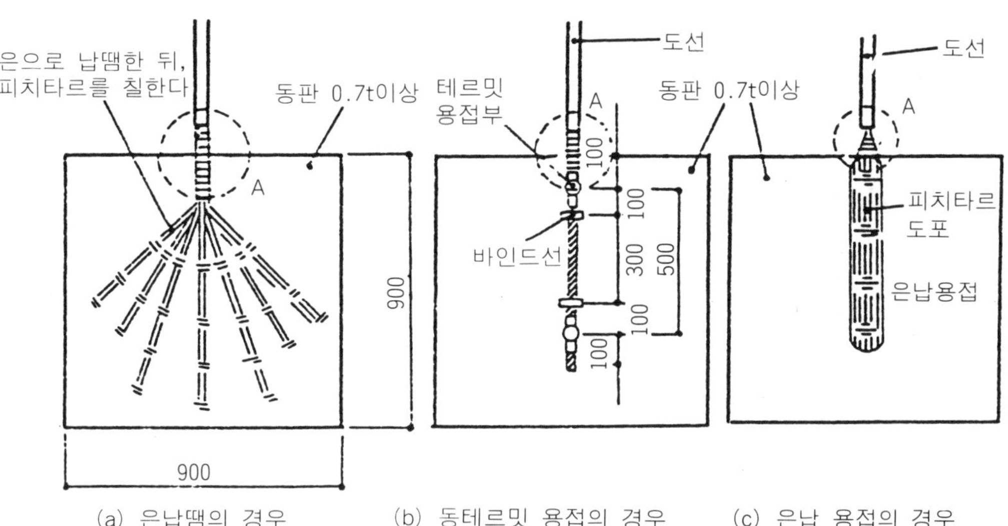

<포인트>

① 매설　●GL-750mm 이하에서 일상 수면 이하로 매설한다. 규정된 저
（埋設）　　항이 나오지 않는 경우에는 극지극（極地極）의 병렬 연접이나
　　　　　저감제（低減劑）의 사용을 한다.

　　　　●저감제는 동판 1매에 대하여 100 l 타입 1 세트, 동봉（銅棒） 1
　　　　　개에 대하여 30 l 타입 1 세트로 저감률 약 60%의 효과가 있
　　　　　다.

② 접지극　●동판은 편（片）면적 900cm² 이상, 두께 0.7mm 이상으로 한다.
（接地極）

　　　　●동봉은 길이 0.9m 이상, 굵기 8mmø 이상으로 한다.

　　　　●납땜의 경우, 소선（素線）이 흩어지지 않도록 정성껏 바인드선
　　　　　으로 감아 은 납땜을 하고 그 위에 비닐 테이프를 수회 감는
　　　　　다. 또 저온 납은 열화되기 쉽기 때문에 사용하지 않는다.（A
　　　　　부）.

③ 지중 도선　●접지극의 옆에 금속형 탱크 등이 있을 경우에는 이종 금속의
（地中導線）　　접촉으로 인한 부식의 우려가 있으므로 지중부분의 도선은 절
　　　　　연 전선이 바람직하다.

[상세도 10-2] 접지극 도선의 콘크리트내 입상

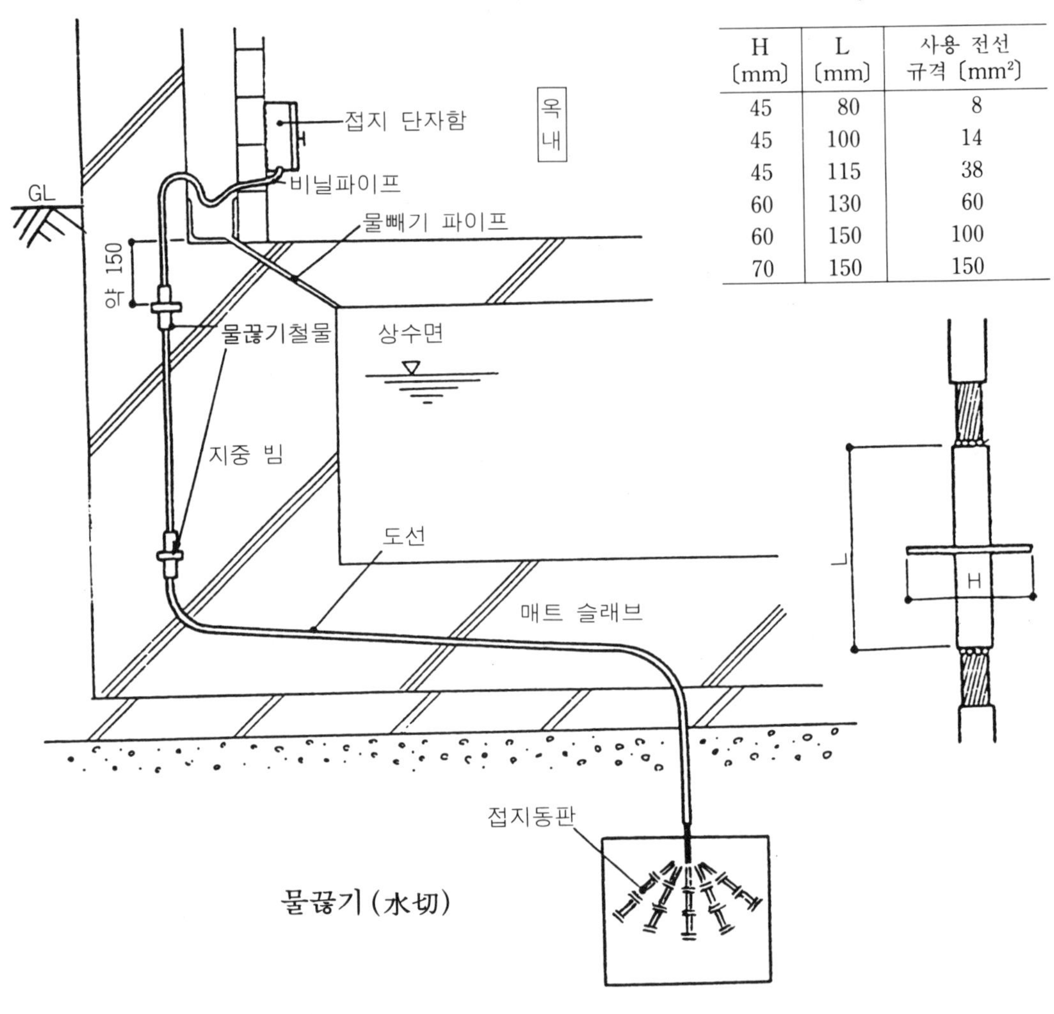

H [mm]	L [mm]	사용 전선 규격 [mm²]
45	80	8
45	100	14
45	115	38
60	130	60
60	150	100
70	150	150

<포인트>

① 물끊기 철물
- 원칙적으로 2개소로한다. 하부는 매트 슬래브 밑에서의 모세管) 현상에 의한 침투수의 저지, 상부는 외벽에서의 침투수(浸透水)의 저지가 목적이다.
- 물끊기 철물 및 나동선(裸銅線) 부분은 철근 등, 다른 금속체에 접촉시키지 않는다.
- 압착에 의한 접속으로 하고 납땜에 의한 접속은 하지 않는다.

② 매설 표시
- 접지극을 건물 이외에 매설(埋設)했을 경우에는 표시를 한다.

[상세도 10-3]　철골 · 철근과 도선과의 접속

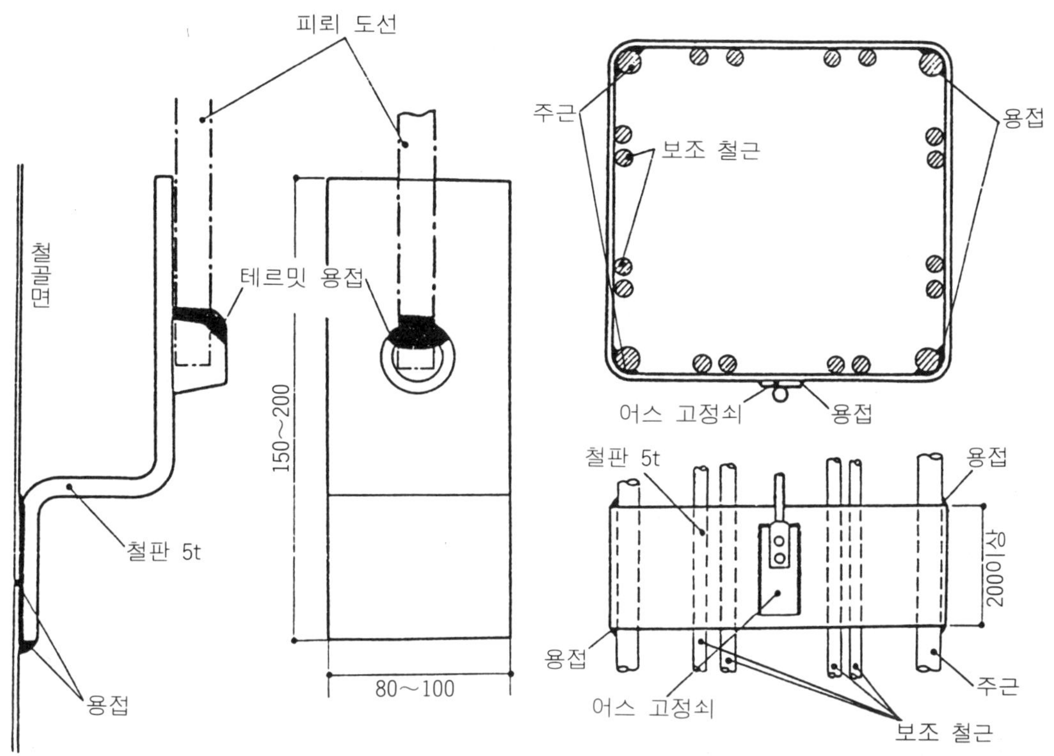

< 포인트 >

① 적용　　● 철골 · 철근을 피뢰 도선(인하(引下) 도선) 대신에 이용할 수 있지만 이 경우에는 돌침부(동상(棟上) 도체)와 접지극간의 전기 저항이 충분히 낮다는 것을 확인한다.

② 접지극　● 접지극은 도선에 따라 2개소 이상, 철근 · 철골에 접속하고 접지 저항은 5Ω 이하로 한다. 단, 피보호물의 접지 저항이 5Ω 이하라면 접지극은 생략해도 된다.

③ 용접　　● 어스 쇠장식은 주철근(主鐵筋)에 확실하게 용접한다.

　　　　　● 철골면에 용접할 경우에는 용접면의 녹을 충분히 제거한다.

　　　　　● 용접은 유자격자가 실시한다.

[상세도 10-4]　자립 지지관의 설치

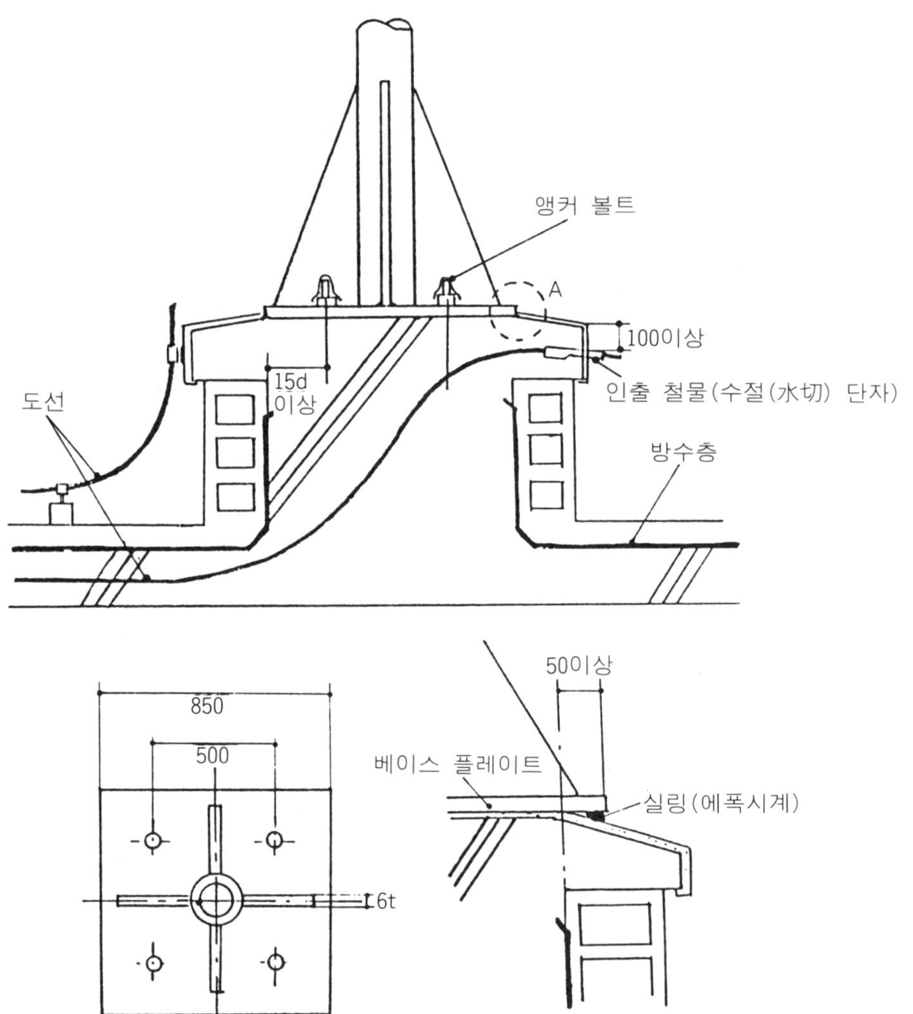

<포인트>

① 적용　●돌침(突針)은 원칙적으로 벽 지지로 한다. 이 공법은 어쩔 수 없이 옥상에 자립시킬 경우에 사용한다.

② 기초　●지지관, 돌침의 중량(重量), 베이스 플레이트의 위치, 크기 등을 건축에 연락하여 승인을 받는다.

　　　　　●베이스 철물의 주위는 충분히 실(seal)한다.

[상세도 10-5]   돌침 피뢰 도선의 측벽 설치

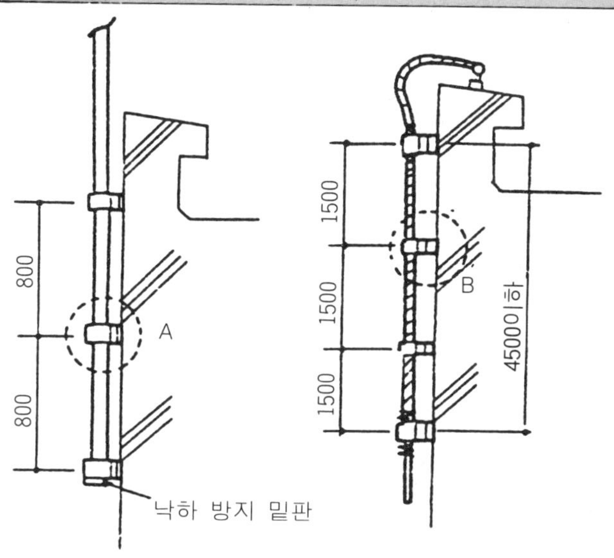

(a) 돌침의 외벽설치

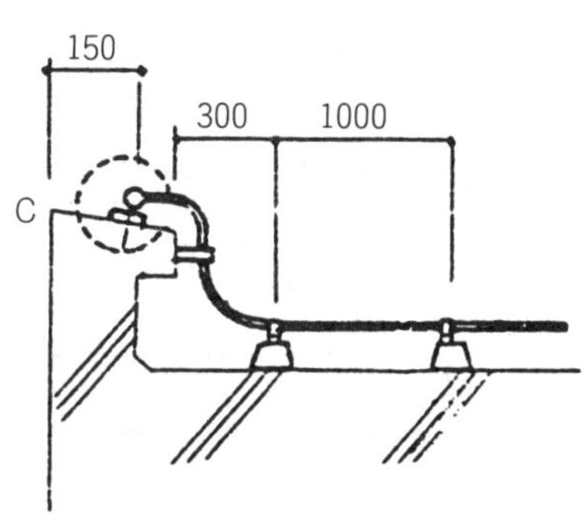

(b) 피뢰 도선의 외벽설치

(c) 도선 두겁대 설치

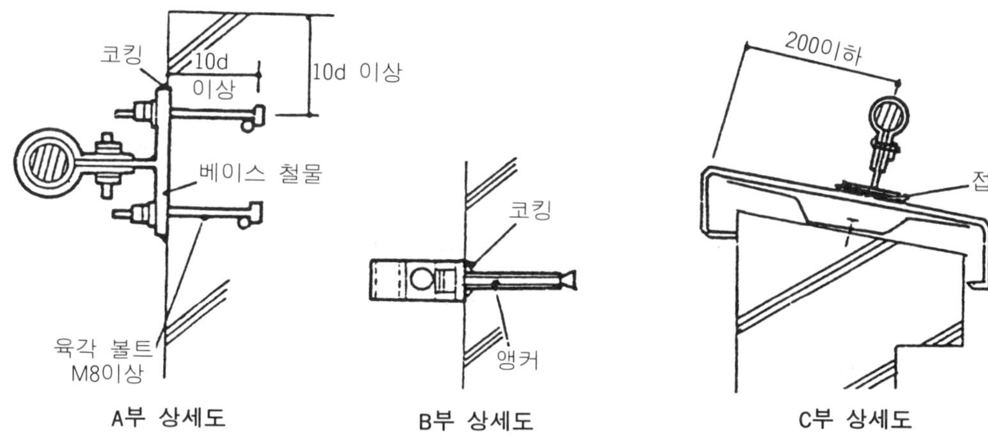

A부 상세도   B부 상세도   C부 상세도

<포인트>

지지 철물
- 돌침은 3개소 이상으로 고정한다. 돌침은 바람에 의해 언제나 진동하고 있기 때문에 2개소 고정으로는 불충분하다.
- 6각 볼트나 앵커 볼트는 도금한 것을 사용한다.
- 패러핏 부분의 앵커(anchor)의 실은 특별히 신경을 써서 실시한다. 알루미늄 두겁대에 도선을 설치할 경우에는 접착제를 사용하는 쪽이 무난하다.

[상세도 10-6]　피뢰도선의 옥상 부설

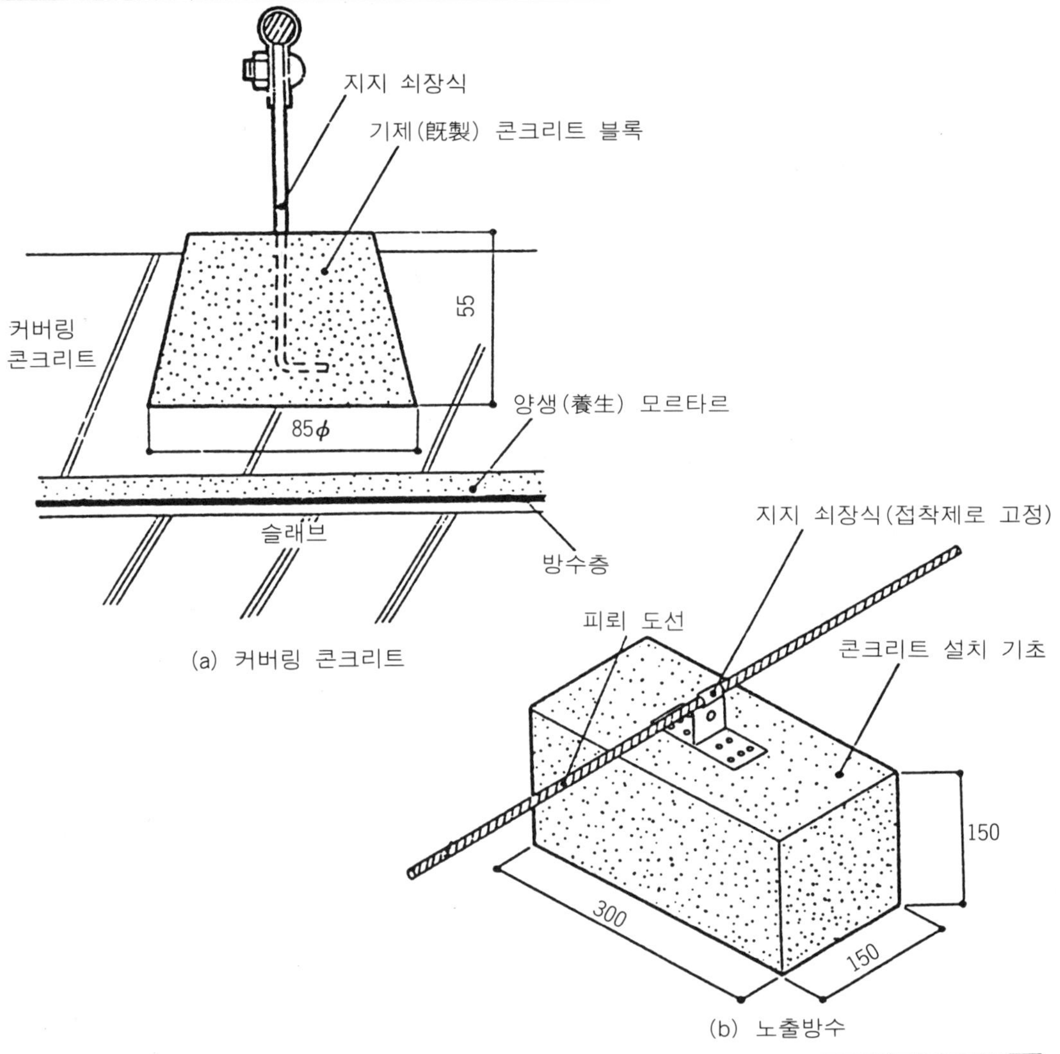

<포인트>

① 격리　　●피뢰도선은 전등선, 전화선 또는 가스관에서 1.5m 이상 격리시킨다.

　　　　　●1.5m 이내에 접근하는 전선관, 홈통, 철관, 트랩(네 trap) 등의 금속체는 접지한다.

② 지지 간격　●피뢰 도선의 지지 간격은 1m 이내로 한다.

③ 접착제　　●피뢰 도선의 지지 쇠장식을 접착제를 사용하여 고정시킬 경우에는 메이커에서 지정하는 것을 사용한다.

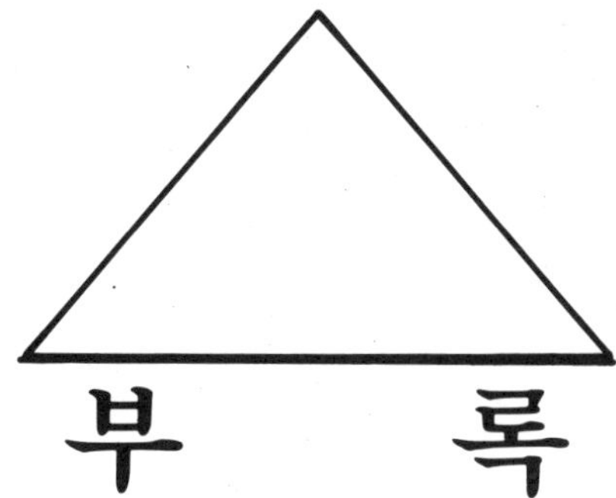

부　　록

한 국 공 업 규 격　　　**KS**

전 기 용 기 호　　　**C 0102** - 1980
(1985 확인)

Graphical Symbols for Electrical Apparatus

1. 적용 범위　이 규격은 전기 회로의 접속 관계를 나타내는 도면에 사용하는 도식 기호(이하 심벌이라 한다)를 정한 것으로서, 기본 심벌은 널리 일반적으로 전기 회로도에 적용하며, 그 외의 심벌은 주로 전기 기계 기구를 사용하는 장소(발전소, 변전소, 개폐소 및 공장 등)에서의 회전기, 변압기, 정류기, 계기용 변압기 및 변류기, 배전반 부착 기구, 커패시터 및 리액턴스 보호 장치, 계전기 및 접점계기, 발변전소 전선로 지지물 및 부속품, 고장 표시 등을 표시하는 도면에 대하여 규정한다.

　비 고　1. 심벌의 크기는 마음대로 바꿀 수 있으나, 되도록 닮은 꼴이 되어야 한다. 다만,　선의 굵기를 바꿔서 용도를 구별하여도 무방하다.

2. 같은 내용에 대하여 두 개 이상의 심벌이 정해져 있을 경우에는, 동일 도면에서는 동일 계열의 심벌을 사용하여야 한다. 특히, 심벌 중 (1), (2)라고 기재한 것은 (1)의 사용을 권장한다.

3. 단선도용 혹은 복선도용의 어느 한쪽 심벌이 정해지지 않은 경우에는, 필요에 따라서 다른 쪽을 준용하는 것을 권장한다.

4. 복선도용 심벌의 상수 혹은 선수가 실제로 적용하는 상수 혹은 선수와 다를 경우에는, 이를 변경하여 적용하는 것으로 한다.

5. 개폐 접점이 있는 심벌인 경우에는, 이 규격에 정해진 가동부 상태를 기준으로 하여, 다음 상태 중 어느 하나를 나타내는 것으로 한다.

(1) 그 접점부가 전기 등의 에너지에 의하여 구동되는 경우에는, 그 구동부의 전원 및 기타의 에너지원이 전부 끊어진 상태.

(2) 그 접점부가 수동으로 조작되는 경우에는, 그 조작부에 손이 닿지 않은 상태.

(3) (1) 또는 (2)의 상태라도 그 접점부가 두 개 이상의 서로 다른 상태를 취할 수 있는 경우에는, 복귀된 상태 혹은 정지 상태에서 통상적으로 있을 수 있는 상태.
보기를 들면, 고장 표시기인 경우에는 그 복귀된 상태, 운전 중 주접점이 닫혀진　차단기에서는 그 주접점이 열린 상태.

(4) 보기를 들면 제어 방식을 자동과 수동으로 바꾸는 교환 접점과 같이 (3)에 기술한 두 개 이상의 서로 다른 상태가 거의 대등한 내용을 가지며, 정지 상태에서는 어느 상태에 놓아도 지장이 없는 것은 임의의 상태.

6. 일반적으로 도면에서 특히 특정 상태를 지정하지 않은 경우, 가령 그 도면에서 전원(보기를 들면 전지, 발전기 등)이 접속된 상태로 그려져 있어도, 개폐 접점의 표현 등을 포함한 심벌은 **비고 5.**의 상태, 즉 이 규격에 정해진 심벌로 나타내는 것으로 한다. 다만, **비고 5.**(4)의 교환 접점과 같은 것은 임의의 상태로 표시할 수 있으나, 동일 기기 부분은 동일 상태를 표시하여야 하며, 또한, 그것이 어떤 상태에 있는가를 명시하여야 한다.

　또한, 보기를 들면 리밋 스위치가 달린 다이얼형 가변 저항기의 리밋 스위치와 저항기와의 상호 관계를 나타내기 위하여 양자의 심벌을 조합시켜 나타낼 경우, 가변 저항기의 가동부 위치 역시 **비고 5.**(3)의 상태를 나타내야 한다.

7. 계열 2에서 동작 과정을 설명하는 도면 등과 같이 개폐 접점의 표현을 나타내는 심벌을 사용하면서 **비고 6.**의 상태와 다른 상태를 나타낼 경우에는, 그 도면에 직접 원하는 상태를 명시하여

야 한다. 이러한 도면에서는 그것이 나타내는 상태에 따라서, 이 규격에 정해진 심벌의 가동 접점부의 위치를

보기를 들면 등을 등과 같이 적당히 변경하여 사용한다.

8. 필요에 따라서 심벌에 번호 등을 병기하고, **별도로 대조표를 만들어, 그 구별을 명시하여도 좋**다.

9. 심벌은 성능이 유사한 다른 것에 준용할 수도 있지만, 이 경우에는, 부호 또는 기타 적당한 방법에 따라서 그 성능을 명백하게 할 필요가 있다.

10. 이 규격에 정하여져 있지 않은 것 또는 이 규격에서 불충분한 것에 대하여는 기본 심벌의 조합에 따르거나, 또는 새로이 기타 심벌과의 조합, 글자나 기호 등의 병기에 따라 표시하는 것을 권장한다.

Ⅰ 기본 심벌

1. 전 류

번 호	명 칭	심 벌	적 요
Ⅰ 1.1	직 류	—	보기 : Ⓐ Ⓖ
Ⅰ 1.2	교 류	∿	보기 : Ⓐ Ⓖ
Ⅰ 1.3	고 주 파	⋀⋀⋀	보기 : Ⓐ

2. 도선 및 접속

번 호	명 칭	심 벌	적 요
Ⅰ 2.1	도 선	——	1. 전선 및 모선 등에 널리 사용된다. 2. 필요에 따라서 굵기를 구별한다. 3. 도체의 가닥수를 명시하고 싶을 때는 다음과 같이 표시할 수 있다. (a) (b) (c) 2 가닥 인 경우 ┈╫┈ 3 가닥 인 경우 ┈╫┈ n 가닥 인 경우 ┈╫┈
Ⅰ 2.2	속(束) 선		1. 원호의 부분을 사선으로 해도 된다. 2. 꺾어진 방향은 배선의 방향을 표시한다.
Ⅰ 2.3	연 결 선		1. ○ 속에 대조번호를 기입한다. 2. 번호가 불필요할 때는 ○를 생략한다.
Ⅰ 2.4	단 자	(a) ○ (b) ●	보기 : ——○——
Ⅰ 2.5	도선의 분기		

번 호	명　칭	심　벌	적　요
I 2.6	도선의 접속		아래 그림과 같이 표시해도 된다.
I 2.7	도선이 접속하지 않는 경우		
I 2.8	접 지		
I 2.9	케이스에 접속		착오가 생길 염려가 없을 때에는 사선의 일부 또는 전부를 생략할 수 있다.

3. 가변 및 연동

번 호	명　칭	심　벌	적　요
I 3.1	가변을 나타내는 일반 심벌	(a)　(b)　(c)	1. **(b)**는 특히 반고정을 나타낼 경우에 사용한다. 2. **(c)**는 특히 텝 절환을 나타낼 경우에 사용한다. 3. 특히 비직선성을 나타낼 경우에는 아래 그림과 같이 표시한다.
I 3.2	연동을 나타내는 일반 심법		보기 : **I 4.10**의 적요를 참조.

4. 저항·인덕턴스 및 커패시터

번 호	명　칭	심　벌	적　요
I 4.1	저항 또는 저항기	(a) (b)	1. 특히 필요할 경우에는 산의 수를 바꿀 수 있다. 2. **(b)**는 특히 무유도를 나타낼 때 사용한다.
I 4.2	가변저항 또는 가변저항기	(a) (b) (d)	1. 특히 필요할 때에는 산의 수를 바꿀 수 있다. 2. **(c)** 및 **(d)**는 특히 무유도를 나타낼 때 사용한다.

번 호	명 칭	심 벌	적 요
I 4.3	탭붙이 저항기	(a) (b)	1. 특히 필요할 때는 산의 수를 바꿀 수 있다. 2. (**b**)는 특히 무유도를 나타낼 경우에 사용된다.
I 4.4	인덕턴스 또는 코일	(a) (b) (c)	1. 특히 필요할 때는 산의 수를 바꿀 수 있다 2. (**c**)는 저항과 혼동될 우려가 없을 경우에는 코일을 표시하는 데 사용해도 된다. 3. 적력용 부분에서, 코일을 표기할 때는 아래 그림을 사용해도 된다. 또는 4. 특히 철심이 들어 있는 것을 표시할 필요가 있는 경우에는 아래 그림과 같이 표시한다. 또한, 압분 철심이 들어 있는 것을 나타낼 필요가 있는 경우에는 ── 을 ─ ─ ─ 으로 해도 된다.
I 4.5	가변 인덕턴스	(a) (b)	특히 필요한 경우에는 산의 수를 바꿀 수 있다.
I 4.6	탭붙이 인덕턴스	(a) (b)	
I 4.7	상호 인덕턴스 또는 변압기 (변성기)	(a) (b) (c)	1. 특히 필요할 경우에는 산의 수를 바꿀 수 있다. 2. 특히 철심이 들어 있는 것을 나타낼 필요가 있는 경우에는 다음과 같이 나타낸다. 3. (**c**)는 변압기를 표시하는 경우에 한해서 사용해도 된다.

번 호	명 칭	심 벌	적 요
I 4.8	가변 상호 인덕턴스	(a) (b)	특히 필요할 경우에는 산의 수를 바꿀 수가 있다.
I 4.9	정전용량 또는 커패시터		1. 단선도에 사용되지 않는 선은 생략하고 으로 해도 된다. 2. 커패시터의 전극을 구별할 필요가 있을 때에는 저전위의 소자를 곡선으로 나타내어 로 해도 된다.
I 4.10	가변 정전용량 또는 가변 커패시터		1. 특히, 로터를 구별할 필요가 있을 경우에는 와 같이 표시한다. 2. 특히 가변 평형형 커패시터를 표시할 경우에는 을 사용한다. 3. 특히 가변 차동 정전용량 또는 커패시터를 표시할 때에는 을 사용한다. 4. 특히 연동가변 정전용량 또는 커패시터를 나타낼 경우에는 을 사용한다.
I 4.11	반고정 커패시터		

번 호	명 칭	심 벌	적 요
I 4.12	전해 커패시터		1. 극성을 명시하고 싶을 때에는 로 할 수 있다. 2. 특히 전해 커패시터라는 것이 명확할 때는 사선을 생략하고 으로 해도 된다.
I 4.13	임피던스		
I 4.14	가변 임피던스	(a) (b)	

5. 전원 및 장치

번 호	명 칭	심 벌	적 요
I 5.1	전지 또는 직류 전원		1. 혼동될 때에는 ─┤├─ 으로 해도 된다. 2. 극성은 긴 선을 양극, 짧은 선을 음극으로 한다. 3. 다수 연결할 때는 (a) (3개인 경우) (b) 으로 해도 된다.
I 5.2	정 류 기	(a) (b)	화살표는 정삼각형으로 하고, 직류가 통하는 방향을 나타낸다.
I 5.3	교류 전원		상수 및 주파수를 나타낼 경우에는 다음에 따른다. 보기: $3\phi \sim 60\,Hz$ (상수)　(주파수)
I 5.4	전원 플러그	(a)　　(b)	1. (a)는 2극을 나타낸다. 2. (b)는 3극을 나타낸다.

번 호	명　칭	심　벌	적　요
I 5.5	회　전　기	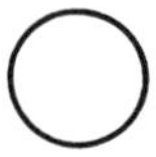 ○	1. ○ 속에 종류를 표시하는 기호를 넣는다. 　보기 : 　발전기　　　전동기　　　발전 전동기 　　　　　　　　　　　　　　　（가역형）  　Ⓖ　　　　Ⓜ　　　　ⒼⓂ 2. 특히 교류·직류의 구별을 필요로 할 때는 아래 그림에 따른다. 　교류인 경우　　　　　직류인 경우  
I 5.6	기기 또는 장치	(a)　　(b) 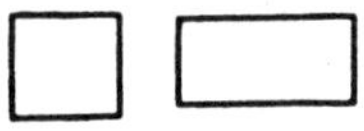	☐ 속에 종류를 나타내는 문자 또는 심벌을 넣는다.
I 5.7	차　폐 (실드)	 - - - - -	보기 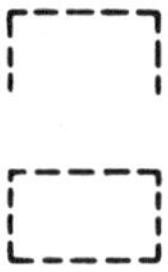 :

6. 개폐기류

번 호	명　칭	심　벌	적　요
I 6.1	개　폐　기		
I 6.2	절환 개폐기		
I 6.3	회전 개폐기 （로터리 스위치）	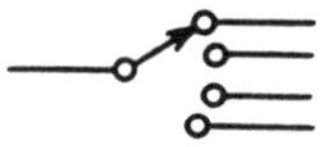	
I 6.4	잘린 조각 붙이 로터리 스위치	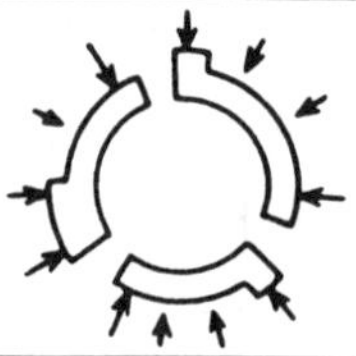	1. 잘린 조각의 모양은 한 보기를 나타낸다. 2. 스위치의 절환접점（화살표）의 위치는 절환 개시의 접점 위치로 한다.

7. 계측기 및 열전대

번 호	명 칭	심 벌	적 요
I 7.1	계기 또는 측정기		1. ○ 속에 종류를 나타내는 문자 또는 심벌을 넣는다. **보기 :** 전 류 계 (A) 전 압 계 (V) 전 력 계 (W) 오실로스코프 (OSC) 오실로그래프 2. 특히 직류·교류·고주파의 경우를 구별할 때는 아래 그림과 같이 한다. 직류　　교류　　고주파 3. 지침의 한쪽 진동 또는 양쪽 진동을 나타낼 경우에는 다음과 같이 한다. 한쪽 진동인 경우 양쪽 진동인 경우
I 7.2	열 전 대		1. 특히 직열형 열전대를 표시하는 경우 2. 특히 방열형 열전대를 표시하는 경우 3. 특히 진공 직열형 열전대를 표시하는 경우 4. 특히 진공 방열형 열전대를 표시하는 경우

8. 보호장치 및 램프

번 호	명 칭	심 벌	적 요
I 8.1	피 뢰 기 (접지할 경우)	(a)　　(b)	3극 피뢰기는 아래 그림과 같이 표시한다.
I 8.2	방전 갭		특히 전극의 모양을 구별하고 싶을 경우에는 아래 그림의 보기에 따른다. 보기 : 각 형 　　　　 침 형 　　　　 구
I 8.3	퓨 즈		특히 개방형·포장형을 구별하고 싶을 경우에는 다음과 같이 한다. 개 방 형 포 장 형
I 8.4	경보 퓨즈		특히 개방형·포장형을 구별하고 싶을 때에는 다음과 같이 한다. 개 방 형 포 장 형
I 8.5	히트 코일		히트 코일형 퓨즈를 포함한다.
I 8.6	램 프	(a) (b) (c)	특히 색이나 용도를 구별할 경우에는 보기에 따라야 하고, 아래 그림과 같이 기입한다. 보기 : 적색 RL, 황적 OL, 녹색 GL, 청색 BL, 백색 WL, 황색 Y, 투명 TC, 파일럿 PL.
I 8.7	저 항 관		안정 저항관(바레터를 포함한다)을 표시할 경우는 아래 그림과 같이 표시한다.

Ⅱ 전력용 심벌

1. 회 전 기

(1) 심벌 중에 조합해서 사용하는 코일은 기본 심벌 Ⅰ 4.4(인덕턴스 또는 코일)의 (a), (b) 또는 (c)에 따라야 한다.

　　또한, 이하의 심벌에서는 보기로서 (c)를 사용한 것을 나타낸다.

(2) 동일 심벌 속에서 2개 이상의 코일을 사용하고 있는 것으로, 코일의 크기를 특별히 구별하고 싶을 때는 코일의 산 수를 바꿔서 나타낼 수 있다.

번 호	명 칭	심 벌		적 요
		단 선 도 용	복 선 도 용	
Ⅱ 1.1	직류 분권 발전기	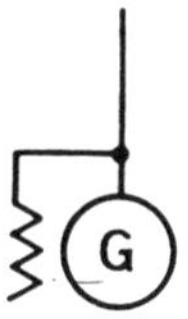	(1) 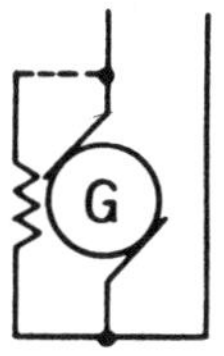 (2) 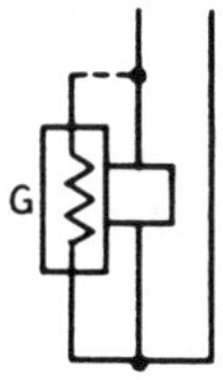	1. 타 여자일 경우에는 다음에 따른다. 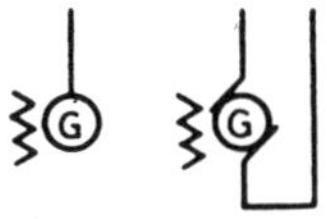 2. 파선부는 저항기류를 접속할 경우를 나타내고, 그것이 없을 때는 실선으로 한다. 3. 여자기임을 표시할 때는 G 대신 Ex를 사용한다. 4. 보극권선 또는 보상권선은 필요에 따라서 추가한다.
Ⅱ 1.2	직류 분권 전동기		(1)  (2) 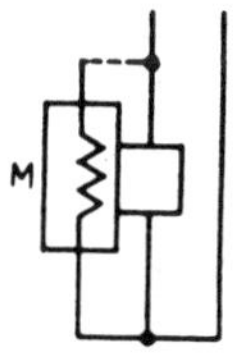	1. 타 여자일 경우에는 다음에 따른다. 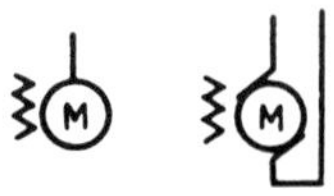 2. 파선부는 저항기류를 접속할 경우를 나타내고, 그것이 없을 때는 실선으로 한다. 3. 보극권선 또는 보상권선은 필요에 따라서 추가한다.
Ⅱ 1.3	직류 직권 발전기		(1)  (2) 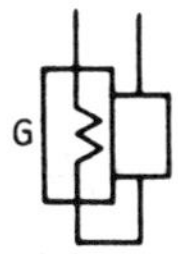	보극권선 또는 보상권선은 필요에 따라서 추가한다.

번 호	명 칭	심 벌		적 요
		단 선 도 용	복 선 도 용	
II 1.4	직류 직권 전동기		(1) (2)	보극 권선 혹은 보상 권선은 필요에 따라서 추가한다.
II 1.5	직류 복권 발전기		(1) (2)	1. 파선부는 저항기류를 접속할 경우를 나타내고, 그것이 없을 때는 실선으로 한다. 2. 보극 권선 또는 보상 권선은 필요에 따라서 추가한다.
II 1.6	직류 복권 전동기		(1) (2)	
II 1.7	동기 발전기		(1) (2)	1. 동기 발전기라는 것이 명확할 때는 단순히 G로 기입해도 된다. 2. 전기자의 아래쪽에 표시한 선은 중성점측 인출을 나타낸다. 3. 단선도에서 계자 코일의 기호를 필요로 하지 않을 때에는 생략해도 된다. 4. 복선도용은 3상일 경우를 나타낸다.
II 1.8	동기 전동기		(1) (2)	단선도에서 계자 코일의 기호를 필요로 하지 않을 경우에도 생략해도 된다.
II 1.9	동기 발전 전동기 (가역형)		(1) (2)	
II 1.10	동기 조상기		(1) (2)	

번 호	명　칭	심　　　벌		적　　　요
		단선도용	복선도용	
Ⅱ 1.11	유도 전동기(일반)	 IM	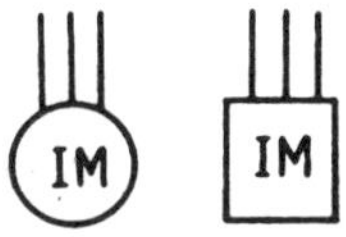 (1) IM　(2) IM	1. 유도 전동기란 것이 명확할 때에는 M이라고 기입해도 된다. 2. 복선도용은 3상일 경우를 나타낸다.
Ⅱ 1.12	6 선 식 3 상 농형 유도 전동기		(1) IM　(2) IM	
Ⅱ 1.13	권선형 유도 전동기	 IM	(1) IM　(2) IM	
Ⅱ 1.14	유도 발전기	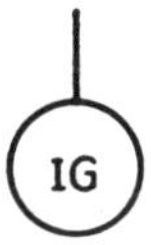 IG	(1) IG　(2) IG	
Ⅱ 1.15	단상 반발 전동기		(1) M　(2) M	
Ⅱ 1.16	직권 정류자 전동기	 M	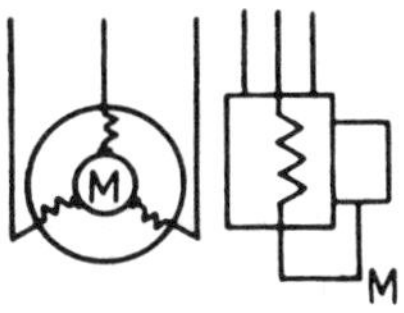 (1) M　(2) M	복선도용은 3상인 경우를 나타낸다.
Ⅱ 1.17	3 상 분권 정류자 전동기		(1) M　(2) M	

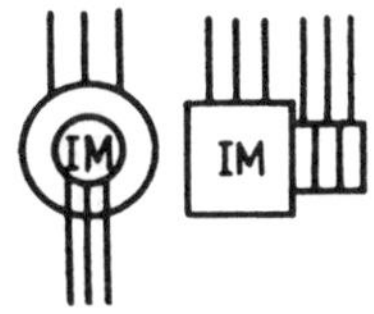

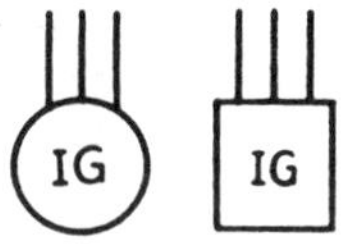

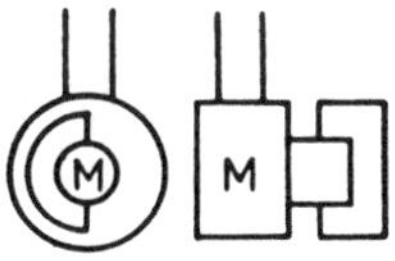

번 호	명 칭	심 벌		적 요
		단선도용	복선도용	
II 1.18	회전 변류기		(1) 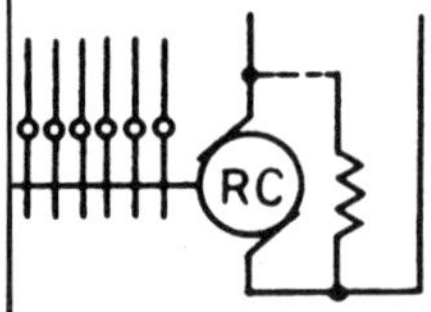 (2) 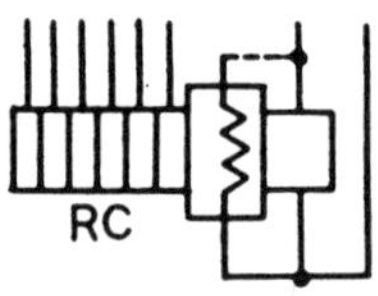 RC	1. 단선도용에서 상부는 교류측, 하부는 직류측을 나타낸다. 2. 단선도에서 계자 코일은 필요할 때에만 붙인다. 3. 복선도용은 6상 분권일 경우를 나타낸다.
II 1.19	전동 발전기	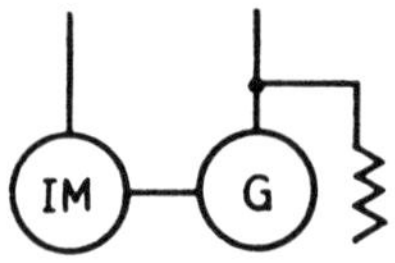 IM G	(1) 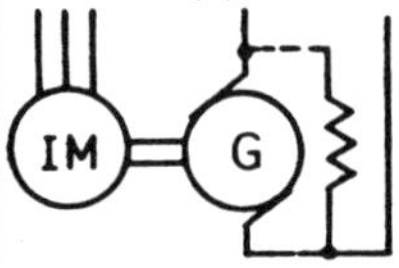 IM G (2) IM G 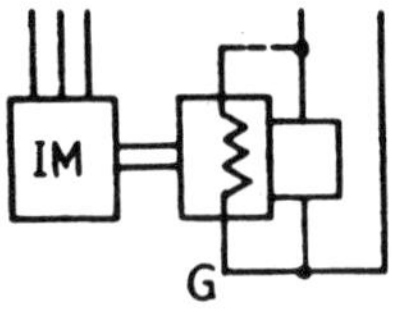	1. 유도 전동기에서 직류분권 발전기를 구동할 경우를 나타낸다. 2. 단선도에서 계자 코일은 필요할 경우에 붙인다.
II 1.20	주파수 변환기	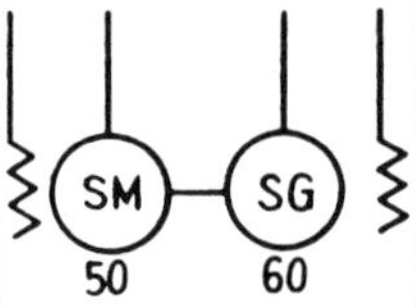 SM SG 50 60	(1) 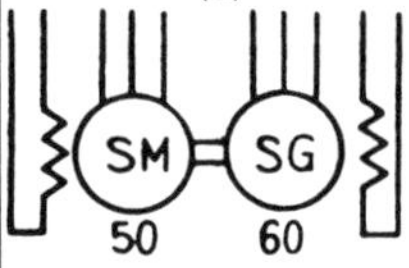 SM SG 50 60 (2) SM SG 50 60 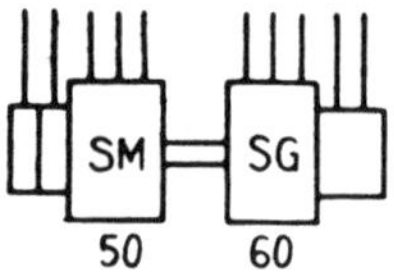	1. 동기 전동기에서 동기 발전기를 구동해서 50Hz를 60Hz로 변환할 경우를 나타낸다. 2. 단선도에서 계자 코일은 필요할 경우에 붙인다.
II 1.21	회전기용 원동기	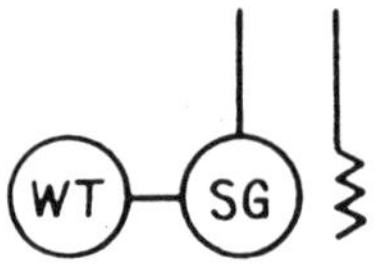 WT SG	(1) 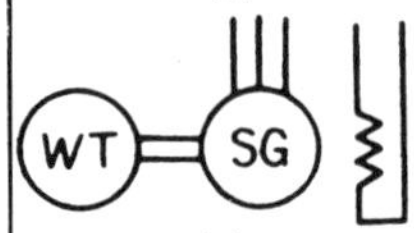 WT SG (2) WT SG 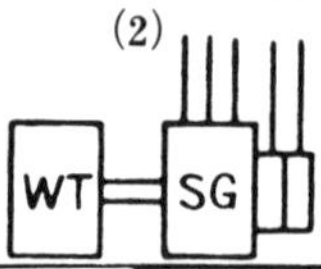	원동기 종별은 다음에 따른다. 수　차　WT 펌프터빈　PT 증기터빈　ST 가스터빈　GT 디젤엔진　DE

2. 변 압 기

번 호	명 칭	심 벌		적 요
		단 선 도 용	복 선 도 용	
II 2.1	변압기 (일반)	(a) (b)		혼촉 방지판이 붙은 것은 다음에 따른다.
II 2.2	단상 변압기	(a) (c) (b) (d) (e)	(a) (b) (c)	단선도용 (d), (d), (e) 및 복선도용 (b), (c)는 3권선 변압기일 경우를 표시한다.
II 2.3	3상 변압기	(a) (c) (b) (d) (e)	(a) (b)	1. 단선도용 (b), (d), (e) 및 복선도용 (b)는 3권선 변압기일 경우를 표시한다. 2. 복선도용 (a)는 $Y\triangledown$ 접속, (b)는 $Y\triangledown Y$ 접속일 경우를 표시한다.
II 2.4	변압기 접속 보기	보기 1 (a) (b)		1. $\curlywedge\triangle$ 접속일 경우를 표시한다. 2. 특히 3상 변압기를 표시할 필요가 있을 경우는 옆에 3ϕ로 기입한다.
		보기 2 (a) (b)		1. V 접속일 경우를 표시한다. 2. 특히 3상 변압기를 표시할 필요가 있을 경우에는 옆에 3ϕ로 기입한다.

번 호	명 칭	심 벌		적 요
		단 선 도 용	복 선 도 용	
II 2.4 (계속)	변압기의 접속 보기	보기 3 (a) (b)		1. 3권선 변압기일 경우를 표시한다. 2. 특히 3상 변압기를 표시할 필요가 있을 경우에는 옆에 3ϕ로 기입한다.
		보기 4 (a) (b)		
		보기 5 (a) (b)		1. 3권선 변압기에서 중성점측 인출인 경우를 표시한다. 2. 특히 3상 변압기를 표시할 필요가 있을 경우는 옆에 3ϕ로 기입한다.
		보기 6 (a)　　(b)		1. △人 접속의 변압기에서 중성점측 인출인 경우를 표시한다. 2. 특히 3상 변압기를 표시할 필요가 있을 경우는 옆에 3ϕ로 기입한다.
		보기 7 (a) (b)		6상 회전 변류기 2대용인 경우를 표시한다.

번 호	명 칭	심 벌		적 요
		단 선 도 용	복 선 도 용	
Ⅱ 2.4 (계속)	변압기의 접속 보기	**보기 8-1** (a)　　(b)  	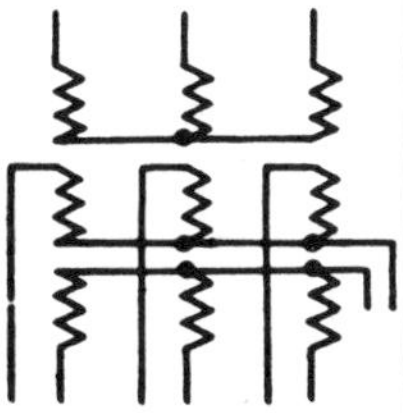	6상 6극 수은 정류기용인 경우를 표시한다.
		보기 8-2 (a)　　(b)	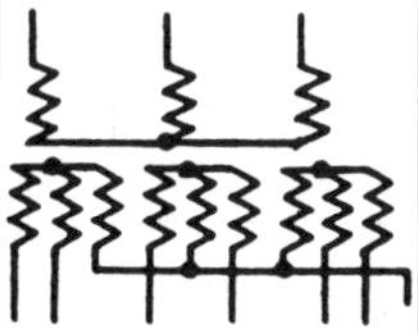	
		보기 9 (a)　　(b)  	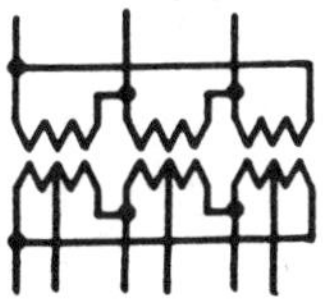	1. 2중 탭 변압기에서 △ 접속인 경우를 표시한다. 2. 단선도용에서 경사 인출선은 중간 인출선을 표시한다.
		보기 10-1  	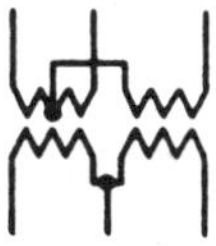	교류 전철용 스코트 결선 기전용 변압기인 경우를 표시한다.
		보기 10-2  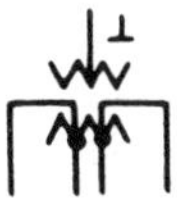	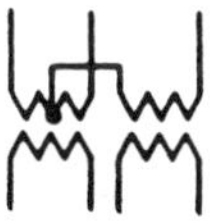	
Ⅱ 2.5	3상 부하시 전압 조정 변압기	(a)　　(b)  	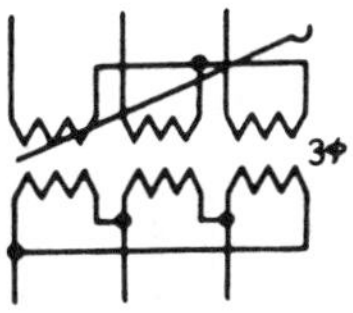	1.  ⟋ 는 조정장치가 있는 쪽에 붙인다. 2. 복선도용은 2차측 △ 접속인 경우를 표시한다. 3. 특히 조정장치가 변치형인 것을 나타내는 경우는, ⌐ 취지를 부기한다.

번 호	명 칭	심 벌		적 요
		단선도용	복선도용	
II 2.6	단상 단권 변압기	(a) 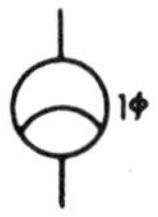　(b) 　(c) 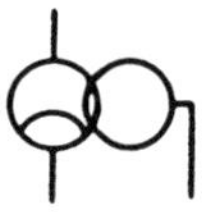　(d) 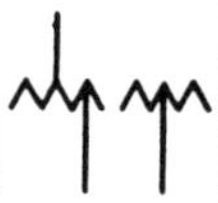	(a) 　(b) 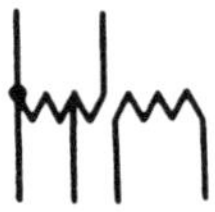	1. 상부는 고전압측, 하부는 저전압측을 표시한다. 2. 역인 경우는 아래와 같다. 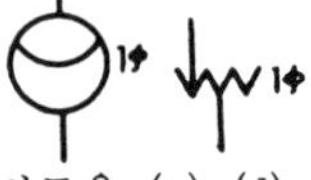 3. 단선도용 **(c)**, **(d)** 및 복선도용 **(b)**는 3차권선 붙이인 경우를 표시한다. 4. 부하시 전압 조정기 붙이인 경우는 아래와 같다. 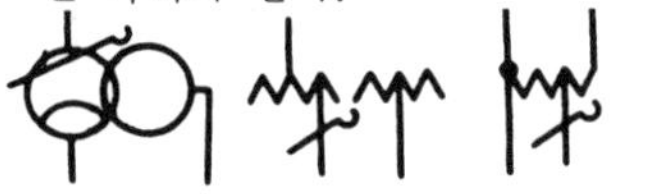
II 2.7	3상 단권 변압기	(a) 　(b) 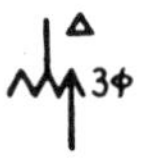	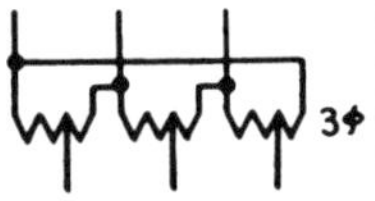	△ 접속인 경우를 표시한다.
II 2.8	접지 변압기	(a) 　(b) 	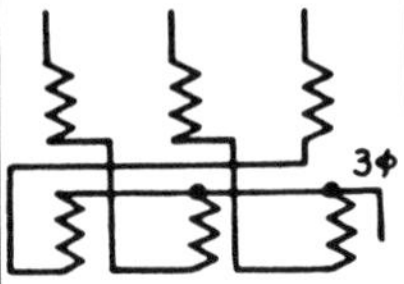	3상 지그재그 접속인 경우를 표시한다.
II 2.9	소호 변압기	(a) 　(b) 	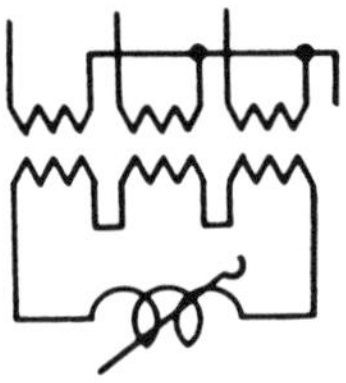	리액터 부분은 아래와 같이 나타낼 수 있다. 
II 2.10	단상 유도 전압 조정기	(a) 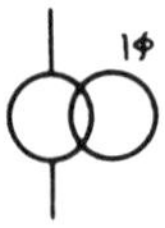　(b) 	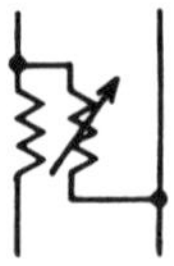	↗ 은 생략할 수 있다.
II 2.11	3상 유도 전압 조정기	(a) 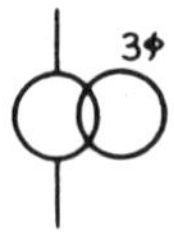　(b) 	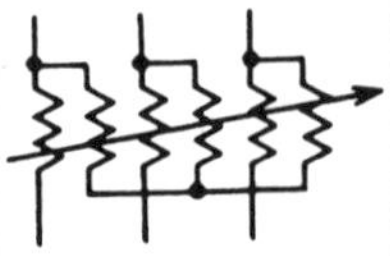	

번 호	명 칭	심 벌		적 요
		단 선 도 용	복 선 도 용	
II 2.12	3상 부하시 전압 조정기	(a)　(b) 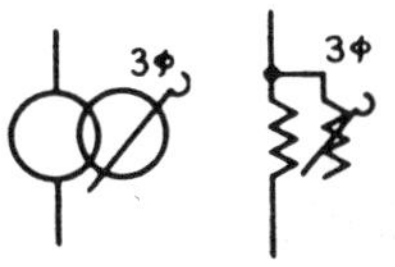	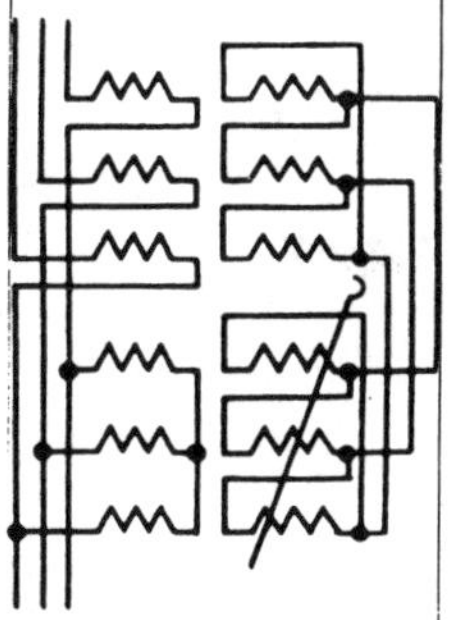	복선도용은 접속의 한 보기를 표시한다.
II 2.13	3상 이상기	(a)　(b) 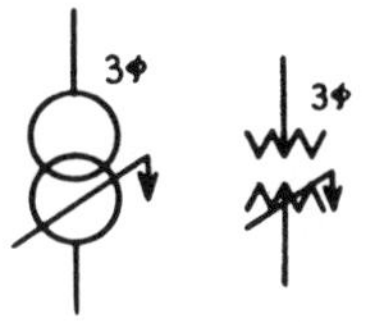	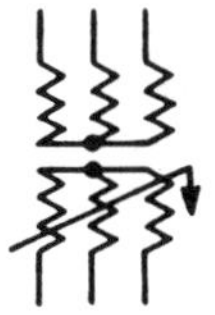	

3. 정 류 기

번 호	명 칭	심 벌		적 요
		단 선 도 용	복 선 도 용	
II 3.1	정류기 (일반)	(a)　(b) 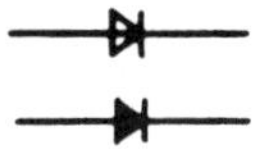		화살표는 정삼각형으로 하고 직류가 통하는 방향을 나타낸다.
II 3.2	정류기 (브리지형 접속)	(a) 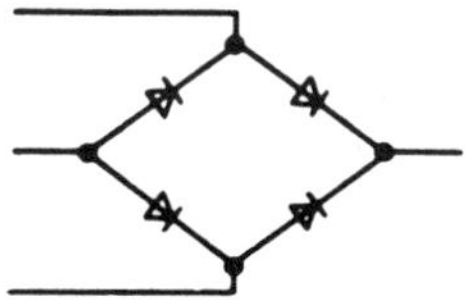　(b) 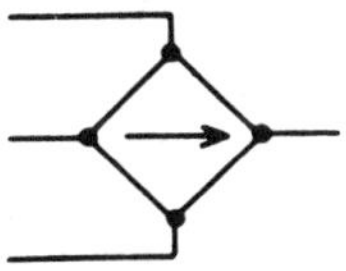		(b)의 화살표는 직류가 통하는 방향을 나타낸다.
II 3.3	제어 정류 소자	(a)　(b) 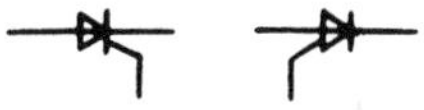		(a)는 P게이트를 표시한다. (b)는 N게이트를 표시한다.
II 3.4	수은 정류기 (일반)	(a)　(b) 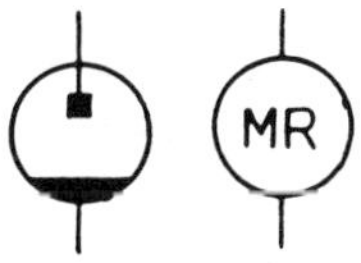	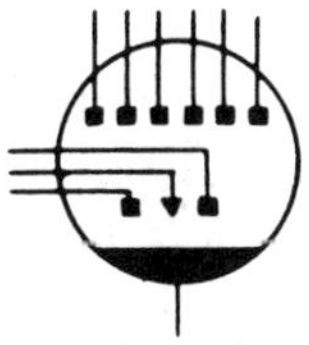	1. 유리제 수은 정류기에는 이것을 사용한다. 2. 전극 및 수은은 도장을 하지 않아도 좋다.

번 호	명 칭	심 벌		적 요
		단선도용	복선도용	
II 3.5	철제 수은 정류기		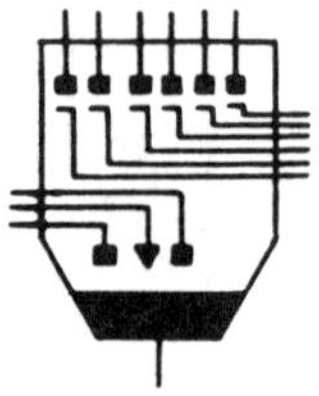	1. 격자붙이의 보기를 표시한다. 2. 전극 및 수은은 도장을 하지 않아도 좋다.
II 3.6	기계적 정류기		(a) 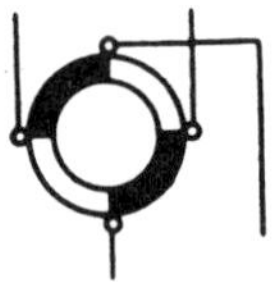 (b) 	단선도용은 단상, 3상 어느 경우에도 쓰인다.

4. 계기용 변압기 및 변류기

번 호	명 칭	심 벌		적 요
		단선도용	복선도용	
II 4.1	계기용 변압기 (일반)	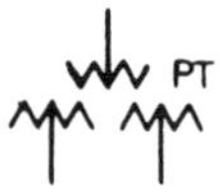 (a)  PT (b)　(c) PT　PT 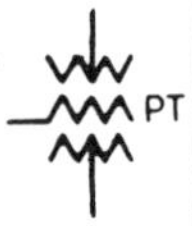	  (a) PT (b)　(c) PT　PT 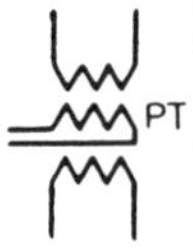	1. 주 변압기와 구별하기 위해 그것보다 가늘게 그릴 수 있다. 2. (a)는 2권선인 경우를 표시한다. 3. (b), (c)는 3권선인 경우를 표시한다. 4. 혼동할 우려가 없는 한, II 2.1 변압기(일반)의 (a)의 기호를 사용할 수 있다. 조합은 II 2.의 보기와 같다.
II 4.2	단상 계기용 변압기	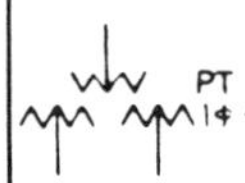 (a)  PT 1φ (b)　(c) PT　PT 1φ　1φ 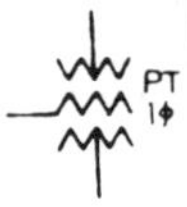	  (a) PT (b)　(c) PT　PT 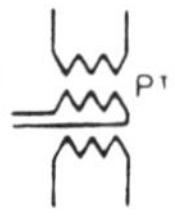	1. 주변압기와 구별하기 위해 그것보다 가늘게 그릴 수 있다. 2. 단선도에서는 필요에 따라 접속을 옆에 기입한다. 3. (a)는 2권선, (b), (c)는 3권선인 경우를 표시한다.

번 호	명 칭	심 벌		적 요
		단 선 도 용	복 선 도 용	
II 4.3	3 상 계기용 변압기	(a) (b) (c)	(a) (b) (c)	1. 주변압기와 구별하기 위해 그것보다 가늘게 그릴 수 있다. 2. 복선도용의 **(a)**, **(b)**는 V 접속인 경우 **(c)**는 人人π인 경우를 표시한다. 3. 단선도용에서는 필요에 따라 접속을 옆에 기입한다. 4. **(a)**는 2 권선, **(b)**, **(c)**는 3 권선인 경우를 표시한다.
II 4.4	부싱형 계기용 변압기	(a) (b) (c)	(a) (b)	1. 주변압기와 구별하기 위해 그것보다 가늘게 그릴 수 있다. 2. **(a)**는 교류 차단기에 장치한 경우를 나타낸다. 3. **(b)**, **(c)**는 변압기에 장치한 경우를 나타낸다. 4. 복선도용 **(b)**는 3 상 변압기에 장치한 경우를 나타낸다.

번 호	명 칭	심 벌		적 요
		단 선 도 용	복 선 도 용	
II 4.5	커패시터형 계기용 변압기	(a) (b) (c)	(a) (b) (c)	1. 주변압기와 구별하기 위해 그것보다 가늘게 그릴 수 있다. 2. (a)는 2권선인 경우를 나타낸다. 3. (b), (c)는 3권선인 경우를 나타낸다. 4. 송전 계통도 등에서 (a), (b), (c)가 특히 그리기 곤란할 경우에는 와 같이 표시할 수 있다.
II 4.6	변류기	(a) (b) (c) (d) (e)	(a) (b) (c)	1. 단선도용의 (a), (b) 및 복선도용의 (a)는 2권선인 경우를 표시한다. 2. 단선도용의 (c), (d) 및 복선도용의 (b)는 3권선인 경우를 표시한다. 3. 단선도용의 (e) 및 복선도용의 (c)는 2중 철심인 경우를 표시한다.

번 호	명 칭	심 별		적 요
		단 선 도 용	복 선 도 용	
II 4.7	부싱형 변류기	(a)  (b) 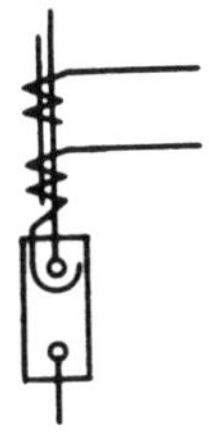 (c) 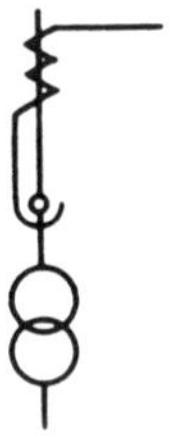 (d)  (e)  (f)  (g) 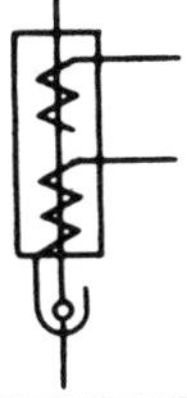	(a) 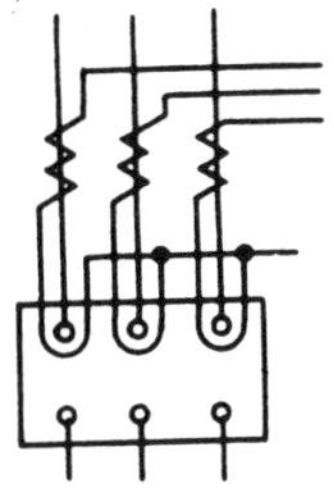 (b) 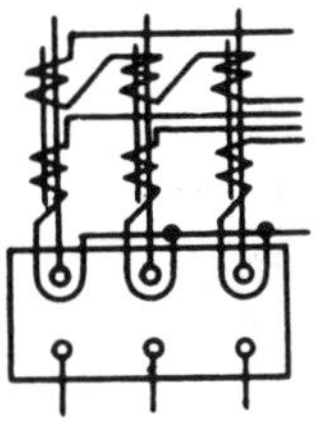 (c) 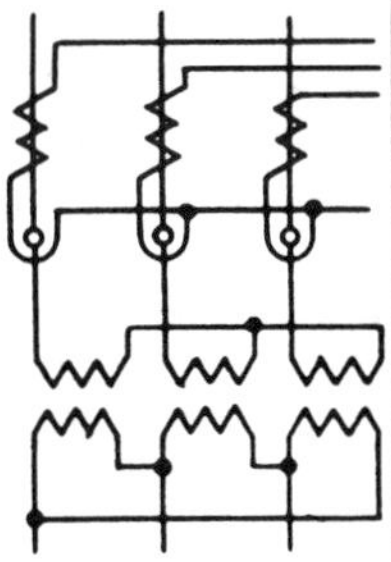	1. (a), (b), (e), (f) 는 교류 차단기에 장치한 경우를 표시한다. 2. (c), (d) 는 변압기에 장치한 경우를 나타낸다. 3. (b), (f) 는 3 권선인 경우를 표시한다. 4. (g) 는 2중 철심인 경우를 표시한다.
II 4.8	계기용 변압 변류기	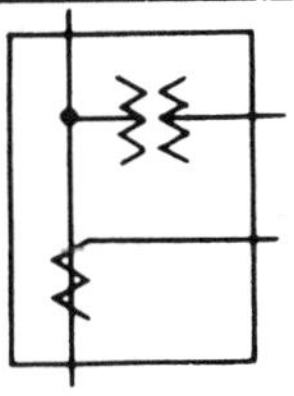	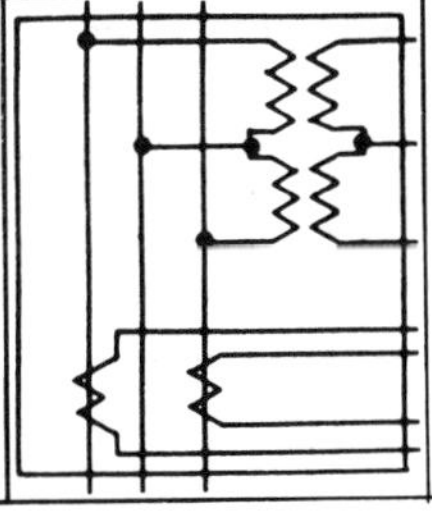	주변압기와 구별하기 위하여 그것보다 가늘게 그릴 수 있다.

번 호	명 칭	심 벌		적 요
		단선도용	복선도용	
II 4.9	0 상 계기용 변압기		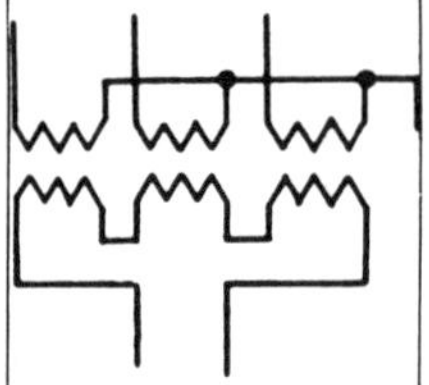	
II 4.10	0 상 변류기	(a)  (b) 	(a) 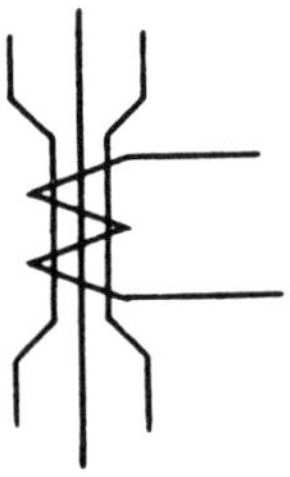 (b) 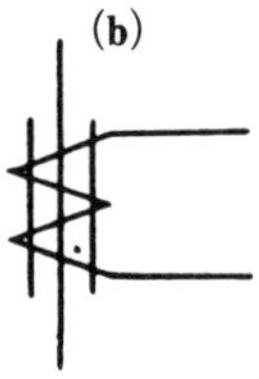	복선도용 (b)는 3심 케이블용을 나타낸다.

5. 배전반 부착기구

번 호	명 칭	심 벌		적 요
		단선도용	복선도용	
II 5.1	계기용 절환 개폐기	(a)  (b) 		1. (a)는 전압 회로용에 쓰인다. 2. (b)는 전류 회로용에 쓰인다.
II 5.2	전류계용 분류기	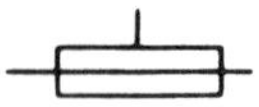	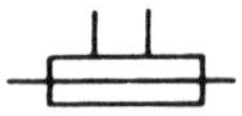	
II 5.3	시험용 전압 단자	(a) (b)  (c) 		보기: (a)  (b)  (c) 
II 5.4	시험용 전류 단자			보기: 

6. 전력용 접점

(1) 이 규격의 「**적용 범위 비고 5**」에 표시한 상태에서 개로하는 것에 대하여는 가동 부분을 오른쪽 혹은 위쪽에 나타내고, 폐로하는 것에 대해서는 가동 부분을 왼쪽 혹은 아래 쪽을 나타낸다.

(2) 이 규격에 「**적용 범위 비고 5**」 이외의 상태를 나타내는 경우에는 보기를 들면

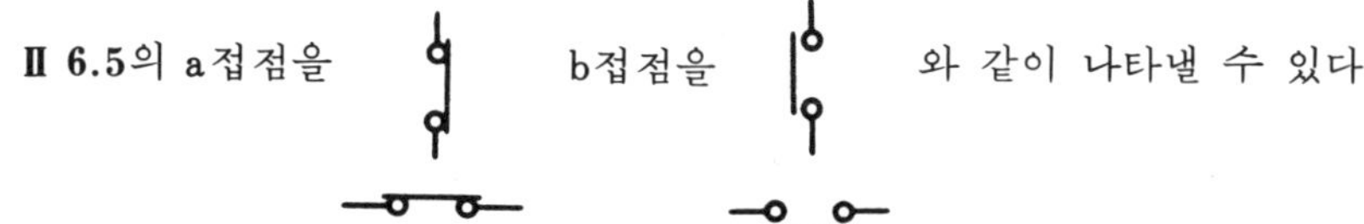

Ⅱ6.5의 a접점을   b접점을   와 같이 나타낼 수 있다.

번 호	명 칭	심 벌		적 요
		a 접 점	b 접 점	
Ⅱ6.1	접점(일반) 또는 수동 접점	(a) (b)	(a) (b)	
Ⅱ6.2	수동 조작 자동복귀 접점	(a) (b)	(a) (b)	손을 떼면 복귀하는 접점(누름형, 인장형, 비틀림형에 공통)이며, 단추 스위치, 조작 스위치 등의 접점에 쓰인다.
Ⅱ6.3	기계적 접점	(a) (b)	(a) (b)	리밋 스위치와 같이 접점의 개폐가 전기적 이외의 원인에 의해서 이루어지는 것에 쓰인다.
Ⅱ6.4	조작 스위치 잔류 접점	(a) (b)	(a) (b)	
Ⅱ6.5	계전기 접점 또는 보조 스위치 접점	(a) (b)	(a) (b)	

번 호	명 칭	심 벌		적 요
		a 접점	b 접점	
Ⅱ 6.6	한시(限時) 동작 접점	(a) (b) 	(a) (b) 	특히 한시 접점임을 나타낼 필요가 있는 경우에 사용한다.
Ⅱ 6.7	한시 복귀 접점	(a) (b) 	(a) (b) 	
Ⅱ 6.8	수동 복귀 접점	(a) (b) 	(a) (b) 	인위적으로 복귀시키는 것으로 전자석으로 복귀시키는 것도 포함된다. 보기를 들면, 수동 복귀의 열동 계전기 접점, 전자 복귀식 벨 계전기 접점 등.
Ⅱ 6.9	전자 접촉기 접점	(a) (c) (b) (d) 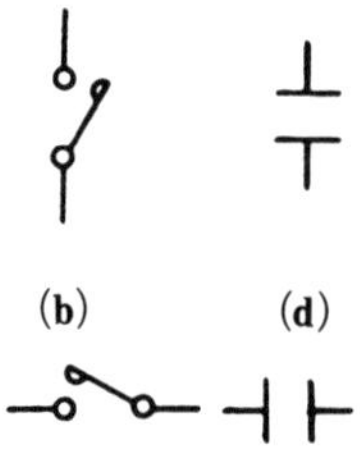	(a) (c) (b) (d) 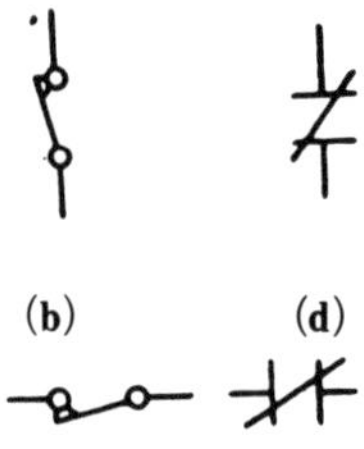	착오가 생길 우려가 없는 경우에는 Ⅱ 6.5와 같은 심벌을 써도 좋다.
Ⅱ 6.10	제어기 접점(드럼형 또는 캠형)			그림은 한 접점을 나타낸다.

7. 개폐기 및 제어장치

번 호	명 칭	심 벌		적 요
		단 선 도 용	복 선 도 용	
Ⅱ 7.1	개폐기 (일반)	(a)  (b) 		(b)는 단극 쌍투의 경우에 쓰인다.
Ⅱ 7.2	단로기 (일반)	(a)  (b)  (c)  (d)  (e) 	(a) 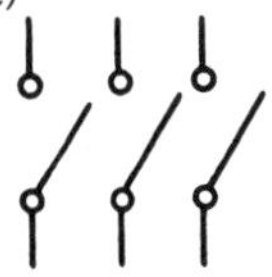 (b) 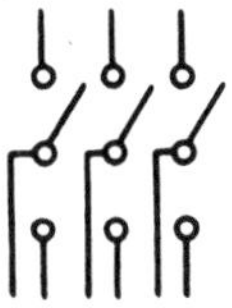 (c) 	1. 단선도용 (b), (d)는 특히 간단 하게 나타낼 필요가 있는 경우 에 쓰인다. 2. 단선도용 (c), (d) 및 복선도용 (b)는 쌍투형인 경우에 쓰인다. 3. 단선도용 (e), 복선도용 (c)는 쌍투 쌍날형인 경우에 쓰인다.

번 호	명 칭	심 벌		적 요
		단선도용	복선도용	
Ⅱ 7.3	링크(link) 기구에 의한 수동 조작의 단로기	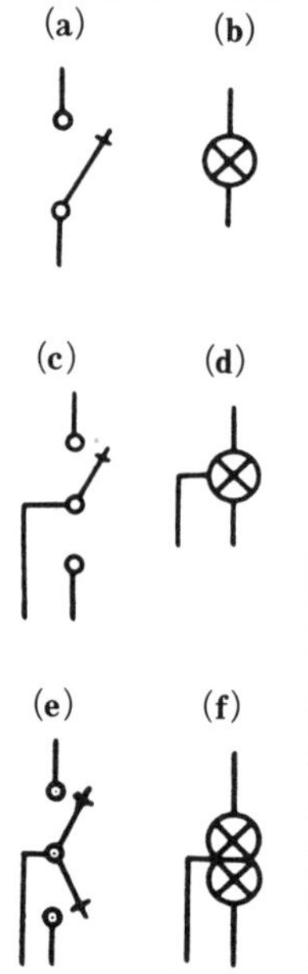 (a) (b) (c) (d) (e) (f)	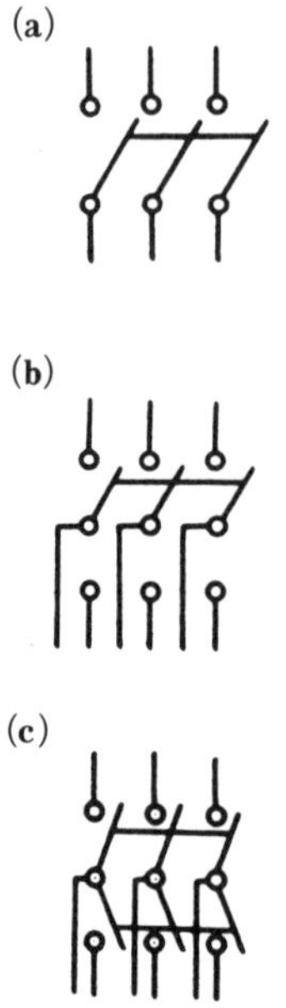 (a) (b) (c)	1. 단선도용 (b), (d), (f)는 특히 간단하게 나타낼 필요가 있는 경우에 쓰인다. 2. 단선도용 (c), (d) 및 복선도용 (b)는 쌍투형인 경우에 쓰인다. 3. 단선도형 (e), (f) 및 복선도용 (c)는 쌍투 쌍날형인 경우에 쓰인다. 4. 단선도에 있어서 팬터 그래프형 또는 직립 투입형을 나타낼 필요가 있는 경우에는 다음과 같다. 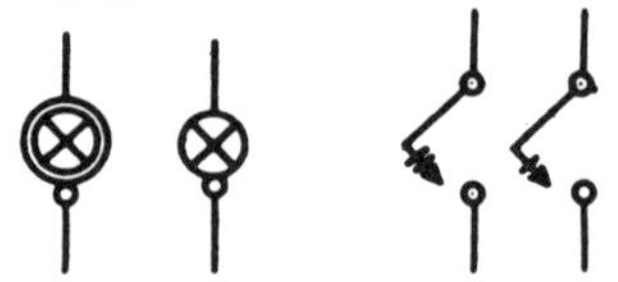 "○"는 고정 접촉부 쪽에 부착한다. 5. 접지 기구 붙이를 나타낼 필요가 있는 경우에는 다음과 같다. 접지기구의 수동 동작 접지기구의 동력 조작 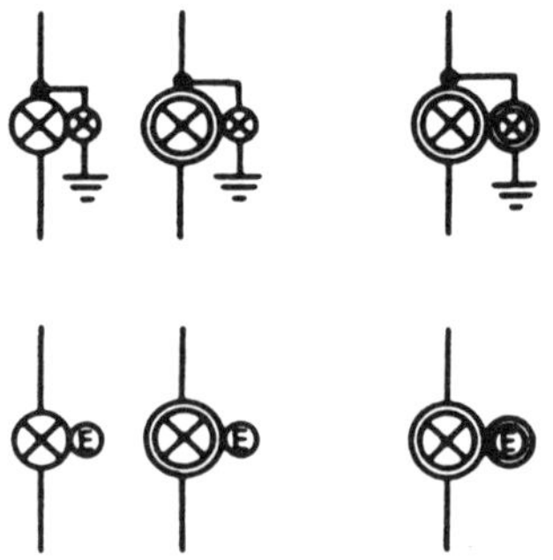
Ⅱ 7.4	동력 조작의 단로기	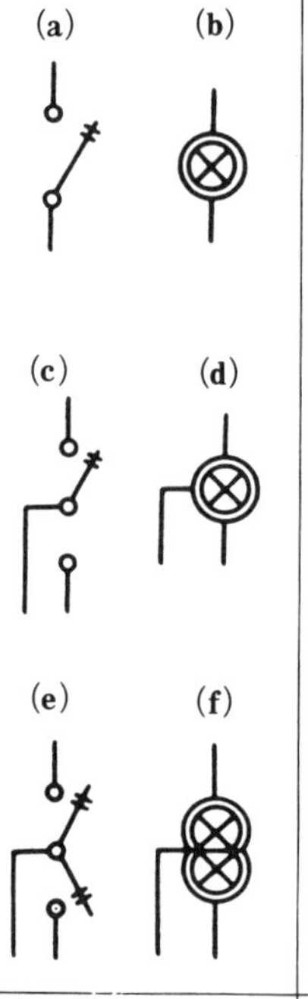 (a) (b) (c) (d) (e) (f)	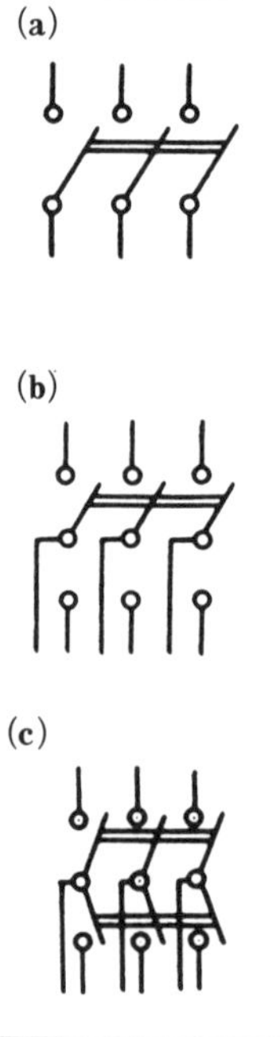 (a) (b) (c)	
Ⅱ 7.5	수동 조작의 단로기형 부하 개폐기	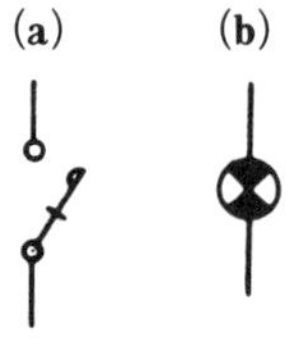 (a) (b)	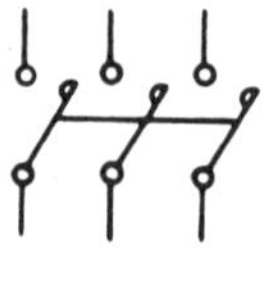	(b)는 특히 간단하게 나타낼 필요가 있는 경우에 쓰인다.

번 호	명 칭	심	벌	적 요
		단 선 도 용	복 선 도 용	
Ⅱ 7.6	동력 조작 단로기 기형 부하 개폐기	(a) (b)		(b)는 특히 간단하게 표시할 필요가 있는 경우에 쓰인다.
Ⅱ 7.7	플러그형 단로기			
Ⅱ 7.8	나이프 스위치		(a) (b)	1. (a)는 2극인 경우를 나타낸다. 2. (b)는 3극인 경우를 나타낸다.
Ⅱ 7.9	2극 계자 개폐기			
Ⅱ 7.10	기중 차단기 (일반)			1. 배선용 차단기도 포함한다. 2. 복선도용은 2극인 경우를 나타낸다.
Ⅱ 7.11	기중 차단기 트립 코일 붙이의 보기 (단극인 경우를 나타낸다)	보기 1		직렬 트립 코일 붙이인 경우를 나타낸다.
		보기 2 UV		부족 전압 트립 코일 붙이인 경우를 나타낸다.
		보기 3 RC		역류 트립 코일 붙이인 경우를 나타낸다.

번 호	명 칭	심 벌		적 요
		단 선 도 용	복 선 도 용	
Ⅱ 7.11 (계속)	기중 차단기 트립 코일 붙이의 보기(단극인 경우 를 나타낸다)	보기 4		트립 코일에 보조 스위치가 있는 경우를 나타낸다.
Ⅱ 7.12	직류 고속도 차단 기			
Ⅱ 7.13	교류 차단기(일반)	(a) (b) (c)		1. 종류를 나타내는 경우에는 옆에 다음 글자를 부기한다. 　기름 차단기 OCB 　진공 차단기 VCB 　공기 차단기 ABB 　가스 차단기 GCB 　자기 차단기 MBB 등 2. **(b)** 는 간단히 나타낼 경우에 쓰 인다. 3. **(c)** 는 잘못될 우려가 없는 경 우에 한해 사용할 수 있다.
Ⅱ 7.14	교류 차단기 트립 붙이의 보기	보기 1		직렬 트립 코일 붙이인 경우를 나 타낸다.
		보기 2		변류기 2차 전류 트립인 경우를 나 타낸다.
		보기 3		부족 전압 트립 코일 붙이인 경우 를 나타낸다.
		보기 4		트립 코일에 보조 스위치 붙이인 경우를 나타낸다.

번 호	명 칭	심 벌		적 요
		단 선 도 용	복 선 도 용	
Ⅱ 7.15	교압 교류 부하 개폐기 (일반)	(a) (b) (c) 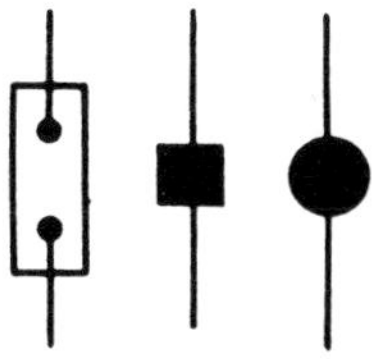	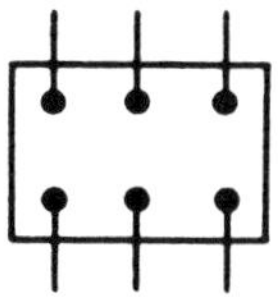	1. 종류를 나타낼 경우에는 옆에 다음의 문자를 기입한다. 기름부하 개폐기 OS 기중 개폐기 AS 진공 개폐기 VS 가스 개폐기 GS 등 2. (b)는 간단히 표시할 경우에 쓰인다. 3. (c)는 잘못될 염려가 없는 경우에 한하여 쓸 수 있다.
Ⅱ 7.16	보조 스위치	(a-가) (a-나)	(b-가) (b-나)	
Ⅱ 7.17	누름 단추 스위치	 (a-가) (a-나)	(b-가) (b-나)	1. a는 누르는 조작에 따라 폐로가 되는 경우에 쓰인다. 2. b는 누르는 조작에 따라 개로가 되는 경우에 쓰인다.
Ⅱ 7.18	인장 단추 스위치	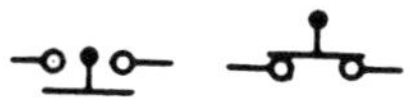 (a-가) (a-나)	(b-가) (b-나)	1. a는 당기는 조작에 따라 폐로가 되는 경우에 쓰인다. 2. b는 당기는 조작에 따라 개로가 되는 경우에 쓰인다.
Ⅱ 7.19	쌍누름 단추 스위치	(a)	(b) 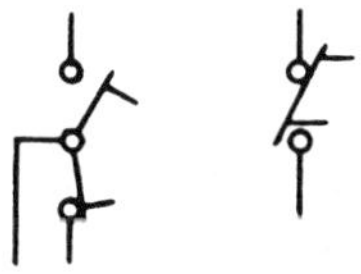	1. (a)는 쌍투에 쓰인다. 2. (b)는 단투에 쓰인다.

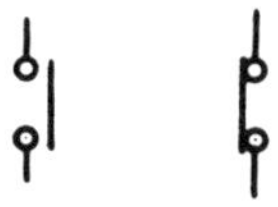

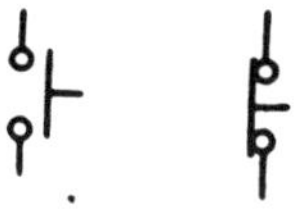

번 호	명 칭	심 벌		적 요
		단선도용	복선도용	
Ⅱ 7.20	전자 접촉기	(a)  (b) 	(a) 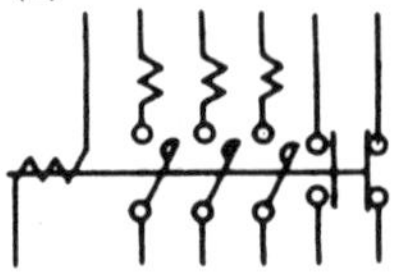 (b) 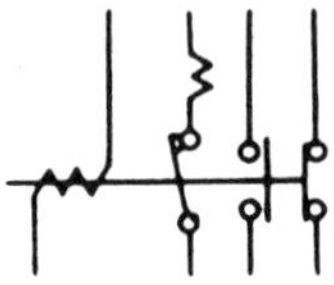	1. (a)는 휴지(rest) 상태에서 여는 경우를 나타내고, 복선도용에서는 3극에서 블로아웃 코일 및 보조 스위치 붙이의 보기를 나타낸다. 2. (b)는 휴지 상태에서 닫는 경우를 나타내고, 복선도용에서는 단극에서 블로아웃 코일 및 보조 스위치 붙이의 보기를 나타낸다.
Ⅱ 7.21	열동 과전류 계전기의 히터	(a)  (b) 		
Ⅱ 7.22	제어기 (일반)	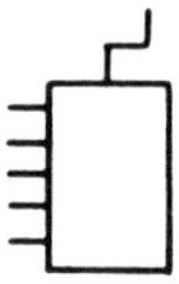		
Ⅱ 7.23	드럼형 제어기 (전개)	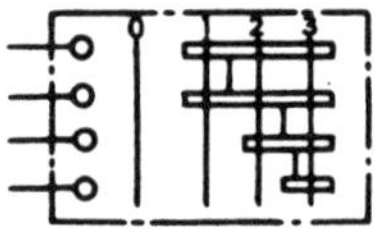		
Ⅱ 7.24	캠 제어기 (전개)	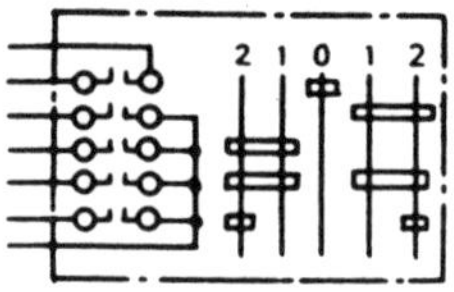		귀선이 공통일 경우를 나타낸다.
Ⅱ 7.25	리밋 스위치	(a)  (b) 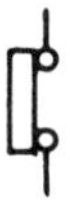		1. (a)는 동작할 경우에 폐로되는 경우에 쓰인다. 2. (b)는 동작할 경우에 개로되는 경우에 쓰인다.
Ⅱ 7.26	텀블러 스위치 혹은 로터리형 스위치	(a)  (b)  (c) 		1. (a)는 단극 단투에 쓰인다. 2. (b)는 단극 쌍투에 쓰인다. 3. (c)는 쌍극 단투에 쓰인다.

번 호	명 칭	심 벌		적 요
		단선도용	복선도용	
Ⅱ 7.27	부동 스위치, 압력 스위치 등	(a) (b) (c)		1. (a)는 동작하면 폐로되는 것에 쓰인다. 2. (b)는 동작하면 개로되는 것에 쓰인다. 3. (c)는 단극 절환용에 쓰인다.
Ⅱ 7.28	속도 개폐기	(a)	(b)	1. 특히 원심력 스위치임을 나타 내고 싶을 때 쓰인다. 2. (a)는 동작하면 폐로가 되는 것 에 쓰인다. 3. (b)는 동작하면 개로가 되는 것 에 쓰인다.
Ⅱ 7.29	다이얼형 스위치			쌍극 단투인 경우
Ⅱ 7.30	캐노피 스위치	(a) (b) (c)		1. (a)는 단투로서 블로아웃 코일 및 퓨즈 붙이의 보기를 나타낸 다. 2. (b)는 단투로서 블로아웃 코일 및 퓨즈가 없는 보기를 나타낸 다. 3. (c)는 쌍투로서 블로아웃 코일 및 퓨즈 붙이의 보기를 나타낸 다.
Ⅱ 7.31	다이얼형 가변 저 항기	(a) (b)	(a) (b)	1. 단선도용 (a)에 있어서 단자를 필요로 하지 않고 부분의 ○은 생략해도 좋다. 는 2. 복선도용 (b)는 3상용인 것을 나타낸다.
Ⅱ 7.32	액체 저항기			

번 호	명 칭	심 벌		적 요
		단선도용	복선도용	
II 7.33	시동 보상기	St Cp	St Cp	
II 7.34	스타델타 시동기			
II 7.35	자동 조정기		AVR	1. 그림은 자동 전압 조정기의 보기이다. 이외의 경우에는 다음 문자를 사용한다. 자동 전류 조정기　ACR 자동 무효 전력 조정기 AQR 자동 역률 조정기　　APFR 자동 부하 조정기　　ALR 2. 교류·직류를 구별할 필요가 있는 경우에는 다음과 같다. 　교류　　　　직류 AVR　　　AVR
II 7.36	팬터 그래프			
II 7.37	집 전 자			복선도용은 3개인 경우를 나타낸다.
II 7.38	슬 립 링			복선도용은 4개인 경우를 나타낸다.

번 호	명 칭	심 벌		적 요
		단선도용	복선도용	
Ⅱ 7.39	플러그 접속기	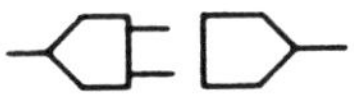	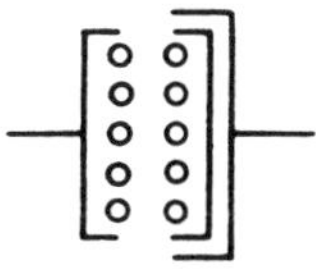	1. 단선도용의 왼쪽은 플러그, 오른쪽은 플러그 받이임을 나타낸다. 2. 복선도용의 ○의 수는 단자의 수를 나타낸다.
Ⅱ 7.40	제어용 전자 코일	(a) (b) 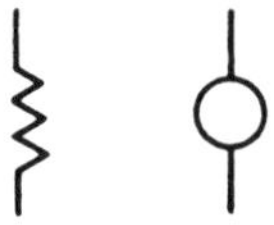		  용도를 나타낼 경우, 다음 보기와 같이 글자를 부기할 수 있다. **보기 1** 브레이크용 전자석의 경우 (a)는 전압 코일에 의한 경우 (b)는 전류 코일에 경우를 나타낸다. (a) BM (b) BM (c) BM **보기 2** 투입 코일인 경우 (a) CC (b) CC **보기 3** 트립 코일인 경우 (a) TC (b) TC 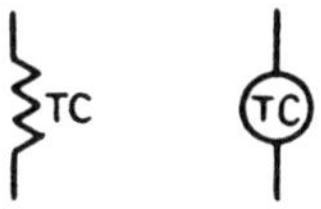

8. 커패시터 및 리액터

번 호	명 칭	심 벌		적 요
		단 선 도 용	복 선 도 용	
Ⅱ 8.1	전력용 커패시터	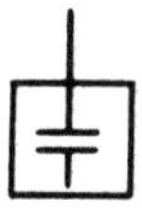	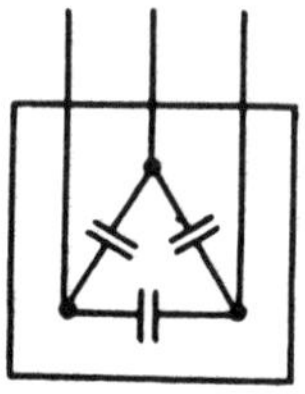	1. 단선도의 도면상에서 접속되어 있지 않은 경우에는, 다음과 같이 그 선은 생략해도 좋다.  2. 복선도용은 △결선의 보기를 나타낸다. 3. 간편 표시인 경우, 다음과 같은 심벌을 사용해도 좋다. 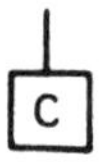
Ⅱ 8.2	전력용 분로 리액터	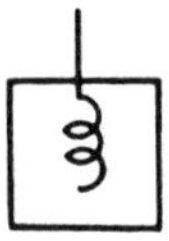		1. 복선도용은 △결선의 보기를 나타낸다. 2. 간편 표시인 경우, 다음과 같은 심벌을 사용해도 좋다. 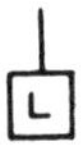

9. 보호 장치

번 호	명 칭	심 벌		적 요
		단선도용	복선도용	
II 9.1	피뢰기	(a)　(b)		방전캡의 유무에 상관없이 이것으로 나타낸다.
II 9.2	피뢰기 방전 전류 측정기			
II 9.3	정전 방전기			
II 9.4	퓨즈(일반)	(a)　　(b)		실 퓨즈, 판 퓨즈를 포함한다.
II 9.5	포장 퓨즈	(a)　　(b)		1. 통형 퓨즈, 전력 퓨즈, 플러그 퓨즈를 포함한다. 2. 사선은 우상(右上)으로 한다.
II 9.6	퓨즈 붙이 단로기	(a)　　(b)		
II 9.7	한류(限流) 리액터	(a)　　(b)		

번 호	명 칭	심 벌					적 요
		단 선 도 용			복 선 도 용		
Ⅱ 9.8	소호(消弧) 리액터	(a) (b) (c)			(a) (b) (c)		1. (b), (c)는 탭을 가진 것을 나타낸다. 2. (c)는 2차 코일을 가진 것을 나타낸다. 3. 리액터의 부분은 아래와 같이 그려도 좋다. 4. 소호 변압기는 Ⅱ 2.9에 표시한다.

10. 계전기 및 접점

10.1 계 전 기

(1) 다른 기기와 혼동될 우려가 없는 경우에는 ☐ 대신에 ○을 사용해도 좋다.

(2) 이들의 심벌은 계전 방식을 나타내는 경우에도 사용할 수 있다.

(3) 계전 방식과 계전기를 조합해서 나타낼 필요가 있는 경우, 아래의 보기에 따른다.

　　보 기 : 단락 방향 계전 방식용의 과전류 계전기 　DS-OC

　　　　　반송 계전 방식용의 방향 거리 계전기 　Cr-DZ

　　　　　계통 분리 계전 방식용의 부족 주파수 계전기 　DI-UF

(4) 특히 교류, 직류의 구별을 할 경우에는 OC̲ 　O̲C 로 구별한다.

(5) 다음 표의 적요란의 ①,②는 다음을 뜻한다.

　　①은 O(과, 過), U(부족) 혹은 OU(과부족)을 달 수 있는 것 (보기 : Ⅱ 10.4, Ⅱ 10.18 등).

　　②는 S(단락) 혹은 G(지락)을 끝에 달 수 있는 것 (보기 : Ⅱ 10.20, Ⅱ 10.26 등).

(6) 고속도인 경우 표의 글자의 선두에 H를 첨가한다 (보기 : Ⅱ 10.4를 HC 로).

(7) 전압 억제 붙이인 것은 표의 글자의 끝에 v를 첨가한다. 다만, S 혹은 G보다 앞에 단다.

　　(보기 : 전압 억제붙이 단락 과전류 계전기 　OCvS).

번 호	명 칭	심 벌	적 요
Ⅱ 10.1	계전기 (일반)	☐	
Ⅱ 10.2	단락 계전기	S	
Ⅱ 10.3	지락 계전기	G	
Ⅱ 10.4	전류 계전기	C	①
Ⅱ 10.5	과전류 계전기	(a) OC　　(b) ○	
Ⅱ 10.6	지락 과전류 계전기	(a) OCG　　(b) ●	

번 호	명 칭	심 벌	적 요
Ⅱ 10.7	부족 전류 계전기	UC	
Ⅱ 10.8	역류 계전기	RC	
Ⅱ 10.9	과부하 계전기	OL	
Ⅱ 10.10	한류 계전기	CL	
Ⅱ 10.11	반상(反相) 전류 계전기	RΦC	RPhC 로 해도 좋다.
Ⅱ 10.12	섬락 계전기	FO	
Ⅱ 10.13	전압 계전기	V	①
Ⅱ 10.14	과전압 계전기	(a) OV (b) ⬆	
Ⅱ 10.15	지락 과전압 계전기	(a) OVG (b) ⬆	
Ⅱ 10.16	부족 전압 계전기	(a) UV (b) ⬇	
Ⅱ 10.17	반상 전압 계전기	RΦV	RPhV 로 해도 좋다
Ⅱ 10.18	주파수 계전기	F	①
Ⅱ 10.19	극성 계전기	P𝟏	
Ⅱ 10.20	방향 계전기	D	②
Ⅱ 10.21	단락 방향 계전기	(a) DS (b) △	

번 호	명 칭	심 벌	적 요
II 10.22	지락 방향 계전기	(a) DG (b) ▲	
II 10.23	전력 계전기	P	①
II 10.24	역전력 계전기	RP	
II 10.25	무효 전력 계전기	Q	①
II 10.26	차동 계전기	(a) Df (b) ⊖	②
II 10.27	비율 차동 계전기	(a) RDf (b) ⊝	②
II 10.28	위상 비교 계전기	Φ	② Ph 로 해도 좋다.
II 10.29	평형 계전기	B	
II 10.30	단락 회선 선택 계전기	(a) SS (b) □	
II 10.31	지락 회선 선택 계전기	(a) SG (b) ■	
II 10.32	전류 평형 계전기	CB	
II 10.33	전압 평형 계전기	VB	
II 10.34	상평형 계전기	ΦB	PhB 로 해도 좋다.
II 10.35	상선별 계전기	ΦSℓ	② PhSℓ 로 해도 좋다.
II 10.36	비율 계전기	R	
II 10.37	거리 계전기	(a) Z (b) Ⓩ	②

번 호	명 칭	심 벌	적 요
II 10.38	방향 거리 계전기	(a) DZ (b) Z(△)	②
II 10.39	동기 투입 계전기	Sy	동기 검출 계전기를 포함한다.
II 10.40	탈조 계전기	SO	
II 10.41	계자 지락 계전기	FG	
II 10.42	계자 상실 계전기	(a) LF (b) ⊕	
II 10.43	계통 분리 계전기	DI	②
II 10.44	모선 계전기	BP	②
II 10.45	열동 계전기	Th	
II 10.46	열동 과전류 계전기	ThOC	
II 10.47	열동 과부하 계전기	ThOL	
II 10.48	한시 계전기	(a) TL (b) ⊖	
II 10.49	보조 계전기	(a) Ax (b) ⦶	
II 10.50	다접촉 계전기	(a) MC (b) ⊕	
II 10.51	폐쇄 계전기	L	
II 10.52	연동 계전기	IΩ	
II 10.53	자유 트립 계전기	TF	

번 호	명 칭	심 벌	적 요
Ⅱ 10.54	재폐로 계전기	(a) Rec　　(b) ⊕	
Ⅱ 10.55	노칭 계전기	Nch	
Ⅱ 10.56	플리커 계전기	Fc	
Ⅱ 10.57	고장 표시기	FI	
Ⅱ 10.58	온도 계전기	T	①
Ⅱ 10.59	압력 계전기	Pr	①
Ⅱ 10.60	흐름 계전기	Fℓ	①
Ⅱ 10.61	유류 계전기	OℓFℓ	①
Ⅱ 10.62	기류 계전기	ArFℓ	①
Ⅱ 10.63	수류 계전기	WtFℓ	①
Ⅱ 10.64	위치 계전기	Po	
Ⅱ 10.65	속도 계전계	Sp	①
Ⅱ 10.66	진공 계전기	Vc	
Ⅱ 10.67	부흐홀츠 계전기	BH	
Ⅱ 10.68	고장 검출 계전기	FDt	②
Ⅱ 10.69	반송 계전기	Cr	

번 호	명 칭	심 벌	적 요
Ⅱ 10.70	반송 수신 계전기	CrRe	
Ⅱ 10.71	방향 비교식 반송 계전기	CrD	②
Ⅱ 10.72	위상 비교식 반송 계전기	CrΦ	② CrPh 로 하여도 좋다.
Ⅱ 10.73	전송 트립식 반송 계전기	CrTT	②
Ⅱ 10.74	표시선 계전기	Pw	②
Ⅱ 10.75	방향 비교식 표시선 계전기	PwD	②
Ⅱ 10.76	차동식 표시선 계전기	PwDf	②
Ⅱ 10.77	전송 트립식 표시선 계전기	PwTT	②
Ⅱ 10.78	표시선 감시 계전기	PwMo	②
Ⅱ 10.79	마이크로파 계전기	M	
Ⅱ 10.80	방향 비교식 마이크로파 계전기	MD	②
Ⅱ 10.81	위상 비교식 마이크로파 계전기	MΦ	② MPh 로 하여도 좋다.
Ⅱ 10.82	전송 트립식 마이크로파 계전기	MTT	②
Ⅱ 10.83	전송 트립 계전기	TT	②

10.2 계전기 접점 심벌

(1) 이 규격의 「**적용 범위 비고 5**」에서 기술된 상태에서 개로되는 것에 대하여는 가동부분을 오른쪽 혹은 위쪽에 쓰고, 폐로된 것에 대하여는 가동부분을 왼쪽 혹은 아래쪽에 쓴다.

(2) 이 규격의 「**적용 범위 비고 5**」 이외의 상태를 나타내는 경우에는 보기를 들면,

Ⅱ 10.84의 a접점을 ┤ ─○─○─ Ⅱ 10.85의 b접점을 ┤ ─○─○─ 와 같이 표시할 수 있다.

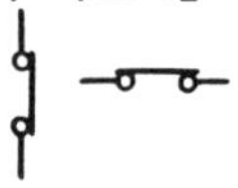

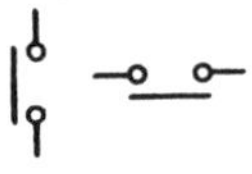

번 호	명 칭	심 벌	적 요
Ⅱ 10.84	a 접 점	 (a)　　　　　(b)	
Ⅱ 10.85	b 접 점	 (a)　　　　　(b)	
Ⅱ 10.86	c 접 점	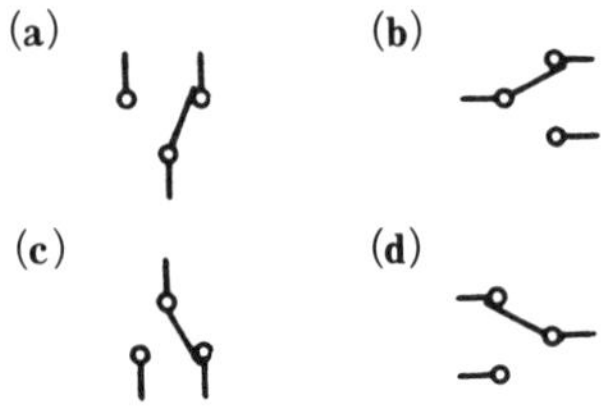 (a)　　　　　(b) (c)　　　　　(d)	
Ⅱ 10.87	l 접 점	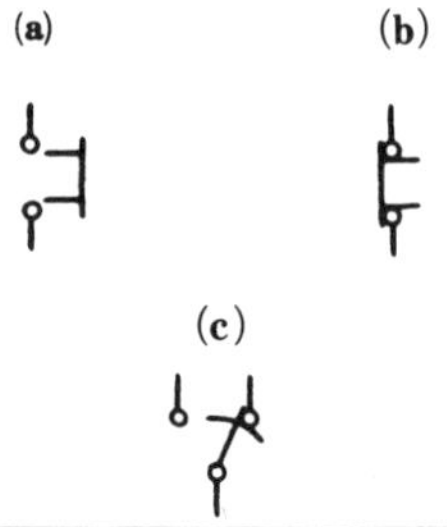 (a)　　　　　(b) (c)	계전기의 동작 또는 복귀시 개로 접점이 개로하기 전에 폐로 접점이 폐로하여, 일시적으로 쌍방이 접점이 폐로상태를 유지하는 절환 접점을 말한다. (a)는 al 접점, (b)는 bl 접점, (c)는 cl 접점
Ⅱ 10.88	쌍방향 접점	 (a)　　　　　(b)	a접점인 경우를 나타낸다.

번　호	명　　칭	심　　벌	적　　요
Ⅱ 10.89	3단자 접점	(a)　　　　(b)	(a)는 3단자 a접점 (b)는 3단자 b접점
Ⅱ 10.90	수동 복귀 계전기 및 전기 복귀 계전기의 접점	(a-가)　　　(b-가) (a-나)　　　(b-나)	(a-가)(a-나)는 a접점 (b-가)(b-나)는 b접점
Ⅱ 10.91	한시접점	폐로하는 경우에 한시(限時)가 있는 접점 (a-가)　　　(b-가) (a-나)　　　(b-나)	
		개로하는 경우에 한시가 있는 접점 (a-가)　　　(b-가) (a-나)　　　(b-나)	
		폐로 및 개로하는 경우에 한시가 있는 접점 (a-가)　　　(b-가) (a-나)　　　(b-나)	

11. 계기 심벌

(1) 기록형은 심벌 글자의 첫머리에 R자를 붙인다.
(2) 종합형은 심벌 글자의 첫머리에 T자를 붙인다.
(3) 인자형은 심벌 글자의 첫머리에 Pt자를 붙인다.
(4) 최대·최소를 표시할 수 있는 것은 심벌 글자의 첫머리에 M자를 붙인다.

번 호	명 칭	심 벌	적 요
II 11.1	계기 (일반)	◯ (R W)	◯속에 종류를 나타내는 글자를 넣는다. 특히 직류, 교류, 고주파의 구별을 하는 경우는 다음과 같다. 직류 교류 고주파 지침의 한쪽 흔들림 또는 양쪽 흔들림을 나타낼 경우는 다음과 같다. : 한쪽 방향으로 지침이 흔들림 : 양쪽 방향으로 지침이 흔들림
II 11.2	전 류 계	Ⓐ	
II 11.3	기록 전류계	(RA)	
II 11.4	적산 전류계	(AH)	
II 11.5	전 압 계	Ⓥ	
II 11.6	기록 전압계	(RV)	
II 11.7	저 항 계	(Ω)	
II 11.8	하이로 전압계	(HLV)	
II 11.9	전 력 계	Ⓦ	
II 11.10	기록 전력계	(RW)	
II 11.11	종합 전력계	(TW)	

번 호	명 칭	심 벌	적 요
II 11.12	기록 종합 전력계	(RTW)	
II 11.13	최대 수요 전력계	(MDW)	최대 수요 전류계(최대, 최소 지침 붙이 포함)인 경우는 (MDA)로 한다.
II 11.14	전력량계	(a) (WH) (b) (WH)	(b)는 특히 검정필한 것을 나타내는 경우에 쓰인다.
II 11.15	무효 전력계	(VAR)	
II 11.16	적산 무효 전력계	(VARH)	
II 11.17	역 률 계	(PF)	
II 11.18	무효율계	(Sn)	
II 11.19	주파수계	(F)	
II 11.20	속 도 계	(S)	
II 11.21	회 전 계	(N)	
II 11.22	위치 지시계	(PI)	
II 11.23	수 위 계	(WLI)	
II 11.24	검 루 기	(GD)	
II 11.25	검 전 기	(VD)	발광 검전기를 포함한다.
II 11.26	동기 검정기	(Sy)	
II 11.27	온 도 기	(T)	
II 11.28	온 도 계	(MA)	

번 호	명 칭	심 벌	적 요
II 11.29	최대·최소 전압계 또는 최대 전압계	(MV)	
II 11.30	0상 전류계	(Ao)	
II 11.31	0상 전압계	(Vo)	
II 11.32	최대 0상 전압계	(MVo)	
II 11.33	시 간 계	(H)	1. 용도를 명시할 경우, 보기를 들면 고장 시간계를 (FH) 와 같이 적당한 글자를 부기한다. 2. 적산 시간계에도 이것을 사용한다.
II 11.34	유 량 계	(Fℓ)	
II 11.35	적산 유량계	(FℓH)	
II 11.36	인자형 (印字形) 전력량계	(PtWH)	
II 11.37	송량기 (일반)	(Tm)	송량기임이 확실할 경우, 측정 요소의 종류를 구별할 때는 다음에 따른다. 전류 송량기 (AT) 전압 송량기 (VT) 전력 송량기 (WT) 무효 전력 송량기 (WART) 주파수 송량기 (FT) 전압 주파수 송량기 (VFT)
II 11.38	배전선 고장 구간 표시기	(SI)	

12. 발변전소

번 호	명 칭	심 벌	적 요
Ⅱ 12.1	발전소(일반)	□	
Ⅱ 12.2	수력 발전소	(a) □ (b) ◩	(b)는 심벌 속에 기입사항이 없는 경우에 사용할 수 있다.
Ⅱ 12.3	화력 발전소	(a) □ (b) ⬒	
Ⅱ 12.4	원자력 발전소	(a) □ (b) ⊘	
Ⅱ 12.5	변 전 소	○	
Ⅱ 12.6	변 환 소	(a) ○ (b) ⊕	(b)는 심벌 속에 기입사항이 없는 경우에 사용할 수 있다.
Ⅱ 12.7	개 폐 소	(a) △ (b) ⊗	

13. 전 선 로

번 호	명 칭	심 벌	적 요
Ⅱ 13.1	전선로(일반)	———	
Ⅱ 13.2	가공 전선로	———	1. 특히, 전압을 구별할 필요가 있는 경우에는 전압에 따라서 선의 굵기를 굵게 하고, kV로 나타낸 전압을 부기한다. 회선수를 특히 나타낼 경우에는 회선수를 부기한다. 2. 미완성 전선로 또는 타소속 전선로와 같이 특히 구별할 필요가 있는 경우에는 파선을 사용할 수 있다.
Ⅱ 13.3	지중 전선로	(a) —— - —— (b) ——⋀⋁⋀——	1. 가공 전선로에 준한다. 2. (b)에서 지그재그의 기호는 적당한 간격을 두고 기입할 수가 있다. 3. 타종의 전선로와 혼동되지 않는 경우에는, Ⅱ 13.1의 심벌을 사용할 수가 있다. 4. 특히, 관의 종류를 명기할 경우에는 Ⅱ 14.9의 적요를 준용한다.
Ⅱ 13.4	보안용 통신선	—— — — —	이 심벌은 주로 첨가 통신선에 쓰인다.

14. 전선로 지지물 및 부속품

번 호	명 칭	심 벌	적 요
Ⅱ 14.1	지지물(일반)		1. 타소속 지지물과 같이 특히 구별할 필요가 있는 경우에는 파선을 사용할 수가 있다. 2. 통신선을 공가할 때는 다음과 같이 표시한다.
Ⅱ 14.2	철 탑		
Ⅱ 14.3	철 주	(a)　　(b)	(b)의 심벌은 전차 선로의 지지주로 사용하는 경우에 한한다.
Ⅱ 14.4	콘크리트주		
Ⅱ 14.5	목 주		
Ⅱ 14.6	지 선		특히, 복잡한 것을 나타내고자 할 때는 이들을 조합하여 표시하든가 또는 병기한다.
Ⅱ 14.7	지 주		
Ⅱ 14.8	지 선 주		
Ⅱ 14.9	관(일반)		관의 종류　관의 안지름　관의 개수 R · 100 × (6) CL 145.5 인공 중심 간격 관 종류 기호의 보기 C ········무근 콘크리트관 R ········철근 콘크리트관 As ········석면 시멘트관 I ········주철관 S ········강 관 V ········경질 비닐관 P ········도 관

번 호	명 칭	심 벌		적 요
		단선도용	복선도용	
Ⅱ 14.10	전 용 교			
Ⅱ 14.11	교량 첨가			
Ⅱ 14.12	등 도			
Ⅱ 14.13	공 동 구			
Ⅱ 14.14	맨 홀			
Ⅱ 14.15	핸 드 홀			
Ⅱ 14.16	케이블 헤드		(a) (b)	1. 복선도용 (a)는 3심 케이블, (b)는 단심 케이블인 경우를 나타낸다. 2. 케이블 헤드를 사용하지 않고, 단말처리만인 경우는 로 나타내도 좋다.
Ⅱ 14.17	접속함(2 케이블용)			접속함을 사용하지 않고 접속할 경우는 로 나타내도 좋다.
Ⅱ 14.18	접속함(3 케이블용 및 4 케이블용)	(a) (b)		접속함을 사용하지 않고 접속할 경우는 로 나타내도 좋다.
Ⅱ 14.19	활선용 단자			보기:

15. 고장 표시

번 호	명 칭	심 벌		적 요
		단선도용	복선도용	
Ⅱ 15.1	고장(일반)	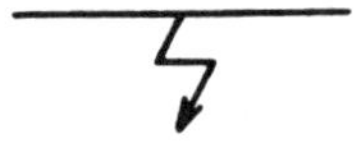		
Ⅱ 15.2	1선 지락	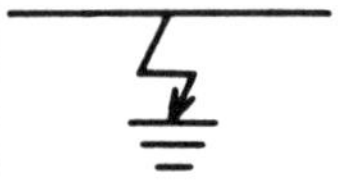	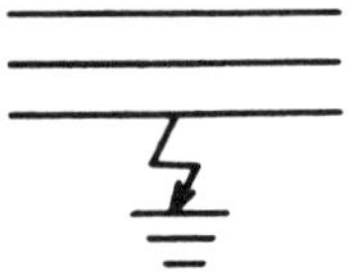	
Ⅱ 15.3	2선 지락	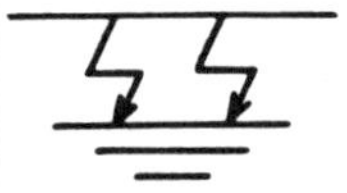	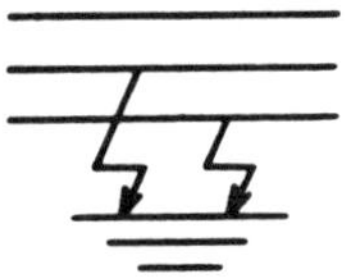	
Ⅱ 15.4	3선 지락	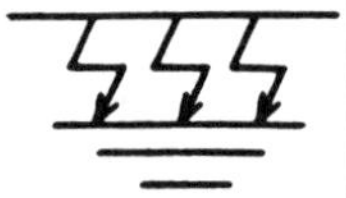	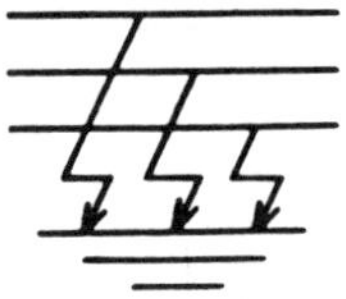	
Ⅱ 15.5	2선 단락	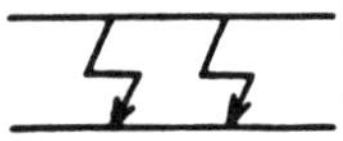	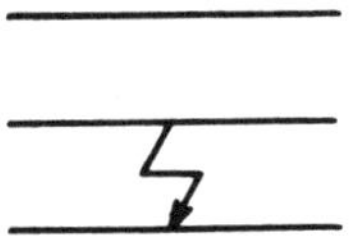	
Ⅱ 15.6	3선 단락		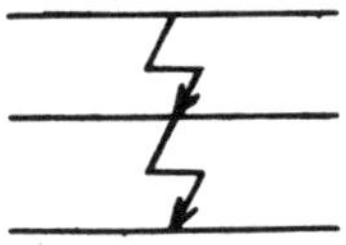	
Ⅱ 15.7	단 선	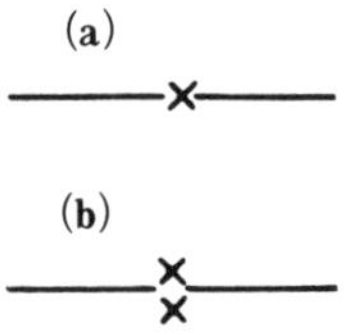 (a) (b)	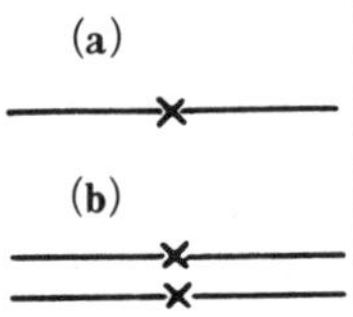 (a) (b)	(a)는 1선, (b)는 2선인 경우를 나타낸다.
Ⅱ 15.8	1선 단선 지락	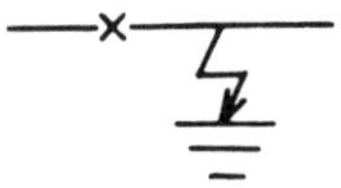	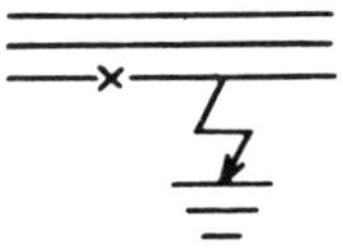	

Ⅲ 전기 통신용 심벌

1. 회로 요소
1.1 전 자 관
1.1.1 음 극

번 호	명　칭	심　벌	적　　요
Ⅲ 1.1.1(1)	직렬 음극 및 방열 음극용 히터		탭을 가졌을 때는 다음 그림과 같이 표시한다.
Ⅲ 1.1.1(2)	방열 음극		
Ⅲ 1.1.1(3)	냉 음극		이온 가열 음극을 포함한다.
Ⅲ 1.1.1(4)	계수 방전관의 공통전극		
Ⅲ 1.1.1(5)	광전 음극		
Ⅲ 1.1.1(6)	수은 음극		

1.1.2 제어 전극

번 호	명　칭	심　벌	적　　요
Ⅲ 1.1.2(1)	그 리 드		전자총 관계의 전극, 마이크로파관의 집적 전극 가속 전극, 제어 전극, 변조 전극 및 빔 형성 전극을 포함한다.
Ⅲ 1.1.2(2)	헬릭스(0형 지파회로 용)	(a)　　(b)	(a)는 진행파용, (b)는 후진파용
Ⅲ 1.1.2(3)	반사 전극		반사형 클라이스트론의 리펠러에도 사용한나.

번 호	명 칭	심 벌	적 요
Ⅲ 1.1.2(4)	편향 전극(브라운관)	(a)  (b) 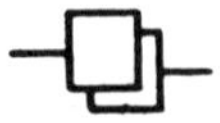	(b)는 베이스 접속인 경우에만 사용한다.
Ⅲ 1.1.2(5)	점호 전극		
Ⅲ 1.1.2(6)	솔 전극		
Ⅲ 1.1.2(7)	M형 전극		

1.1.3 집 전 극

번 호	명 칭	심 벌	적 요
Ⅲ 1.1.3(1)	플레이트(양극) 또는 애노드	(a) 　　(b) 	1. (b)는 수은 정류기의 양극 및 여호극에만 사용한다. 2. 비디콘의 신호 전극 및 마이크로파관의 컬렉터 전극은 (a)를 사용한다.
Ⅲ 1.1.3(2)	타 깃		
Ⅲ 1.1.3(3)	다이노드		

1.1.4 관 구

번 호	명 칭	심 벌	적 요
Ⅲ 1.1.4(1)	진공관(일반)	(a) 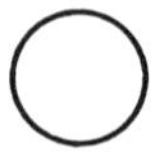 (b) 　　(c) 	1. Ⅲ 1.1.8(응용 보기) 참조. 2. (c)는 복합관을 분리해서 표시하는 경우에 사용한다. 3. 혼란해질 우려가 없을 때에는 관구를 표시하는 원을 생략할 수 있다.

번　호	명　　칭	심　벌	적　요
Ⅲ 1.1.4 (2)	<u>전</u>자관(가스들이 또는 증기들이)		• 표의 위치는 원내에서 변경해도 된다. 필요에 따라서 봉입 가스의 화학 기호를 병기한다.
Ⅲ 1.1.4 (3)	브라운관		

1.1.5 공진기 및 결합

번　호	명　　칭	심　벌	적　요
Ⅲ 1.1.5 (1)	마그네트론의 공동		
Ⅲ 1.1.5 (2)	클라이스트론, TR관 및 ATR관의 공동	(a)　　(b)	(a)는 공동 내장, (b)는 공동 바깥붙이
Ⅲ 1.1.5 (3)	다공동 클라이스트론의 공동	(a)　　(b)	(a)는 2공동 내장, (b)는 2공동 바깥붙이
Ⅲ 1.1.5 (4)	다간격 클라이스트론의 공동		간격 수에 따르지 않는다.
Ⅲ 1.1.5 (5)	가변 공동		
Ⅲ 1.1.5 (6)	동축 입출력		좌측을 입력으로 한다.
Ⅲ 1.1.5 (7)	도파관 입출력		좌측을 입력으로 한다.
Ⅲ 1.1.5 (8)	창 결 합	(a)　　(b)	1. (a)는 결합창 1개일 때 사용한다. 2. (b)는 결합창 2개일 때 사용한다.
Ⅲ 1.1.5 (9)	고주파 입력		좌측을 입력으로 한다.

1.1.6 베이스의 위치

번 호	명 칭	심 벌	적 요
Ⅲ 1.1.6 (1)	키 붙이		
Ⅲ 1.1.6 (2)	베이어닛핀(사이드핀) 또는 대응 마크		Ⅲ 1.1.9 (8), Ⅲ 1.1.9 (9) 참조.

1.1.7 단 자

Ⅲ 1.1.7 (1)	관구 단자		고정 단자 가요 단자
Ⅲ 1.1.7 (2)	베이스 핀		필요에 따라서 베이스핀의 굵기를 바꿀 수가 있다.
Ⅲ 1.1.7 (3)	고리 봉합 단자		
Ⅲ 1.1.7 (4)	동축 단자		

1.1.8 응용 보기(1)

Ⅲ 1.1.8 (1)	3극관(직렬 음극)		혼란해질 우려가 없을 때는 관구를 표시하는 원을 생략할 수가 있다(이하 같음).
Ⅲ 1.1.8 (2)	3극관(방열 음극)		점선은 실드한 경우를 표시한다. 히터의 심벌은 특히 혼동될 때에는 생략할 수가 있다.
Ⅲ 1.1.8 (3)	양단형 수랭관		3극 가열일 경우를 표시한다.

번 호	명 칭	심 벌	적 요
Ⅲ 1.1.8 (4)	주파수 변환관		
Ⅲ 1.1.8 (5)	5극관 및 빔 출력관		
Ⅲ 1.1.8 (6)	냉음극 2극 방전관 및 정전압 방전관		
Ⅲ 1.1.8 (7)	네온 전구		
Ⅲ 1.1.8 (8)	냉음극 3극 방전관		
Ⅲ 1.1.8 (9)	이그나이트론		
Ⅲ 1.1.8 (10)	광 전 관		
Ⅲ 1.1.8 (11)	광전자 증배관	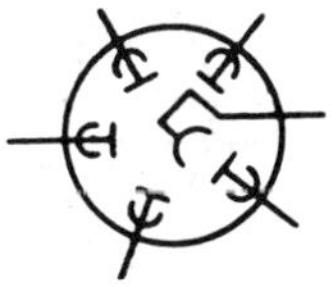	

번 호	명 칭	심 벌	적 요
Ⅲ 1.1.8 (12)	브라운관	(a) (b)	1. 편향코일은 형광면에 가까운 쪽을 X축용, 음극에 가까운 쪽을 Y축용으로 한다. 2. 편향 코일을 분리해서 쓸 필요가 있을 때 및 다른 전극을 부가할 필요가 있을 때에는 우측 그림처럼 해도 된다. 3. (a)는 정전 편향형을 표시한다. 4. (b)는 전자 편향형을 표시한다.
Ⅲ 1.1.8 (13)	마그네트론	(a) (b)	1. (a)는 자계 바깥 붙이를 표시한다. 2. (b)는 자계 내장을 표시한다. 3. PM 은 영구 자석을 표시한다.
Ⅲ 1.1.8 (14)	플라티노트론		자계 바깥 붙이를 표시한다.
Ⅲ 1.1.8 (15)	진행파관	(a) (b)	1. (a)는 O형을 표시한다. 2. (b)는 M형을 표시한다.

번 호	명 칭	심 벌	적 요
Ⅲ 1.1.8 (16)	후진파관	(a) 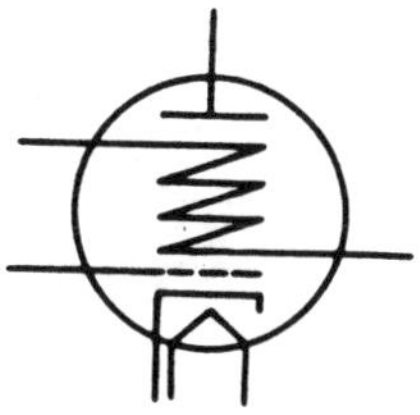 (b) 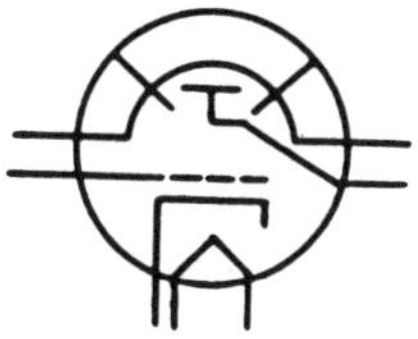	1. (a)는 O형을 표시한다. 2. (b)는 M형을 표시한다.
Ⅲ 1.1.8 (17)	직진형 다공동 클라이스트론.	(a) 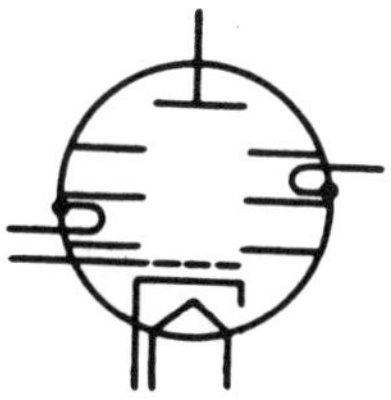 (b) 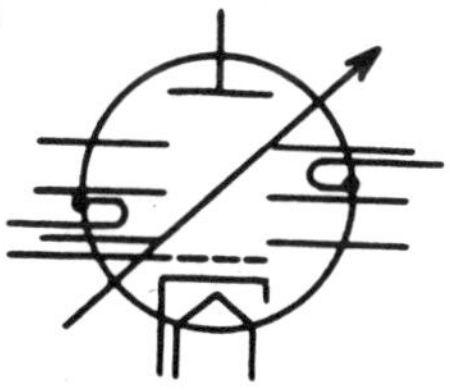	1. (a)는 공동 공진기 내장을 표시한다. 2. (b)는 공동 공진기 바깥 붙이로 가변 공동을 표시한다.
Ⅲ 1.1.8 (18)	반사형 클라이스트론	(a) 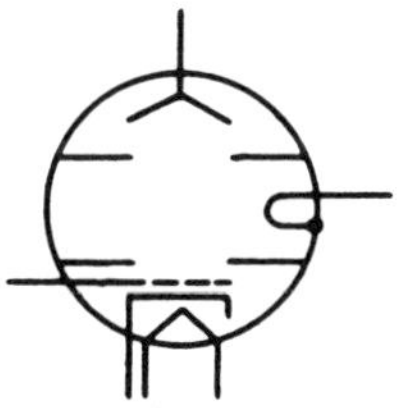 (b) 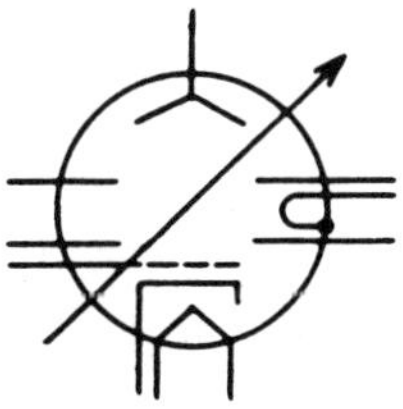	1. (a)는 공동 공진기 내장을 표시한다. 2. (b)는 공동 공진기 바깥 붙이로 가변 공동을 표시한다.

번 호	명 칭	심 벌	적 요
Ⅲ 1.1.8 (19)	직진형 다간격 클라이스트론		자계 내장으로 가변 공동을 표시한다.
Ⅲ 1.1.8 (20)	전환 방전관	(a) 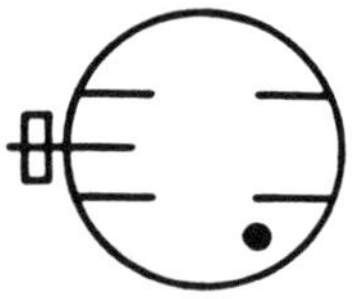 (b) 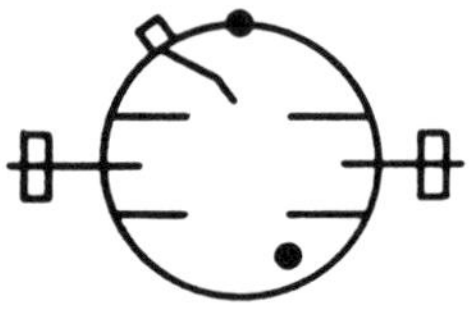	1. (a)는 ATR관, 공동 내장을 표시한다. 2. (b)는 TR관, 공동 내장을 표시한다.
Ⅲ 1.1.8 (21)	가이거·뮐러 계수관	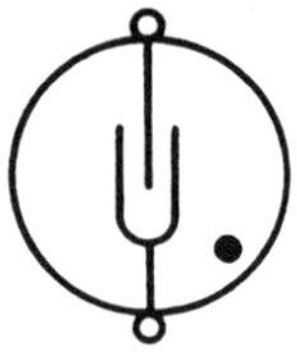	
Ⅲ 1.1.8 (22)	2극 X선관	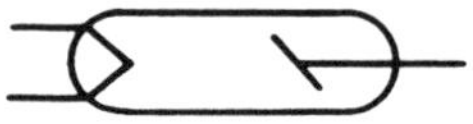	회전 양극인 경우는 다음 그림에 따른다. 보기 : 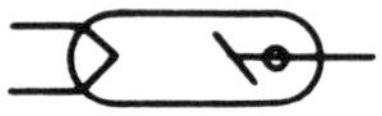
Ⅲ 1.1.8 (23)	3극 X선관	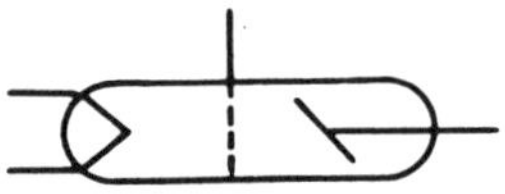	
Ⅲ 1.1.8 (24)	가스레이저관	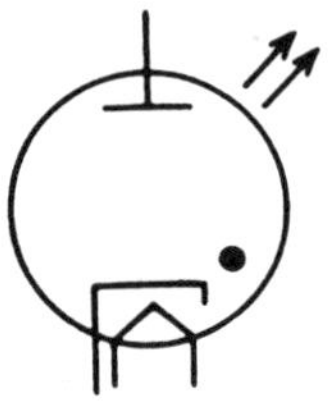	방열형 2극관의 보기를 표시한다.

번 호	명 칭	심 벌	적 요
Ⅲ 1.1.8 (25)	형광 지시관		
Ⅲ 1.1.8 (26)	복 합 관		3극관부를 분리해서 표시했을 때를 나타낸다.

1.1.9 응용 보기(2) 베이스 밑면 접속도

번 호	명 칭	심 벌	적 요
Ⅲ 1.1.9 (1)	3 극 관		
Ⅲ 1.1.9 (2)	5 극 관		
Ⅲ 1.1.9 (3)	3극 7극관	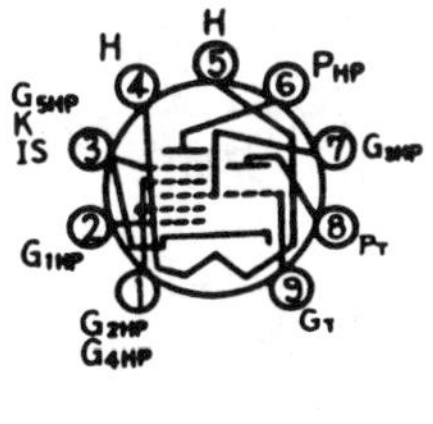	
Ⅲ 1.1.9 (4)	2극 쌍 2극 3극관	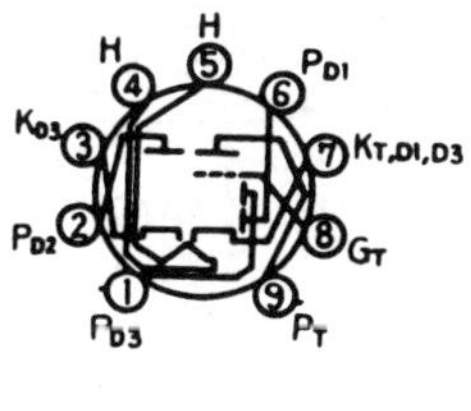	

번 호	명 칭	심 벌	적 요
Ⅲ 1.1.9(5)	브라운관	(a) 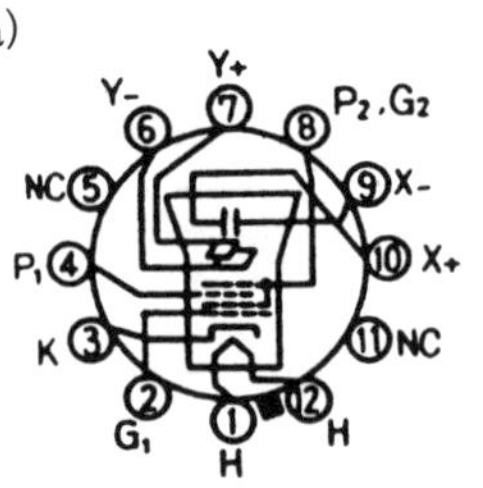 	1. (a)는 관측용(정전편향, 정전 집속)의 보기를 표시한다.
		(b) 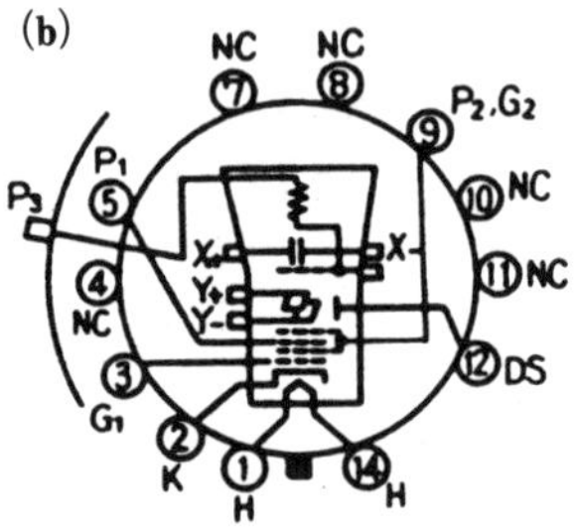 	2. (b)는 관측용(헬리컬 후단 가속)의 보기를 표시한다.
		(c) 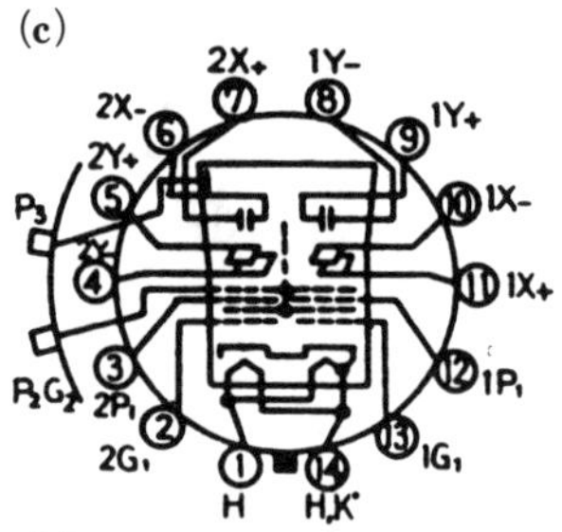 	3. (c)는 관측용(후단 가속, 2요소)의 보기를 표시한다.
		(d) 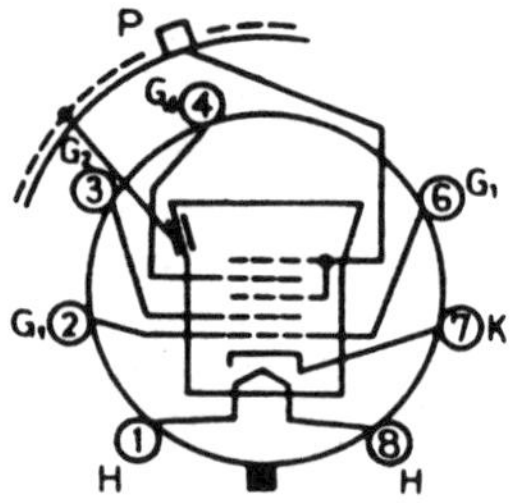 	4. (d)는 흑백 텔레비전용의 보기를 표시한다.
		(e) 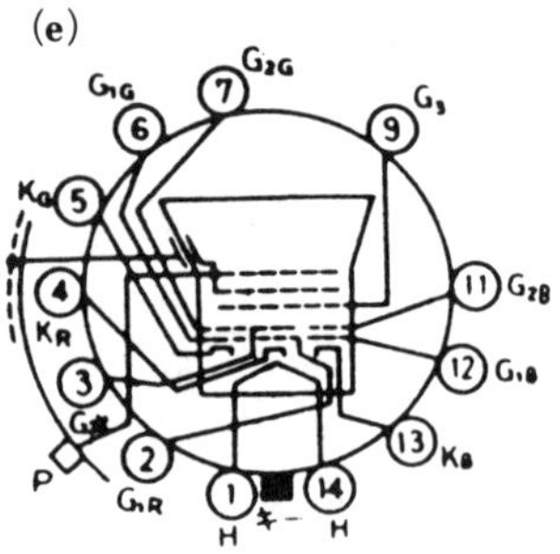 	5. (e)는 컬러 텔레비전용(전자편향, 정전 집속, 전자집중, 섀도 마스크형 3전자총)의 보기를 표시한다.

번 호	명 칭	심 벌	적 요
Ⅲ 1.1.9 (6)	송 신 관	(a) / (b)	(a)는 쌍 빔관의 보기를 표시한다. (b)는 고리봉함 단자의 보기를 표시한다.
Ⅲ 1.1.9 (7)	정 류 관		히터 탭 붙이의 보기를 표시한다.
Ⅲ 1.1.9 (8)	이미지 오르티콘		
Ⅲ 1.1.9 (9)	비 디 콘	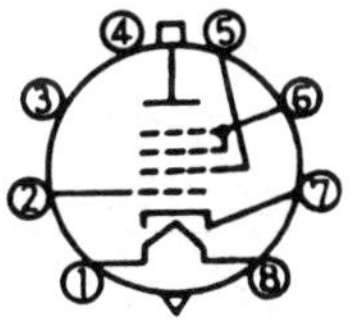	
Ⅲ 1.1.9 (10)	암 시 관	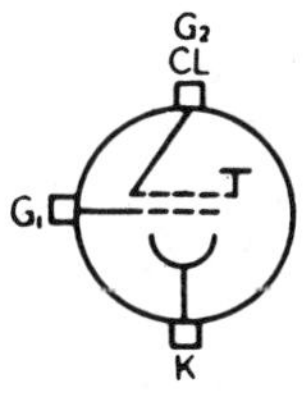	

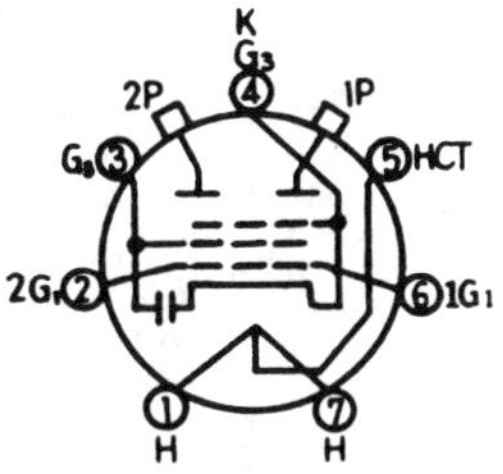

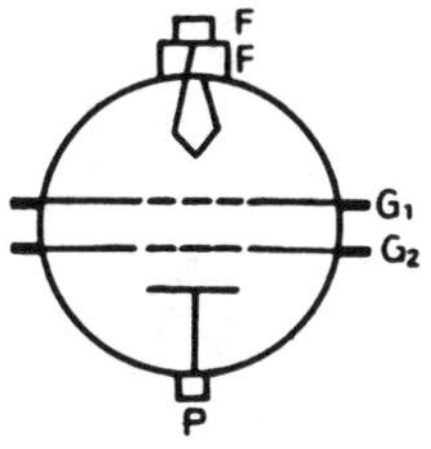

번 호	명 칭	심 벌	적 요
Ⅲ 1.1.9 (11)	표시 방전관	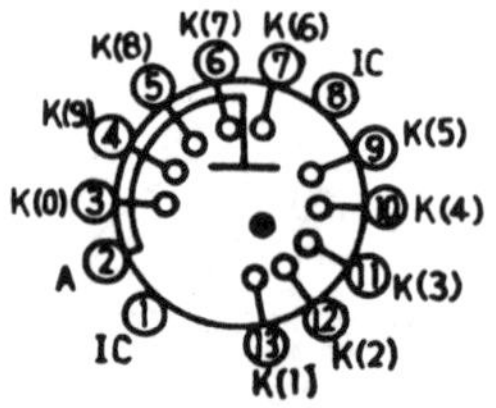	1. 0~9머리부 표시광시각형을 표시한다. 2. 표시 숫자 또는 글자 아래쪽의 위치를 표시할 때는 다음 그림과 같이 화살표를 붙인다. 
Ⅲ 1.1.9 (12)	계수 방전관	(a) 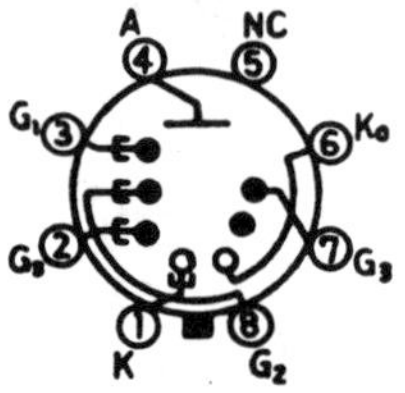 (b) 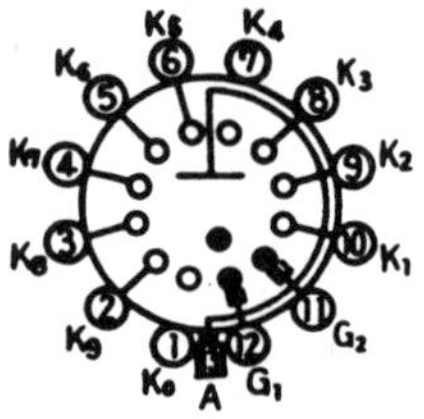	1. (a)는 단출력형으로 DK11인 경우를 표시한다. 2. (b)는 다출력형으로 DK12인 경우를 표시한다. 3. 제로 위치 방향을 표시할 때는 아래 그림과 같이 화살표를 붙인다. (다출력형의 보기를 나타낸다) 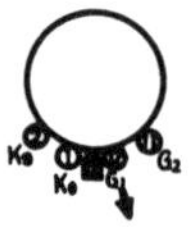
Ⅲ 1.1.9 (13)	진행파관	(a)  (b) 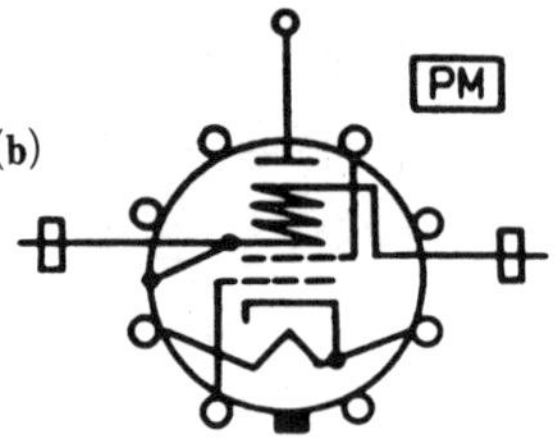	1. (a)는 집속 자계 바깥 붙이를 표시한다. 2. (b)는 집속 자계 내장을 표시한다.
Ⅲ 1.1.9 (14)	후진파관	(a) 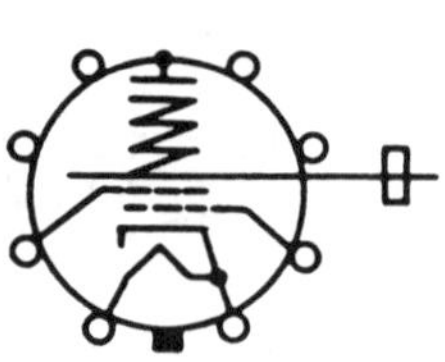 (b) 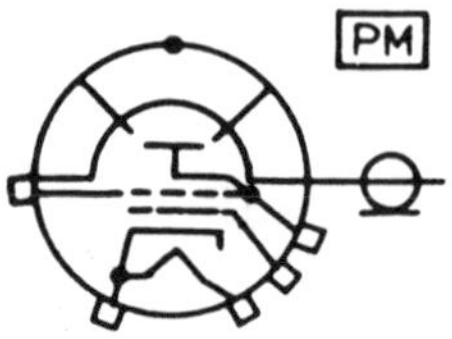	1. (a)는 O형, 집속자계 바깥 붙이를 표시한다. 2. (b)는 M형, 자계 내장을 표시한다.

1.2 반도체 소자
1.2.1 일반 사항

번 호	명 칭	심 벌	적 요
Ⅲ 1.2.1 (1)	정류 기능	(1) (2) 	
Ⅲ 1.2.1 (2)	정류 이외의 기능		

1.2.2 반도체 영역에의 저항성 접속

번 호	명 칭	심 벌	적 요
Ⅲ 1.2.2 (1)	반도체 영역에의 1 개의 저항성 접속		수평선은 반도체 영역, 수직선은 저항성 접속을 표시한다.
Ⅲ 1.2.2 (2)	반도체 영역에의 2 개의 저항성 접속	(a) (b) (c) 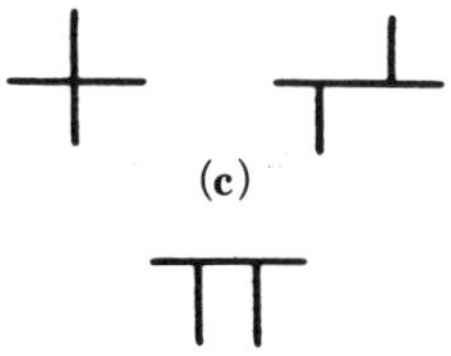	

1.2.3 전도 채널

번 호	명 칭	심 벌	적 요
Ⅲ 1.2.3 (1)	디플레이션형 디바이스의 전도 채널		
Ⅲ 1.2.3 (2)	인핸스먼트형 디바이스의 전도 채널		

1.2.4 정류 접합

번 호	명 칭	심 벌	적 요
Ⅲ 1.2.4	정류 접합	(1) (2)	

1.2.5 전계에 의해 반도체층에 영향을 미치는 접합

번 호	명 칭	심 벌	적 요
Ⅲ 1.2.5 (1)	N 층에 영향을 미치는 P 영역	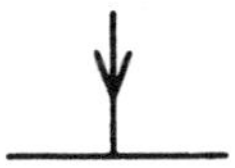	접합형 전계 효과 트랜지스터등에 적용한다.

번 호	명 칭	심 벌	적 요
Ⅲ 1.2.5 (2)	P층에 영향을 미치는 N 영역		접합형 전계 효과 트랜지스터 등에 적용한다.

1.2.6 절연 게이트형 전계 효과 트랜지스터의 채널 형식에 의한 전도 방향

번 호	명 칭	심 벌	적 요
Ⅲ 1.2.6 (1)	P형 기판 위의 N채널		디플레이션형에 대해서 표시하고 있다.
Ⅲ 1.2.6 (2)	N형 기판 위의 P채널		인핸스먼트형에 대해서 표시하고 있다.

1.2.7 절연 게이트

번 호	명 칭	심 벌	적 요
Ⅲ 1.2.7	절연 게이트		

1.2.8 반도체 영역상 다른 도전형 이미터

번 호	명 칭	심 벌	적 요
Ⅲ 1.2.8 (1)	N 영역상의 1개의 이미터		화살표가 붙은 사선은 이미터를 표시한다.
Ⅲ 1.2.8 (2)	N 영역상의 2개 이상의 이미터		
Ⅲ 1.2.8 (3)	P 영역상의 1개의 이미터		
Ⅲ 1.2.8 (4)	P 영역상의 2개 이상의 이미터		

1.2.9 반도체 영역상 다른 컬렉터

번 호	명 칭	심 벌	적 요
Ⅲ 1.2.9 (1)	1개의 컬렉터		화살표가 없는 사선은 컬렉터를 표시한다.
Ⅲ 1.2.9 (2)	2개 이상의 컬렉터		

1.2.10 다른 반도체 영역 사이의 천이(P에서 N, N에서 P)

번 호	명 칭	심 벌	적 요
Ⅲ 1.2.10	다른 반도체 영역 사이의 천이		짧은 사선은 수평선(반도체 영역) 위에 있어서 P에서 N 또는 N에서 P로의 천이(遷移)를 표시한다.

1.2.11 2 영역 사이의 진성 영역

번 호	명 칭	심 벌	적 요
Ⅲ 1.2.11 (1)	다른 도전형 영역 사이의 진성 영역		도전에 방향성을 가지는 경우로 PIN 또는 NIP를 표시한다.
Ⅲ 1.2.11 (2)	같은 도전형 영역 사이의 진성 영역		도전에 방향성을 갖지 않을 경우로 PIN 또는 NIP를 표시한다.
Ⅲ 1.2.11 (3)	컬렉터와 컬렉터가 다른 도전형 영역 사이의 진성 영역		도전에 방향성을 가지는 경우로 PIN 또는 NIP를 표시한다.
Ⅲ 1.2.11 (4)	컬렉터와 컬렉터가 같은 도전형 영역 사이의 진성 영역		도전에 방향성을 갖지 않을 경우로 PIN 또는 NIP를 표시한다.

1.2.12 보조 기호

번 호	명 칭	심 벌	적 요
Ⅲ 1.2.12 (1)	감 자(感磁)		
Ⅲ 1.2.12 (2)	감 광		
Ⅲ 1.2.12 (3)	발 광		
Ⅲ 1.2.12 (4)	감 열(感熱)	$T°$	

번 호	명 칭	심 벌	적 요
Ⅲ 1.2.12 (5)	용량 효과		
Ⅲ 1.2.12 (6)	터널 효과		
Ⅲ 1.2.12 (7)	단방향 항복 효과		
Ⅲ 1.2.12 (8)	쌍방향 항복 효과		
Ⅲ 1.2.12 (9)	백 워드 효과		별명 단방향 터널 효과라고도 한다.

1.2.13 응용 보기

번 호	명 칭	심 벌	적 요
Ⅲ 1.2.13 (1)	다이오드	(1)　(2)	혼란해질 우려가 없을 때에는 원을 생략해도 된다(이하 같음).
Ⅲ 1.2.13 (2)	열 응동의 온도 의존성 다이오드		
Ⅲ 1.2.13 (3)	가변 용량 다이오드 (버랙터)		
Ⅲ 1.2.13 (4)	터널 다이오드		
Ⅲ 1.2.13 (5)	1방향성 항복 다이오드(정전압 다이오드)		
Ⅲ 1.2.13 (6)	쌍방향성 항복 다이오드(쌍방향성 정전압 다이오드)		

번 호	명 칭	심 벌	적 요
▦ 1.2.13 (7)	역방향 다이오드		
▦ 1.2.13 (8)	3극 사이리스터 (일반)		
▦ 1.2.13 (9)	대칭형 도전 특성 광도전 셀		
▦ 1.2.13 (10)	비대칭형 도전 특성 광도전 셀		
▦ 1.2.13 (11)	핫 다이오드		
▦ 1.2.13 (12)	발광 다이오드		
▦ 1.2.13 (13)	광전지		태양 전지 등에 적용한다.
▦ 1.2.13 (14)	홀 소자		4개의 저항성 접속을 가진 홀 소자를 표시한다.
▦ 1.2.13 (15)	PNP 핫 트랜지스터		
▦ 1.2.13 (16)	핫 커플러		

번 호	명 칭	심 벌	적 요
Ⅲ 1.2.13 (17)	4극 NPN 트랜지스터 (더블 베이스 트랜지스터)	(a) (b) 	
Ⅲ 1.2.13 (18)	진성 영역에 저항성 접속을 가진 PNIP 트랜지스터		
Ⅲ 1.2.13 (19)	진성 영역에 저항성 접속을 가진 PNIP 트랜지스터		
Ⅲ 1.2.13 (20)	쌍방향성 다이오드(대칭 배리스터)	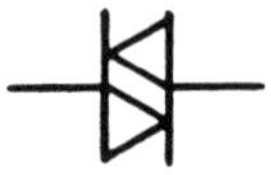	
Ⅲ 1.2.13 (21)	2극 역전도 사이리스터		
Ⅲ 1.2.13 (22)	2극 쌍방향 사이리스터	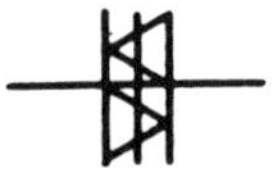	SSS라고도 한다.
Ⅲ 1.2.13 (23)	3극 턴 오프 사이리스터(N 게이트)	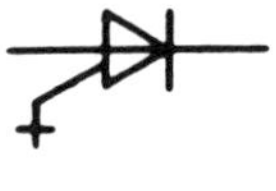	애노드 쪽을 제어한다.
Ⅲ 1.2.13 (24)	3극 턴 오프사이리스터(P 게이트)		캐소드 쪽을 제어한다.
Ⅲ 1.2.13 (25)	4극 역저지 사이리스터	(a) (b) 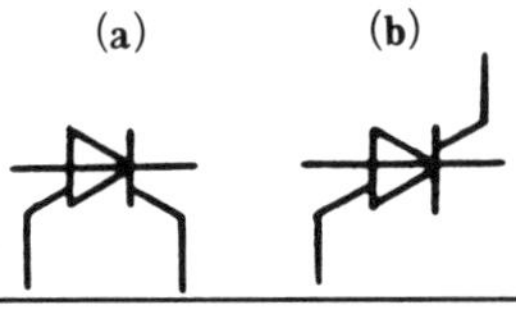	

번 호	명 칭	심 벌	적 요
Ⅲ 1.2.13 (26)	3극 쌍방향 사이리스터		TRIAC라고도 한다.
Ⅲ 1.2.13 (27)	3극 전도 사이리스터 (N 게이트)		애노드 쪽을 제어한다.
Ⅲ 1.2.13 (28)	3극 전도 사이리스터 (P 게이트)		캐소드 쪽을 제어한다.
Ⅲ 1.2.13 (29)	PNPN 다이오드	(a) (b)	1. 2극 역저지 사이리스터 또는 쇼클레이 다이오드라고도 한다. 2. 필요할 때에는 를 사용해도 된다.
Ⅲ 1.2.13 (30)	PNP 트랜지스터		
Ⅲ 1.2.13 (31)	NPN 트랜지스터		●표는 컬렉터가 외위기(外圍器)에 접속되어 있음을 표시한다.
Ⅲ 1.2.13 (32)	NPN 애벌란시 트랜지스터		
Ⅲ 1.2.13 (33)	단접합 트랜지스터(P형 베이스)		
Ⅲ 1.2.13 (34)	단접합 트랜지스터(N형 베이스)		
Ⅲ 1.2.13 (35)	접합형 전계 효과 트랜지스터(N형 채널)		단자명은 다음 그림과 같다. 게이트 소스 드레인
Ⅲ 1.2.13 (36)	접합형 전계 효과 트랜지스터(P형 채널)		
Ⅲ 1.2.13 (37)	3극 PNPN 스위치 (N 게이트)	(a) (b)	1. 3극 역저지 사이리스터(N게이트)라고도 한다. 2. 애노드 쪽을 제어한다.

번 호	명 칭	심 벌	적 요
Ⅲ 1.2.13 (38)	3극 NPNP 스위치 (P게이트)		1. 3극 역저지 사이리스터(P게이트)라고도 한다. 2. 캐소드 쪽을 제어한다.
Ⅲ 1.2.13 (39)	절연게이트, 인핸스먼트형 전계 효과 트랜지스터(단게이트, P형 채널)		1. 기판 접속이 없을 경우를 표시한다. 2. 단자명은 다음과 같다. 게이트 소스 기판 드레인
Ⅲ 1.2.13 (40)	절연게이트, 인핸스먼트형 전계 효과 트랜지스터(단게이트, N형 채널)		기판 접속이 없을 경우를 표시한다.
Ⅲ 1.2.13 (41)	절연게이트, 인핸스먼트형 전계 효과 트랜지스터(단게이트, P형 채널)		기판 접속 인출일 경우를 표시한다.
Ⅲ 1.2.13 (42)	절연게이트, 인핸스먼트형 전계 효과 트랜지스터(단게이트, N형 채널)		기판 내부에서 소스에 접속되어 있을 경우를 표시한다.
Ⅲ 1.2.13 (43)	절연게이트, 디스플레 절연게이트, 디플레이 선형 전계 효과 트랜지스터(단게이트, N형 채널)		기판 접속이 없을 경우를 표시한다.
Ⅲ 1.2.13 (44)	절연게이트, 디플레이 선형 전계 효과 트랜지스터(단게이트, P형 채널)		기판 접속이 없을 경우를 표시한다.

번 호	명 칭	심 벌	적 요
Ⅲ 1.2.13 (45)	절연게이트, 디플레이 선형 전계 효과 트랜지스터(쌍게이트, N형 채널)		기판 접속 인출일 경우를 표시한다.
Ⅲ 1.2.13 (46)	서미스터 (직열형)	(a)　　　(b)	
Ⅲ 1.2.13 (47)	서미스터 (방열형)	(a)　　　(b)	

1.3 계전기류 권선을 표시하는 선은 가늘어도 된다.

번 호	명 칭	심 벌	적 요
Ⅲ 1.3.1	단권선		
Ⅲ 1.3.2	단권선(동관 또는 나 동선 감기)		
Ⅲ 1.3.3	단권선(각부 동환)		
Ⅲ 1.3.4	단권선(두부 동환)		
Ⅲ 1.3.5	단권선(두부 쇠와셔)		
Ⅲ 1.3.6	단권선(유극형)		
Ⅲ 1.3.7	단권선(교류 감동형)		

번 호	명 칭	심 벌	적 요
Ⅲ 1.3.8	열 계전기 권선	(a) (b)	1. (a)는 비봉입형을, (b)는 봉입형을 표시한다. 2. 특히 단자를 표시할 필요가 있을 경우에는 다음 그림과 같이 해도 된다.
Ⅲ 1.3.9	무유도 단독 권선		특히 단자를 표시할 필요가 있을 때에는 아래 그림과 같이 해도 된다.
Ⅲ 1.3.10	무유도 병렬 권선		
Ⅲ 1.3.11	복권선		1. 3권선 이상일 때는 복권선에 준한다. 2. 각 권선은 분리해서 그려도 된다.
Ⅲ 1.3.12	첫 감기의 표시		
Ⅲ 1.3.13	저항치의 표시	500	특히 표시를 필요로 할 때의 보기를 표시한다.
Ⅲ 1.3.14	단자 번호의 표시	1 2	
Ⅲ 1.3.15	기호의 표시	A	

번 호	명 칭	심 벌	적 요
III 1.3.16	전자석 권선		
III 1.3.17	자석식 표시기		
III 1.3.18	격자형 표시기		
III 1.3.19	도수계	(a)　　　(b) 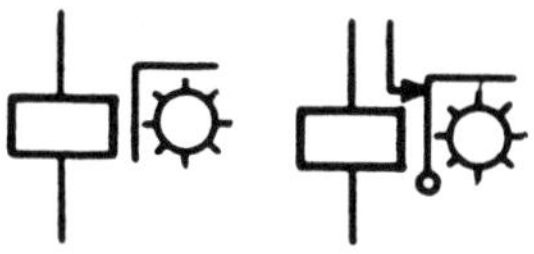	(b)는 접점 붙이일 경우를 표시한다.
III 1.3.20	메이크 접점		1.  의 ●은 생략해도 된다. 2. 접점의 ← 는 ── 이어도 된다. 3. 소속 계전기의 명칭을 표시할 경우는 알파벳의 소문자(보기 a)를 접점의 상부에 기입한다. 4. 열 계전기 접점을 표시하고 싶을 때는 접점의 상부(T)에 부기해도 된다. 5. 약도법에 따를 때는 아래 그림의 보기에 따른다. 보기 : 1 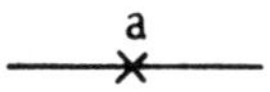　　　　a 메이크 접점 보기 : 2 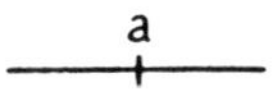　　　　a 브레이크 접점
III 1.3.21	브레이크 접점		
III 1.3.22	전환 접점		
III 1.3.23	메이크 비포 브레이크 접점		
III 1.3.24	2중 메이크 접점		
III 1.3.25	2중 브레이크 접점		

번 호	명 칭	심 벌	적 요
Ⅲ 1.3.26	접점의 동작 순서 표시	(a) (b) 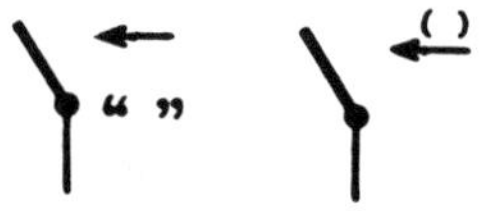 	1. “ ” 및 ( ) 내에는 다음 기호를 기입한다. “x”는 최초에 동작하는 접점을 표시한다. “y”는 최후에 동작하는 접점을 표시한다. (P)는 프리리미너리 메이크 접점을 표시한다. (E)는 얼리 메이크 접점을 표시한다. 2. (a)는 스텝 바이 스텝계를, (b)는 와이어 스프링계의 메이크 접점의 보기를 표시한다.
Ⅲ 1.3.27	접점 재질의 표시	(a) (b) 	1. (a)는 백금 접점인 경우를 표시한다. 2. (b)는 PGS 접점인 경우를 표시한다. 기호는 ✚로 해도 된다. 3. 기타 재질의 접점 표시는 (a), (b)에 준한다.
Ⅲ 1.3.28	평상 동작 중의 접점 표시		파선의 위치는 여자 상태를 표시

1.4 전건 접점 및 잭류

Ⅲ 1.4.1	메이크 접점		1. 심벌은 눌러 끊기의 보기지만, 다시 튀어오를 경우에는 아래 그림에 준한다.  2. 접점의← 는 ― 이어도 된다. 3. 가동스프링을 표시하는 선은 가늘어도 된다. 4. 접점 단자 번호의 기입 또는 조를 표시하는 기호를 표시할 때는 다음의 보기에 준한다.  5. 누름 버튼 전건을 표시할 때는 아래 그림과 같이 해도 된다. 
Ⅲ 1.4.2	브레이크 접점		
Ⅲ 1.4.3	전환 접점		
Ⅲ 1.4.4	메이크 비포 브레이크 접점		
Ⅲ 1.4.5	2중 메이크 접점		
Ⅲ 1.4.6	2중 브레이크 접점		

번 호	명 칭	심 벌	적 요
Ⅲ 1.4.7	2 선 플러그		
Ⅲ 1.4.8	3 선 플러그		
Ⅲ 1.4.9	4 선 플러그		
Ⅲ 1.4.10	2 선 잭	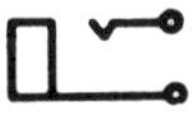	1. 수동대 등의 도면에 있어서 슬리브의 기법이 곤란할 때는 아래 그림과 같이 표시해도 된다. 
Ⅲ 1.4.11	3 선 잭	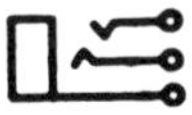	2. 접점의 ← 는 ─ 이어도 된다.
Ⅲ 1.4.12	4 선 잭		3. 접점을 분리해서 그려도 된다.
Ⅲ 1.4.13	절단 잭의 표시		
Ⅲ 1.4.14	접점 붙이 잭의 표시		
Ⅲ 1.4.15	잭 (일반)		
Ⅲ 1.4.16	U 잭		아래 그림과 같이 표시해도 된다. 

번 호	명 칭	심 벌	적 요
Ⅲ 1.4.17	U 링크		1. 측정용 잭이 붙었을 때에는 다음 그림과 같이 표시해도 된다. 2. U잭을 접속했을 때는 다음 그림과 같이 표시해도 된다.
Ⅲ 1.4.18	멀티 플러그 잭		
Ⅲ 1.4.19	동축 커넥터		
Ⅲ 1.4.20	동축 케이블의 플러그	단선도　　　복선도	동축 코드의 플러그도 포함한다.
Ⅲ 1.4.21	동축 케이블의 잭	단선도　　　복선도	동축 코드의 잭도 포함한다.

1.5 음향기기 및 진동자

번 호	명 칭	심 벌	적 요
Ⅲ 1.5.1	벨	(a)　　　(b)	(a)를 단선도에서는 로 해도 된다.
Ⅲ 1.5.2	버 저	(a)　　　(b)	(a)를 단선도에서는 로 해도 된다.

번 호	명 칭	심 벌	적 요
Ⅲ 1.5.3	바이브레이터	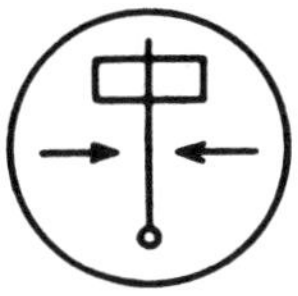	접점 구성에 의해 결선을 표시할 필요가 있을 때는 다음과 같이 표시해도 된다. **보기 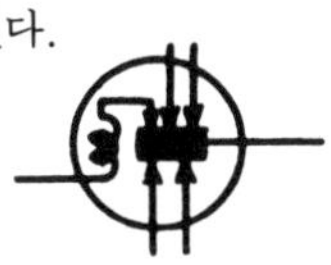 :**
Ⅲ 1.5.4	스피커 (일반)	(a)  (b) 	(a)를 단선도에서는  로 해도 된다.
Ⅲ 1.5.5	가동 코일형 스피커		
Ⅲ 1.5.6	마이크로폰 (일반)		단선도에서는  로 해도 된다.
Ⅲ 1.5.7	픽 업 (일반)	 PU	
Ⅲ 1.5.8	커 터 (일반)	 CU	
Ⅲ 1.5.9	전자형 픽업 및 커터		특히 픽업과 커터를 구별할 필요가 있을 때에는 다음과 같이 화살표로 구별한다. 픽 업 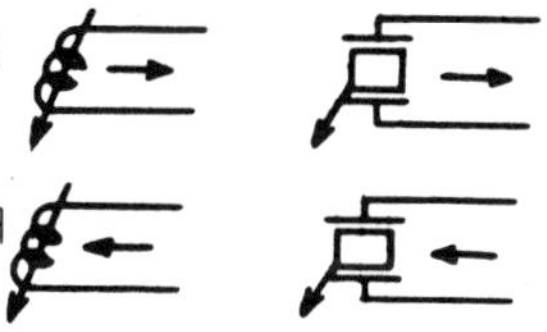
Ⅲ 1.5.10	크리스털 픽업 및 커터		커 터
Ⅲ 1.5.11	자기 헤드	단선도  복선도 	특히 녹음, 재생, 소거를 구별할 필요가 있을 때에는 다음과 같이 화살표로 구별한다. 녹 음 재 생 소 거 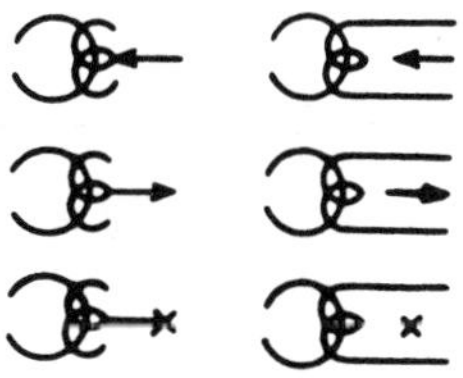

번 호	명 칭	심 벌	적 요
Ⅲ 1.5.12	음 차		
Ⅲ 1.5.13	수정 진동자		
Ⅲ 1.5.14	파라메트론		1. 인출선의 좌측은 입력측을 표시하고, 우측은 출력측을 나타낸다. 2. 여진상(勵振相)을 필요로 할 때에는 다음의 보기처럼 Ⅰ, Ⅱ, Ⅲ의 상별을 부기한다.

1.6 기 타

번 호	명 칭	심 벌	적 요
Ⅲ 1.6.1	케이블		1. 실드 케이블인 경우는 아래 그림과 같이 표시한다. 2. 실드선일 때는 아래 그림과 같이 표시한다.
Ⅲ 1.6.2	동축 케이블	단선도　　복선도	실드가 있을 때는 아래 그림과 같이 표시한다.
Ⅲ 1.6.3	단속기		1. 필요하면 단속수 및 단속 시간을 부기한다. 2. 필요하면 ◗ 을 사용해도 된다.
Ⅲ 1.6.4	기계 접점		가동 스프링을 표시하는 선은 가늘어도 된다.

2. 블록 · 다이어그램

번 호	명 칭	심 벌	적 요
Ⅲ 2.1	발진기	(a)  (b) 	
Ⅲ 2.2	음차 발진기	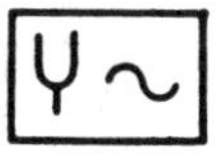	
Ⅲ 2.3	수정 발진기		
Ⅲ 2.4	고조파 발생기	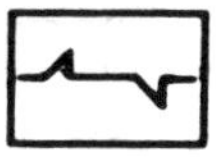	
Ⅲ 2.5	증폭기	(a)  (b)  (c) 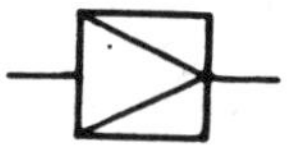	1. 특히 단수를 표시할 때는 다음과 같이 기입한다. 보기는 3단 증폭일 경우를 표시한다. 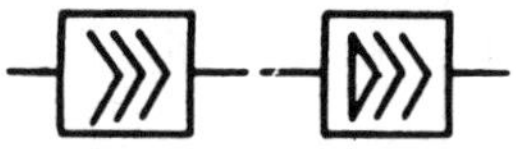 2. 자동 이득 제어 등의 기능을 가질 때는 AGC 등으로 부기한다. 3. 쌍방향일 때는 아래 그림과 같이 한다. 
Ⅲ 2.6	검파기	(1)  (2) 	
Ⅲ 2.7	변조기 · 복조기		특히 필요할 때에는 변조 또는복조의 기호를 부기한다.
Ⅲ 2.8	레벨 미터		
Ⅲ 2.9	기록기 및 녹음기	 RCD	

번 호	명 칭	심 벌	적 요
Ⅲ 2.10	테이프 녹화기	VTR	
Ⅲ 2.11	고역 필터	(1) (2)	
Ⅲ 2.12	저역 필터	(1) (2)	
Ⅲ 2.13	대역 필터	(1) (2)	
Ⅲ 2.14	대역 소거 필터	(1) (2)	
Ⅲ 2.15	종단 저항기		
Ⅲ 2.16	감쇠기	ATT	
Ⅲ 2.17	반고정 감쇠기	AV	
Ⅲ 2.18	저항 감쇠기	(a) (b)	가변을 표시할 때는 아래 그림과 같이 한다.

번 호	명 칭	심 벌	적 요
III 2.19	중계 코일	(1) (2)	
III 2.20	하이브리드(일반)	H	
III 2.21	발생기(비회전형)	G	특히 펄스, 정현파, 톱파 등을 구별할 때는 아래 그림에 준한다. 펄스 발생기　　500Hz 정현파 발생기 톱파 발생기
III 2.22	변환기(일반)		A에서 B로의 변환을 표시할 때는 아래 그림과 같이 기입한다.
III 2.23	전원 장치(정류장치인 경우)		⟶ 는 신호의 진행 방향을 표시한다.
III 2.24	체배기	$\dfrac{f}{nf}$	
III 2.25	체강기	$\dfrac{f}{\frac{1}{n}f}$	
III 2.26	주파수 판별기	f	
III 2.27	프리엠퍼시스		
III 2.28	디엠퍼시스		

번　호	명　　　칭	심　　　별	적　　　　　요
Ⅲ 2.29	진폭제한기	LIM	
Ⅲ 2.30	압축기	COMP	
Ⅲ 2.31	신장기	EXP	
Ⅲ 2.32	등화기 (일반)	(1)　　(2)	가변을 표시할 때는 아래 그림과 같이 한다.
Ⅲ 2.33	위상 등화기		
Ⅲ 2.34	계전기 회로		
Ⅲ 2.35	신호기		
Ⅲ 2.36	전환기		
Ⅲ 2.37	단락기		
Ⅲ 2.38	프로킹 코일 (라인 트랩)	BC	혼동될 우려가 없을 때는 BC를 생략해도 된다.

번 호	명 칭	심 벌	적 요
Ⅲ 2.39	결합 커패시터	CC	혼동될 우려가 없을 때는 CC를 생략해도 된다.
Ⅲ 2.40	결합 필터	CF	필요에 따라 CF 대신에 다음 기호를 기입해도 된다. EF 대지 귀로 필터 MF 금속 귀로 필터 DF 2선 결합 대지 귀로 필터

3. 통 신 망

번 호	명 칭	심 벌	적 요
Ⅲ 3.1	단 국		
Ⅲ 3.2	중계소		
Ⅲ 3.3	무선국	(1) (2)	특히 단국, 중계국의 구별을 필요로 할때에는 아래 그림의 보기에 따른다. 중계국 단국
Ⅲ 3.4	회선(일반)		특히 중신 회선을 표시할 필요가 있을 때는 아래 그림과 같이 한다. 중신 회선 ————————
Ⅲ 3.5	고정 무선 회선		
Ⅲ 3.6	이동 무선 회선		고정국 또는 육상국 이동국

번 호	명 칭	심 벌	적 요
Ⅲ 3.7	기간 회선	————————	
Ⅲ 3.8	경사 회선(중계 회선)	————————	
Ⅲ 3.9	경사 회선(직통 회선)	– – – – – – – –	
Ⅲ 3.10	총괄국	(a) □ (b) ◎	총괄국 및 중심국의 (a)의 심벌을 동일 도면에 사용할 때는 총괄국을 중심국 보다 크게 표시한다.
Ⅲ 3.11	중심국	(a) □ (b) ◎	
Ⅲ 3.12	집중국	○	
Ⅲ 3.13	단국 및 분국	●	
Ⅲ 3.14	가입자	(a) (b)	

번 호	명 칭	심 벌	적 요
Ⅲ 3.15	회선(용도 또는 방식)	○──○	1. 회선 용도 또는 회선 방식의 구별 및 양의 수를 필요로 할 때는 ○ 내에 약호 및 양의 수를 기입한다. 보기: (V)──(V) 음성 회선 (P₄)──(P₄) 전력 반송 (4회선) (TM₁₂)──(TM₁₂) 텔레미터 (12회선) **약호 보기:** 음 성　　　　　V 음성 방송　　　VBC 반송 방송　　　CBC 나선 반송 방송　OBC 동축 비디오　　CV VSB 방식　　　VSB 전력 반송　　　P 전 화　　　　　TP 텔레비전　　　TV 전 신　　　　　TG 모 사　　　　　Fx 슈퍼비전　　　SV 캐리어 릴레이　CR 텔레미터　　　TM 마이크로릴레이　μR 텔레컨트롤　　TC ITV　　　　　ITV 24채널 반송 전화 방식　F24 24채널 반송 전신 방식　Fr24 2. 폴트 로케이터의 A, C, F, K형을 표시할 때는 (FL)⟶ 로 한다. 3. 금속 귀로 방식 전력선 반송 회선을 표시할 때는 (Pn)=====(Pn)으로 한다. 또한, n은 회선수를 표시한다.
Ⅲ 3.16	4선식 함 중계국 전화 회선	─⊗─	1. 사용법은 아래 그림의 보기에 따른다. (TP)──⊗──(TP) 2. 2선식 함 중계국 전화 회선인 경우는 ─⊝─ 을 사용한다.
Ⅲ 3.17	병용 회선		전화 병용 모사일 경우는 아래 그림처럼 표시한다. 기타 병용할 때는 테속에 각 방식을 표시한다.

번 호	명 칭	심 벌	적 요
Ⅲ 3.18	전보 중계 교환 가입선 (단독)		1. 회선 단말이 한국표시 자동일 때는 아래 그림과 같이 표시한다. 2. 일방 송신 단독일 때는 다음 그림과 같이 표시한다.
Ⅲ 3.19	전보 중계 교환 가입선 (집신)		일방 송신 집신일 때는 다음 그림과 같이 표시한다.
Ⅲ 3.20	전보 중계 교환 가입선 (입 단독 출 집신)		
Ⅲ 3.21	전보 중계 교환 가입선 (입 집신 출 단독)		
Ⅲ 3.22	전보 중계 교환 중계선		
Ⅲ 3.23	가입 전신 가입선		
Ⅲ 3.24	가입 전신 중계선		

4. 전 신
4.1 중계 방식

번 호	명 칭	심 벌	적 요
Ⅲ 4.1.1	테이프 중계		
Ⅲ 4.1.2	회선 교환		
Ⅲ 4.1.3	집 신		배신일 때는 오른쪽 그림과 같이 표시한다.

번 호	명 칭	심 벌	적 요
Ⅲ 4.1.4	인쇄 (일반)	◎	통신 방식에도 적용한다.
Ⅲ 4.1.5	한국 표시 자동	◉	접속선을 조작할 때는 심벌에 대해서 수평으로 선을 연장한다. 또한 송·수를 표시할 때는 아래 그림과 같은 화살표를 붙인다. ◉→(송) ◉←(수)
Ⅲ 4.1.6	유럽 표시 자동	◎	
Ⅲ 4.1.7	혼합 표시 자동	◉	
Ⅲ 4.1.8	가입 전신 택내 장치	⊗	
Ⅲ 4.1.9	모스 (일반)	○	통신 방식에도 적용한다.
Ⅲ 4.1.10	모스 단신	◑	
Ⅲ 4.1.11	모스 2중	⊕	
Ⅲ 4.1.12	전신용 전화	⧗	통신 방식에도 적용한다.
Ⅲ 4.1.13	사진 전송	◯	통신 방식에 적용할 때는 사진 모사 방식으로 한다.
Ⅲ 4.1.14	모사 전송	⊕	
Ⅲ 4.1.15	운 신	⬠	통신 방식에도 적용한다.
Ⅲ 4.1.16	석 및 석 장치	▭	보기를 들면 전화 집신 좌석은 아래 그림과 같이 표시한다. ⊱⧗
Ⅲ 4.1.17	반송 전신 단국 장치	⊠	용량 24채널, 실장 18채널을 표시할 때는 $\frac{18}{24}$ 로 표시한다. 또, 트랜지스터형'일 때는 하단의 숫자 뒤에 T를 부기한다.

4.2 회로 소자

번 호	명 칭	심 벌	적 요
Ⅲ 4.2.1	표시 전류계		
Ⅲ 4.2.2	전신 중계기		
Ⅲ 4.2.3	전신용 유극 계전기		낮은 번호부터 전류가 흘렀을 때는 M측에 붙는다.
Ⅲ 4.2.4	음향기		
Ⅲ 4.2.5	조음기		

5. 데이터 전송

번 호	명 칭	심 벌	적 요
Ⅲ 5.1	데이터 댁내 장치	DT	통신 속도를 기입할 때는 아래 그림과 같이 한다. (보기는 1200비트/초인 경우)
Ⅲ 5.2	데이터 전송 장치	DT	
Ⅲ 5.3	변복조 장치	MD	
Ⅲ 5.4	전송 제어 장치	TC	
Ⅲ 5.5	데이터 전송용 입출력 기기	I/O	
Ⅲ 5.6	병렬 통신로		필요에 따라 심선(정보선) 수를 아래 그림의 보기와 같이 기입한다.

번 호	명 칭	심 벌	적 요
Ⅲ 5.7	송신 전용	(a) (b)	
Ⅲ 5.8	수신 전용	(a) (b)	
Ⅲ 5.9	전 2중	(a) (b)	
Ⅲ 5.10	반 2중	(a) (b)	
Ⅲ 5.11	통신로 변환 장치		용량 24채널, 실장 6채널을 표시할 때는 $\frac{6}{24}$ 으로 한다.
Ⅲ 5.12	병·직렬 변환 장치		
Ⅲ 5.13	직·병렬 변환 장치		
Ⅲ 5.14	키 보드	KB	
Ⅲ 5.15	프린터	PR	
Ⅲ 5.16	키 보드 프린터	KB/PR	필요에 따라 가로로 길게 해도 된다.
Ⅲ 5.17	자동 호출 장치	ACE	
Ⅲ 5.18	천공기	PT	
Ⅲ 5.19	착오 제어 장치	EC	

6. 전화기 및 교환

6.1 전 화 기

번 호	명 칭	심 벌	적 요
Ⅲ 6.1.1	전화기	(a) (b)	
Ⅲ 6.1.2	송화기	(a) (b) (c)	(c)에 있어서 로 해도 된다.
Ⅲ 6.1.3	수화기	(a) (b)	1. 헤드폰임을 특히 명기할 때는 아래 그림과 같이 표시한다. 2. 단선도에서는 사용되지 않는 선을 생략하고 으로 해도 된다
Ⅲ 6.1.4	훅 스위치		
Ⅲ 6.1.5	다이얼 (회전식)	(a) (b)	접점을 분리할 때는 기계 접점의 기법에 따른다. 보기 :
Ⅲ 6.1.6	전 령		

6.2 교 환

번 호	명 칭	심 벌	적 요
Ⅲ 6.2.1	와이퍼 및 뱅크 접점	(a) (b)	

번 호	명 칭	심 벌	적 요
Ⅲ 6.2.2	무정위형 와이퍼 및 뱅크(비교락형)		1. 스텝 수 n을 표시할 필요가 있을 때에는 아래 그림에 따른다.
Ⅲ 6.2.3	무정위형 와이퍼 및 뱅크(교락형)		2. 의 ○은 정위치를 표시한다.
Ⅲ 6.2.4	정위형 와이퍼 및 뱅크(비교락형)		
Ⅲ 6.2.5	정위형 와이퍼 및 뱅크(교락형)		
Ⅲ 6.2.6	회전 스위치		
Ⅲ 6.2.7	상승 회전 스위치		
Ⅲ 6.2.8	셀렉터 디스트리뷰터		
Ⅲ 6.2.9	커넥터		레벨 표시를 필요로 할 때는 **Ⅲ 6.2.8** 셀렉터 디스트리뷰터의 심벌을 사용해도 된다.
Ⅲ 6.2.10	라인 파인더		
Ⅲ 6.2.11	리피터 릴레이 그룹		접속의 진행 방향을 표시할 때는 아래 그림에 따른다.

번 호	명 칭	심 벌	적 요
Ⅲ 6.2.12	링 코일	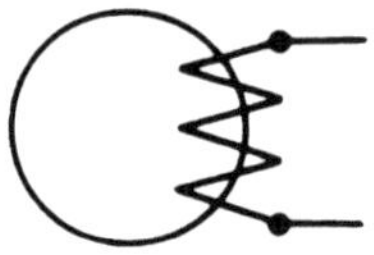	
Ⅲ 6.2.13	크로스바 스위치 크로스 포인트		수평축 및 수직축은 다음에 따른다. 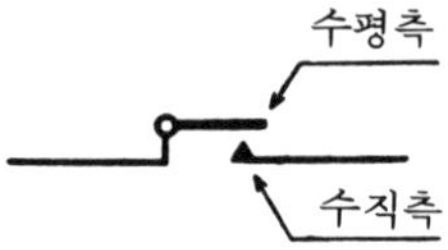 수평축 수직축
Ⅲ 6.2.14	크로스바 스위치	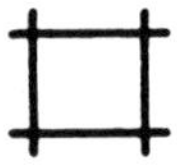	가로·세로의 치수는 출입선 수에 비례시켜도 된다.
Ⅲ 6.2.15	프레임 및 링크		
Ⅲ 6.2.16	코드식 수동대		
Ⅲ 6.2.17	코드리스식 수동대	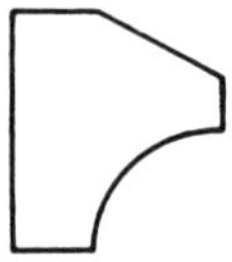 (a) (b) 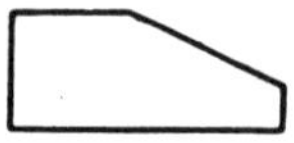	1. 시험대, 접수대를 포함한다. 2. (a)는 고정형, (b)는 탁상형을 표시한다.

7. 반 송

번 호	명 칭	심 벌	적 요
Ⅲ 7.1	퍼텐쇼미터	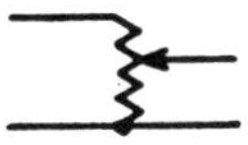	
Ⅲ 7.2	저항 감쇠기	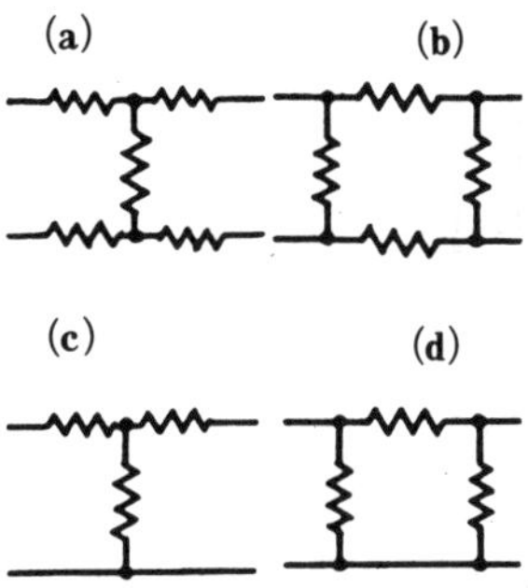 (a) (b) (c) (d)	(a), (b)는 평형형을, (c), (d)는 불평형형을 표시한다.
Ⅲ 7.3	하이브리드	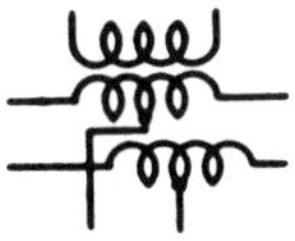	평형형의 보기를 표시한다.
Ⅲ 7.4	16Hz 신호기		
Ⅲ 7.5	1주파 신호기(주파수를 지정할 경우)		16Hz 이외는 kHz 단위로 주파수를 아래 그림과 같이 써 넣는다. 500Hz 0.5 3850Hz 3.85 반송파  C
Ⅲ 7.6	시외선 신호 중계장치		링 다운 중계용

번 호	명 칭	심 벌	적 요
Ⅲ 7.7	정배치측 파대		1. 특히 필요할 때는 주파수 f_1, f_2를 기입한다. 2. f_1 및 f_2는 음성 주파대의 상한 및 하한을 표시한다.
Ⅲ 7.8	역배치측 파대		
Ⅲ 7.9	반송 주파수		특히 필요할 경우에는 주파수 f를 기입한다.
Ⅲ 7.10	반송 주파수(억압)		특히 필요할 경우에는 주파수 f를 기입한다.
Ⅲ 7.11	파일럿 주파수		특히 필요할 경우에는 주파수 f를 기입한다.

8. 무 선
8.1 안 테 나

번 호	명 칭	심 벌	적 요
Ⅲ 8.1.1	안테나(일반)	(1)　　　　(2)	

번 호	명 칭	심 벌	적 요
Ⅲ 8.1.2	우산형 안테나		부하형 안테나를 포함한다.
Ⅲ 8.1.3	카운터 푸아즈	(a)　(b) 	
Ⅲ 8.1.4	루프 안테나	(a)　(b) 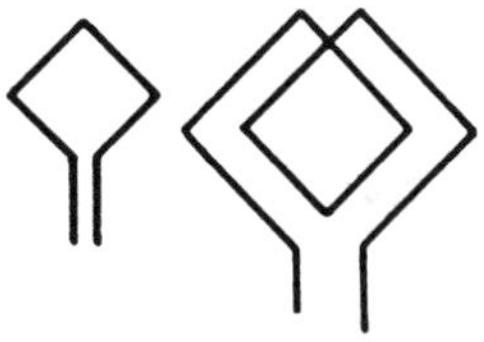	1. 밸런스 루프 안테나를 나타낼 필요가 있을 때는 아래 그림과 같이 표시한다. 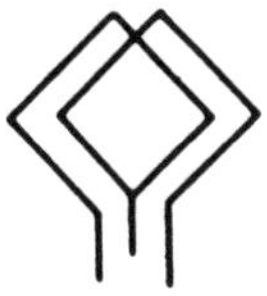 2. 직교 루프 안테나를 나타낼 필요가 있을 때는 아래 그림과 같이 표시한다. 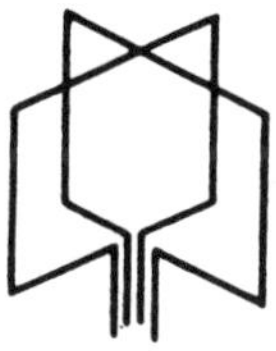
Ⅲ 8.1.5	다이폴 안테나		수직 다이폴 안테나를 나타낼 필요가 있을 때는 아래 그림과 같이 표시한다. 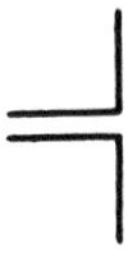
Ⅲ 8.1.6	폴디드 안테나	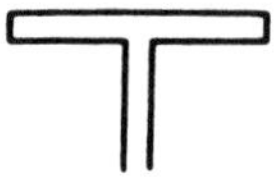	
Ⅲ 8.1.7	다이아몬드형 안테나	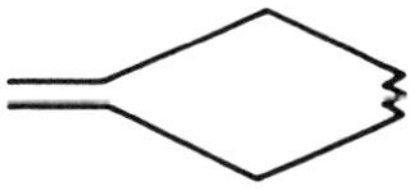	

번 호	명 칭	심 벌	적 요
Ⅲ 8.1.8	야기 안테나	(a) (b)	1. (a)는 수평형을, (b)는 수직형을 표시한다. 2. 회전형을 표시할 필요가 있을 때는 아래 그림의 보기와 같이 한다. 　보기:
Ⅲ 8.1.9	턴 스타일 안테나		단수를 표시할 필요가 있을 때는 아래그림의 보기와 같이 표시한다. 　12단의 보기:
Ⅲ 8.1.10	슬리브 안테나		1. 스커트 다이폴 안테나를 포함한다. 2. 멀티스커트 안테나를 표시할 때는 아래 그림과 같이 한다.
Ⅲ 8.1.11	코너 안테나		1. 수평편파, 수직편파의 구별을 필요로 할 때는 H, V를 부기한다. 2. 가로선은 피더 접속의 보기를 나타낸다.

번 호	명 칭	심 벌	적 요
Ⅲ 8.1.12	파라볼라 안테나		**1.** 회전형 및 복사부를 나타낼 필요가 있을 때는 아래 그림의 보기와 같이 한다.  회전형　　전자나팔　　디아폴 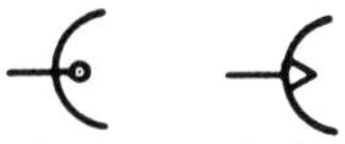 슬롯　　유전체봉 **2.** 편파면의 구별을 필요로 할 때는 다음의 문자를 붙인다. 수평편파　H 수직편파　V 우 선원편파　R 좌 선원편파　L **3.** 가로선은 피더 접속의 보기를 나타낸다.
Ⅲ 8.1.13	혼 리플렉터 안테나	**(a)**　　　　**(b)** 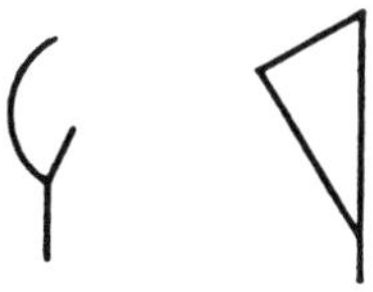	
Ⅲ 8.1.14	전자 나팔	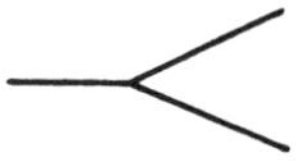	
Ⅲ 8.1.15	슬롯 안테나		파일론 안테나를 포함한다.
Ⅲ 8.1.16	반사판	**(a)**　　　**(b)** 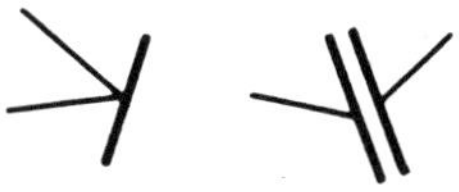	**(a)** 는 1매 반사판일 때를 표시한다. **(b)** 는 2매 반사판일 때를 표시한다. 2매 반사판일 때, 아래 그림과 같이 표시해도 된다. 

8.2 입체 회로

번 호	명 칭	심 벌		적 요
		단 선 도 용	복 선 도 용	
Ⅲ 8.2.1	도파관	(a) (b) (c) 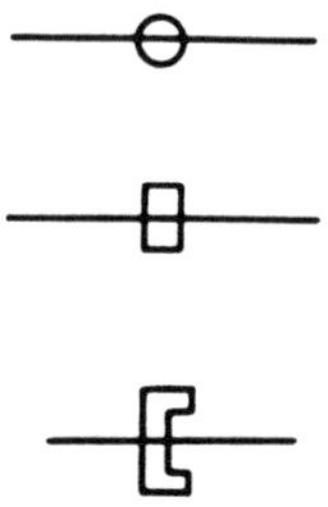	(a) (b) (c) 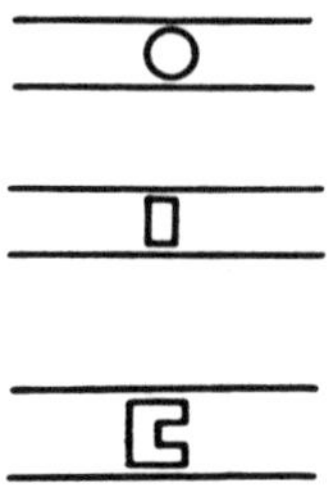	1. 필요에 따라 계의 양끝에 단면을 기입한다. 유전체 충전 도파관임을 특히 표시할 때는 단면에 해칭을 한다. 2. 네온 가스 충전일 때는 아래 그림에 준한다. 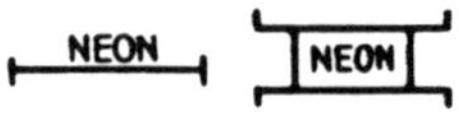
Ⅲ 8.2.2	굽음 도파관	(a) (b) 	(a) (b) 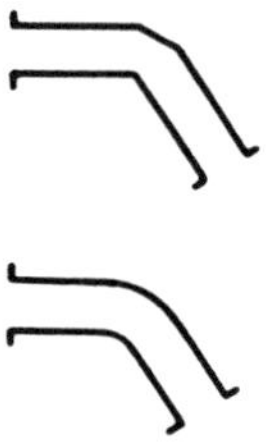	1. (a)는 각 굽음을, (b)는 원굽음을 표시한다. 2. 필요하면 모드 및 각도를 기입한다. 보기: 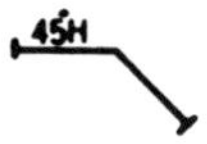
Ⅲ 8.2.3	비틀림 도파관	(a) T (b) 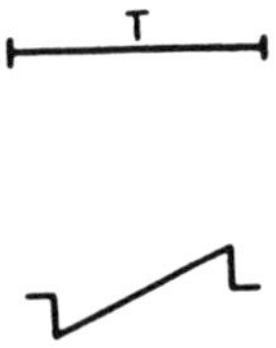	(a) T (b) 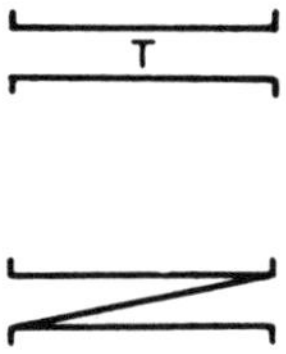	필요하면 비틀림 각도 및 비틀림 방향을 기입한다. 보기: 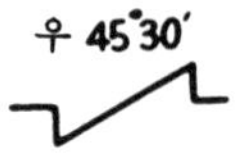 우 45˚30′
Ⅲ 8.2.4	휨 도파관	(a) F (b) 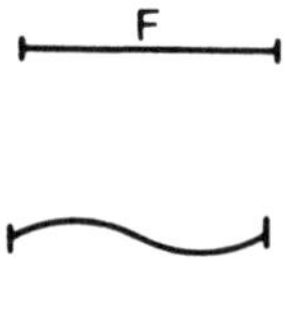	(a) F (b) 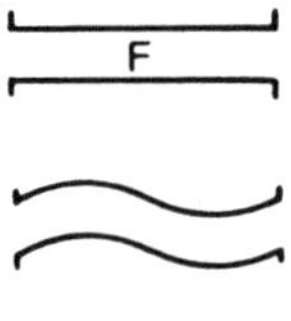	
Ⅲ 8.2.5	플랜지		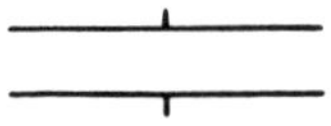	초크 플랜지일 경우에는 다음과 같이 표시한다. 단선도용  복선도용 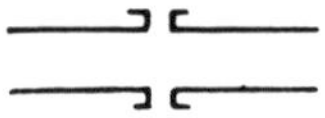

번 호	명 칭	심 벌		적 요
		단 선 도 용	복 선 도 용	
Ⅲ 8.2.6	모드 변환기			모드 및 단면 모양을 기입할 필요가 있을 때에는 아래 그림의 보기에 따른다. 
Ⅲ 8.2.7	감쇠관			가변을 표시할 때는 아래 그림과 같이 표시한다. 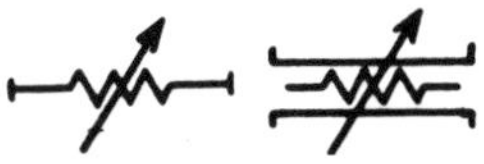
Ⅲ 8.2.8	위상 조정기	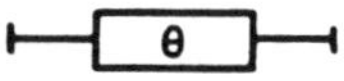	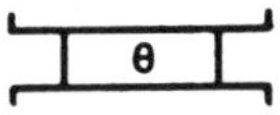	1. 가변을 표시할 때는 아래 그림과 같이 한다. 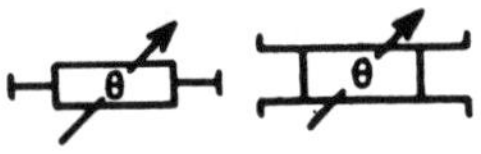 2. 방향성 위상 조정기인 경우는 θ 대신 $\overrightarrow{\theta}$ 를 기입한다.
Ⅲ 8.2.9	스터브		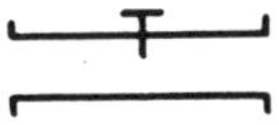	1. 스터브의 길이는 선 상하의 비율이 2 : 1 정도로 한다. 2. 가변을 표시할 때는 아래 그림과 같이 표시한다. 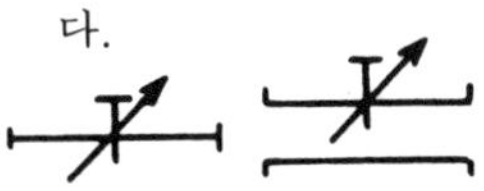
Ⅲ 8.2.10	아이리스	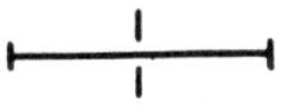		가변을 표시할 때는 아래 그림과 같이 표시한다. 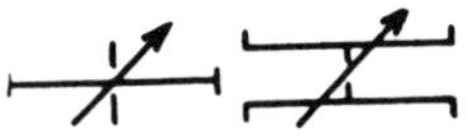
Ⅲ 8.2.11	가동 단락		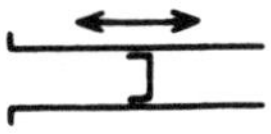	끝단락을 표시할 때는 아래 그림과 같이 표시한다.
Ⅲ 8.2.12	더미 로드		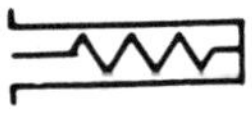	종단의] 는 생략해도 된다.

번 호	명 칭	심 벌		적 요
		단 선 도 용	복 선 도 용	
Ⅲ 8.2.13	임피던스 창			공기 충전용 창일 경우에는 로 한다.
Ⅲ 8.2.14	T 분기			모드를 기입할 필요가 있을 때는 아래 그림과 같이 표시한다. 시리즈 션트
Ⅲ 8.2.15	트랜스 주서			
Ⅲ 8.2.16	루프 결합	(a)　(b)	(a)　(b)	(a)는 불평형형을, (b)는 평형형을 표시한다.
Ⅲ 8.2.17	프로브 결합			가변을 표시할 때에는 아래 그림과 같이 표시한다.
Ⅲ 8.2.18	공동 공진기			창 결합의 공동 공진기는 아래 그림과 같이 표시한다. 단선도　복선도
Ⅲ 8.2.19	도파관 필터	(1)　(2)	(1)　(2)	심벌은 대역 필터일 경우를 표시한다. 그 이외는 블록 다이어그램의 필터에 준한다.

번 호	명 칭	심 벌		적 요
		단 선 도 용	복 선 도 용	
Ⅲ 8.2.20	분파기	(a) (b)	(a) (b)	(a)는 3단자를, (b)는 4단자인 경우를 표시한다.
Ⅲ 8.2.21	전환기	(a) (b)	(a) (b)	(a)는 원형 분파기를, (b)는 방형 분파기를 표시한다.
Ⅲ 8.2.22	아이솔레이터			
Ⅲ 8.2.23	서큘레이터	(a) (b)	(a) (b)	(a)는 2방향을, (b)는 3방향의 전환을 표시한다.
Ⅲ 8.2.24	정재파 측정기			

8.3 회로기기 및 장치

번 호	명 칭	심 벌	적 요
Ⅲ 8.3.1	고니오미터 (전자형)		
Ⅲ 8.3.2	고니오미터 (정전형)		
Ⅲ 8.3.3	믹 서	MIX	
Ⅲ 8.3.4	송신기	T	
Ⅲ 8.3.5	수신기	R	
Ⅲ 8.3.6	송수신기	TR	
Ⅲ 8.3.7	송신 장치	(a)　　　(b)	**(a)** 는 고정국 또는 육상국을, **(b)** 는 이동국을 표시한다.
Ⅲ 8.3.8	수신 장치	(a)　　　(b)	
Ⅲ 8.3.9	송수신 장치	(a)　　　(b)	

번 호	명 칭	심 벌	적 요
Ⅲ 8.3.10	초단파 중계 장치	(a)　　　(b)	(a)는 고정국 또는 육상국을, (b)는 이동국을 표시한다.
Ⅲ 8.3.11	마이크로 단국 장치	(a)　　　(b)	
Ⅲ 8.3.12	마이크로 중계 장치	(a)　　　(b)	

9. 선 로
9.1 선 로

번 호	명 칭	심 벌	적 요
Ⅲ 9.1.1	일반 전기 통신로		타선로에 대한 통신 선로의 총칭 심벌로서 사용한다. 필요에 따라 선종, 대수, 소속 등을 기입한다.
Ⅲ 9.1.2	나 선		필요에 따라 선종, 가닥수, 회선수 등을 기입한다. 보기: (a) 현용 회선수 / 공 회선수 — $3\,(1)$ — (b) 회선수 / 선종 — $4\ C_2$ / $2\ C_1$ —
Ⅲ 9.1.3	피복선		필요에 따라 대수를 기입한다. 보기: 대수 — 6 —

번 호	명 칭	심 벌	적 요
Ⅲ 9.1.4	가공 케이블	 ———	필요에 따라 선종, 대수 등을 기입한다. 보기: (a) 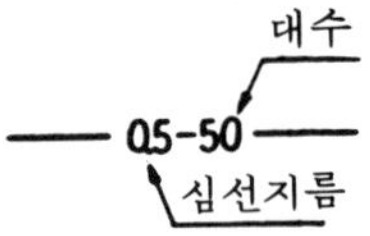 0.5-50 대수 / 심선지름 (b) 가닥수 대수 종별 2 (8 P S G) 257.3 스팬길이 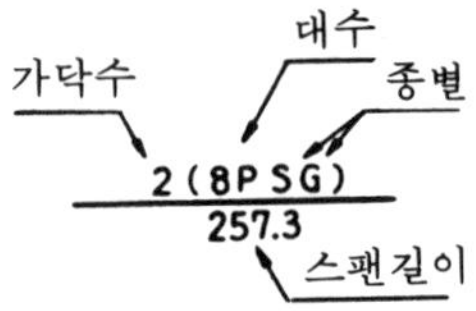
Ⅲ 9.1.5	관로 케이블	(a) ——— (b) 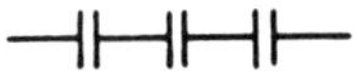 ─┤├─┤├─┤├─	필요에 따라 선종, 대수 등을 기입한다. 보기: (a) 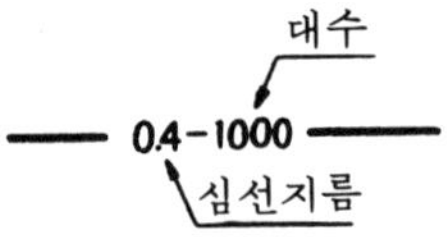 0.4-1000 대수 / 심선지름 (b) 가닥수 대수 종별 1 (54 P DG) 72.4 스팬길이 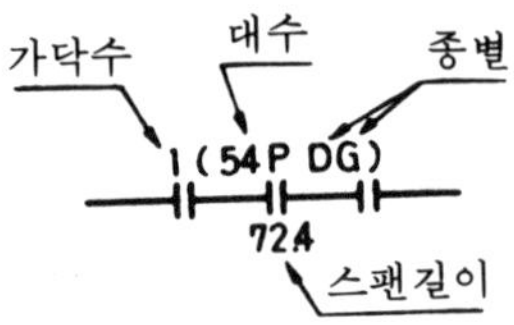
Ⅲ 9.1.6	직매 케이블	(a)  —— – —— (b)  ∧∧∧∧∧∧∧	필요에 따라 선종, 대수 등을 기입한다. 보기: (a) 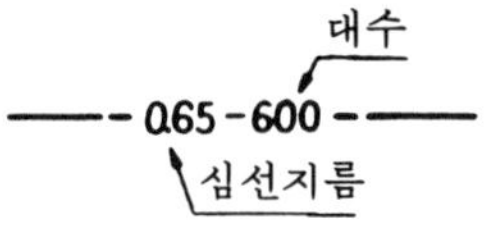 0.65-600 대수 / 심선지름 (b) 대수 외장별 54 P 대 250.0 피스길이 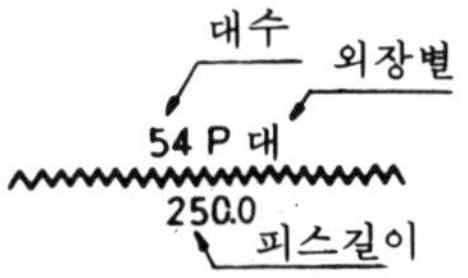

번 호	명 칭	심 벌	적 요
Ⅲ 9.1.7	수저 케이블		필요에 따라 선종, 대수 등을 기입한다. 보기:
Ⅲ 9.1.8	케이블 접속	(a)　　　(b)	
Ⅲ 9.1.9	신호 케이블		필요에 따라 선종, 대수 등을 기입한다. 보기:

9.2 선로 부속품

번 호	명 칭	심 벌	적 요
Ⅲ 9.2.1	지지물(일반)		
Ⅲ 9.2.2	목 주		
Ⅲ 9.2.3	콘크리트주	(a)　　　(b)	
Ⅲ 9.2.4	철 주		강판 조립은 아래 그림과 같이 표시한다.
Ⅲ 9.2.5	철 탑		
Ⅲ 9.2.6	공가 목주		
Ⅲ 9.2.7	공가 콘크리트주	(a)　　　(b)	
Ⅲ 9.2.8	공가 철주		
Ⅲ 9.2.9	공기 철탑		

번 호	명 칭	심 벌	적 요
Ⅲ 9.2.10	지선주	(a) (b) (c) 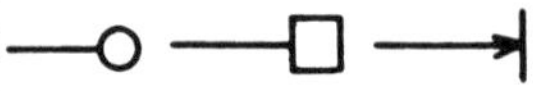	
Ⅲ 9.2.11	지 주	(a) (b)	(b)의 심벌의 사용 방법은 아래 그림의 보기에 따른다. 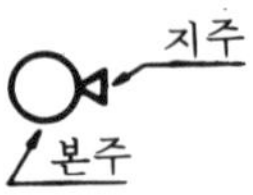
Ⅲ 9.2.12	지 선		
Ⅲ 9.2.13	단자함	(a) (b)	필요에 따라 단자수, 심선 번호 등을 기입한다. 보기: (a) 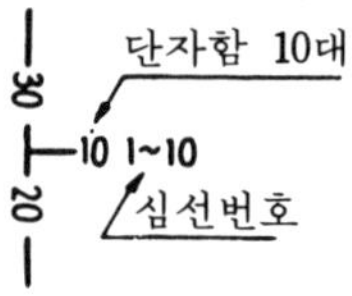 (b) 
Ⅲ 9.2.14	배선함		필요에 따라 대수, 심선 번호 등을 기입한다. 보기: 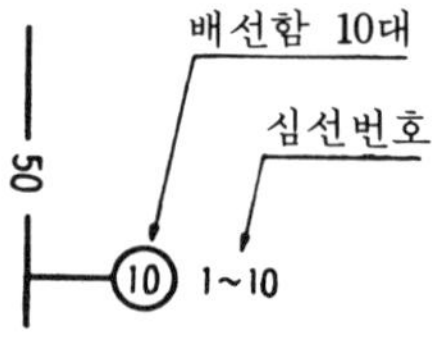
Ⅲ 9.2.15	옥내 단자함		필요에 따라 대수를 기입한다. 보기: 
Ⅲ 9.2.16	옥외 전환반		필요에 따라 대수를 기입한다. 보기: 

번 호	명 칭	심 벌	적 요
Ⅲ 9.2.17	옥내 전환반		필요에 따라 대수를 기입한다. 보기: 옥내 전환반 400대
Ⅲ 9.2.18	선택 배류기	(1) (2)	필요에 따라 종별, 용량 등을 기입한다. 보기: 케이블 용량 전철귀선 H – 300 종별
Ⅲ 9.2.19	강제 배류기		필요에 따라 종별, 용량 등을 기입한다. 보기: 케이블 종별 O – 40 – 10 용량
Ⅲ 9.2.20	관 로		(1) 필요에 따라 관종, 관로 가닥수, 케이블 대수 등을 기입한다. 보기: 케이블 대수 케이블 가닥수 400 × 1 100(m) I 관종 아랫수는 포설, 윗수는 사용조수 맨홀 스팬 길이 (2) 관종 기호의 보기 C ······무근 콘크리트관 R ······철근 콘크리트관 A_s ······석면 시멘트관 I ······주철관 S ······강 관 V ······경질 비닐관 P ······도 관 S_A ······쥬트 권선 강관 및 도복장 강관 T ······트래프관 F ······파이버관

번 호	명 칭	심 벌	적 요
Ⅲ 9.2.21	인상관		케이블을 지하에서 가공으로 끌어 올린다. ○는 전주를 표시하고, ―는 관로를 표시한다. Ⅲ 9.2.20 「관로」에 준해서 필요사항을 기입한다.
Ⅲ 9.2.22	지하 배선 인상관		본선 지하 케이블에서 지하식으로 배선한다. Ⅲ 9.2.20 「관로」에 준해서 필요 사항을 기입한다.
Ⅲ 9.2.23	전용교		
Ⅲ 9.2.24	교량 첨가		
Ⅲ 9.2.25	맨 홀		
Ⅲ 9.2.26	핸드홀		1. 필요에 따라 테두리 안에 종별을 기입한다. 보기: Ⓣ 테스트박스 2. 혼동될 우려가 없을 때에는 H를 생략할 수도 있다.
Ⅲ 9.2.27	국내 맨홀		
Ⅲ 9.2.28	등 도		
Ⅲ 9.2.29	공동구		
Ⅲ 9.2.30	육 표		
Ⅲ 9.2.31	해 트		

10. 전 원

번 호	명 칭	심 벌		적 요
		단선도용	복선도용	
Ⅲ 10.1	전동 발전기			

번 호	명 칭	심 벌		적 요
		단선도용	복선도용	
圖 10.2	발전동기	 M G		
圖 10.3	회전형 신호기	(a)  RR (b) M — G 16Hz 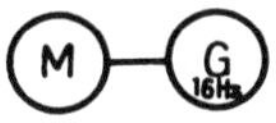		
圖 10.4	정지형 신호기	 SR 16Hz		
圖 10.5	유도자형 고주파 발전기		 G	
圖 10.6	발동 발전기	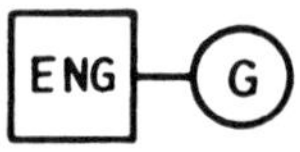 ENG — G		
圖 10.7	전동 발전기식 무정전 전원 장치 (MGG)	 (a)  MGG (b) G — IM — FW — G/M (c) G — IM — FW — G/M — BG 		구성 순서를 표시할 때는 (b) 또는 (c) 의 보기에 준한다.
圖 10.8	교직류 구동 교류 무정전 전원 장치 (DMA)	(a)  DMA (b) G — IM — FW — M 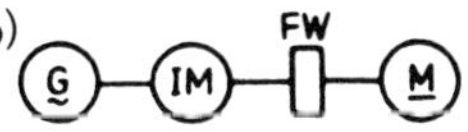		

번 호	명 칭	심 벌		적 요
		복선도용	단선도용	
Ⅲ 10.9	발동 발전기식 무정전 전원 장치(3EC)	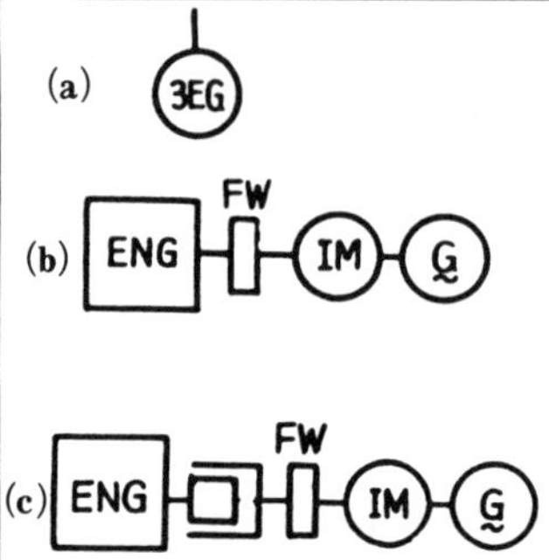 (a), (b), (c)		구성 순서를 표시할 때는 (b) 또는 (c) 의 보기에 준 한다.
Ⅲ 10.10	크레이머 방식 정주파 정전압 전원 장치 (CFVMG)	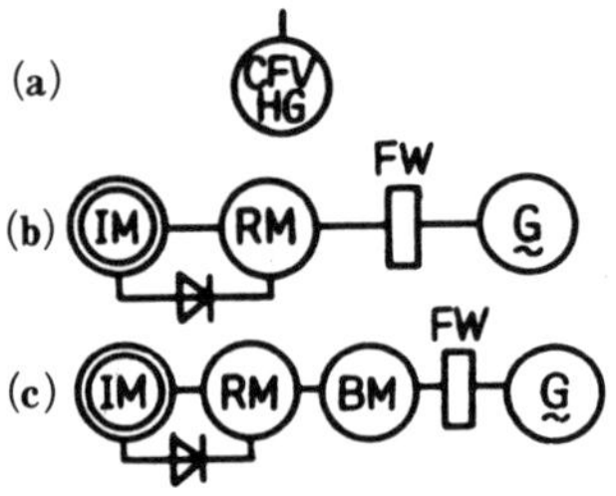 (a), (b), (c)		1. 구성 순서 를 표시할 때 는 (b) 또는 (c) 의 보기에 준한다. 2. 발전기는 복수일 때는 ⓖ를 추가한 다.
Ⅲ 10.11	전자 클러치	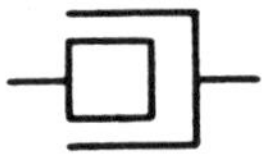		
Ⅲ 10.12	신호기 단속기 접점		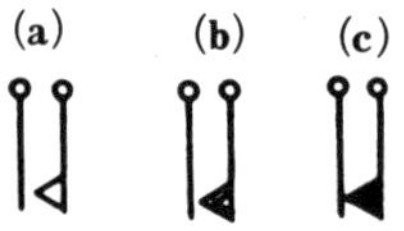 (a) (b) (c)	(a)는 캠凸부 에서 폐로하 는 접점 (b)는 캠凹부 에서 폐로하 는 접점 (c)는 캠 평탄 부에서 폐로, 凸부에서 개 로하는 접점
Ⅲ 10.13	바 접속형 전환기			
Ⅲ 10.14	회로 유지 개폐기		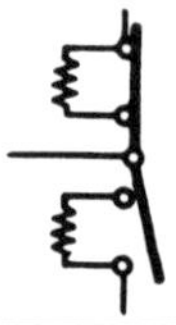	가동 스프링 을 표시하는 선은 가늘어 도 된다.
Ⅲ 10.15	탄소 가감 저항기		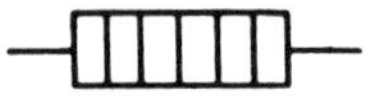	필요할때는 4 각의 수를 바 꿀수가 있다.

번 호	명 칭	심 벌		적 요
		단 선 도 용	복 선 도 용	
Ⅲ 10.16	역전지		 ⊣⊢⊣⊢	2개 조합의 보기를 표시한다.
Ⅲ 10.17	온도 개폐기		(a)  (b) 	(a)는 동작일 때에는 폐로하는 것 (b)는 동작할 때는 개로하는 것
Ⅲ 10.18	유압 개폐기		(a) 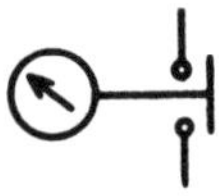 (b) 	
Ⅲ 10.19	제어 리액터		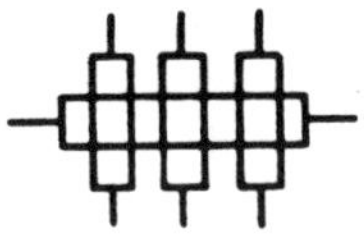	
Ⅲ 10.20	전원용 필터	 FIL		

한 국 공 업 규 격　　　　　　　**KS**

옥내 배선용 그림기호　　C 0301 – 1990

Graphical Symbols of Interior Wiring Diagram for Architectual Plans

1. 적용 범위　이 규격은 일반 옥내 배선에서 전등·전력·통신·신호·재해방지·피뢰설비 등의 배선, 기기 및 그들의 부착위치, 부착방법을 표시하는 도면에 사용하는 그림기호에 대하여 규정한다.

2. 배 선

2.1 일반 배선(배관·덕트·금속선 홈통 등을 포함한다)

명 칭	그림 기호	적 요
천정 은폐 배선	——————	(1) 천정 은폐배선 중 천정 속의 배선을 구별하는 경우는 천정 속의 배선에 ——·——·—— 를 사용하여도 좋다.
바닥 은폐 배선	— — — —	(2) 노출배선 중 바닥면 노출배선을 구별하는 경우는 바닥면 노출배선에 ——··——··—— 를 사용하여도 좋다.
노출 배선	- - - - - - -	(3) 전선의 종류를 표시할 필요가 있는 경우는 기호를 기입한다.

(3) 전선의 종류를 표시할 필요가 있는 경우는 기호를 기입한다.

　보기 : 600V 비닐 절연전선　IV

　　　　600V 2종 비닐 절연전선　HIV

　　　　가교 폴리에틸렌 절연 비닐 시스 케이블　CV

　　　　600V 비닐 절연 비닐 시스 케이블(평형)　VVF

　　　　내화 케이블　FP

　　　　내열전선　HP

　　　　통신용 PVC 옥내선　TIV

(4) 절연전선의 굵기 및 전선수는 다음과 같이 기입한다.

　　단위가 명백한 경우는 단위를 생략하여도 좋다.

　보기 :　1.6　2　2mm²　8

　숫자 방기의 보기 :　1.6×5
　　　　　　　　　　　5.5×1

　다만, 시방서 등에 전선의 굵기 및 전선수가 명백한 경우는 기입하지 않아도 좋다.

(5) 케이블의 굵기 및 선심수(또는 쌍수)는 다음과 같이 기입하고 필요에 따라 전압을 기입한다.

　보기 : 1.6mm 3 심인 경우　1.6-3C

　　　　0.5mm 100쌍인 경우　0.5-100P

　다만, 시방서 등에 케이블의 굵기 및 선심수가 명백한 경우는 기입하지 않아도 좋다.

(6) 전선의 접속점은 다음에 따른다.

명 칭	그림 기호	적 요
		(7) 배관은 다음과 같이 표시한다. 1.6(19) 강제 전선관인 경우 1.6(VE16) 경질 비닐 전선관인 경우 1.6(F₂17) 2종 금속제 가요전선관인 경우 1.6(PF16) 합성수지제 가요관인 경우 (19) 전선이 들어 있지 않은 경우 다만, 시방서 등에 명백한 경우는 기입하지 않아도 좋다. (8) 플로어 덕트의 표시는 다음과 같다. 보기 : (F7) (FC6) 정크션 박스를 표시하는 경우는 다음과 같다. (9) 금속 덕트의 표시는 다음과 같다. MD (10) 금속선 홈통의 표시는 다음과 같다. 1종 MM₁ 2종 MM₂ (11) 라이팅 덕트의 표시는 다음과 같다. LD LD □는 피드인 박스를 표시한다. 필요에 따라 전압, 극수, 용량을 기입한다. 보기 : LD125V 2P 15A (12) 접지선의 표시는 다음과 같다. 보기 : E2.0 (13) 접지선과 배선을 동일관 내에 넣는 경우는 다음과 같다. 보기 : 2.0(25) E2.0 다만, 접지선의 표시 E가 명백한 경우는 기입하지 않아도 좋다. (14) 케이블의 방화구획 관통부는 다음과 같이 표시한다. (15) 정원등 등에 사용하는 지중 매설 배선은 다음과 같다. (16) 옥외 배선은 옥내 배선의 그림 기호를 준용한다. (17) 구별을 필요로 하지 않는 경우는 실선만으로 표시하여도 좋다. (18) 건축도의 선과 명확히 구별한다.
상 승		(1) 동일층의 상승, 인하는 특별히 표시하지 않는다.
인 하		(2) 관, 선 등의 굵기를 명기한다. 다만, 명백한 경우는 기입하지 않 아도 좋다.
소 통		(3) 필요에 따라 공사 종별을 방기한다. (4) 케이블의 방화구획 관통부는 다음과 같이 표시한다. 상 승

명 칭	그림 기호	적 요
		인 하 / 소 통
풀 박스 및 접속상자	⊠	(1) 재료의 종류, 치수를 표시한다. (2) 박스의 대소 및 모양에 따라 표시한다.
VVF용 조인트박스	⊘	단자붙이임을 표시하는 경우는 t를 방기한다.
접지 단자	⏚	의료용인 것은 H를 방기한다.
접지 센터	EC	의료용인 것은 H를 방기한다.
접 지 극		(1) 접지 종별을 다음과 같이 방기한다. 　제 1 종 : E_1, 제 2 종 : E_2, 제 3 종 : E_3, 특별 제 3 종 : E_{s3} 　보기 : E_1 (2) 필요에 따라 재료의 종류, 크기, 필요한 접지 저항치 등을 방기한다.
수 전 점		인입구에 이것을 적용하여도 좋다.
점 검 구	▣	

2.2 버스 덕트

명 칭	그림 기호	적 요
버스 덕트		(1) 필요에 따라 다음 사항을 표시한다. 　a. 피드 버스 덕트　　　FBD 　　플러그인 버스 덕트　PBD 　　트롤리 버스 덕트　　TBD 　b. 방수형인 경우는　　WP 　c. 전기방식, 정격전압, 정격전류 　　보기 :　FBD3ϕ 3W 300V 600A (2) 익스팬션을 표시하는 경우는 다음과 같다. (3) 오프셋을 표시하는 경우는 다음과 같다. (4) 탭붙이를 표시하는 경우는 다음과 같다. (5) 상승, 인하를 표시하는 경우는 다음과 같다. 　상 승　　　　　인 하 (6) 필요에 따라 정격전류에 의해 나비를 바꾸어 표시하여도 좋다.

2.3 합성수지선 홈통

명 칭	그림 기호	적 요
합성수지선 홈통	▬▬▬	(1) 필요에 따라 전선의 종류, 굵기, 가닥수, 선홈통의 크기 등을 기입한다. 　보기：　IV 16×4(PR35×18) 8) 　(PR35×18)） 　　전선이 들어 있지 않은 경우 (2) 회선수를 다음과 같이 표시하여도 좋다. 　보기：▬▬▬　2회선인 경우 (3) 그림 기호 ▬▬ 는 ------- PR 로 표시하여도 좋다. (4) 조인트 박스를 표시하는 경우는 다음과 같다. (5) 콘센트를 표시하는 경우는 다음과 같다. (6) 점멸기를 표시하는 경우는 다음과 같다. (7) 걸림 로제트를 표시하는 경우는 다음과 같다.

2.4 증 설 동일 도면에서 증설·기설을 표시하는 경우 증설은 굵은 선, 기설은 가는 선 또는 점선으로 한다. 또한, 증설은 적색, 기설은 흑색 또는 청색으로 하여도 좋다.

2.5 철 거 철거인 경우는 ×를 붙인다.
　보 기： ✕✕✕⊗✕✕✕

3. 기 기

명 칭	그림 기호	적 요
전 동 기	Ⓜ	필요에 따라 전기방식, 전압, 용량을 방기한다. 　보기：Ⓜ 3ϕ 200V 3.7kW
콘 덴 서	⊟	전동기의 적요를 준용한다.
전 열 기	Ⓗ	전동기의 적요를 준용한다.
환기홴(성풍기를 포함한다)	∞	필요에 따라 종류 및 크기를 방기한다.
룸 에어콘	RC	(1) 옥외 유닛에는 0을, 옥내 유닛에는 1을 방기한다. 　RC$_O$　　RC$_I$ (2) 필요에 따라 전동기, 전열기의 전기방식, 전압, 용량 등을 방기한다.
소형 변압기	Ⓣ	(1) 필요에 따라 용량, 2차전압을 방기한다. (2) 필요에 따라 벨 변압기는 B, 리모콘 변압기는 R, 네온 변압기는 N, 형광등용 안정기는 F, HID 등(고효율 방전등)용 안정기는 H를 방기한다. 　Ⓣ$_B$　Ⓣ$_R$　Ⓣ$_N$　Ⓣ$_F$　Ⓣ$_H$

명 칭	그림 기호	적 요
		(3) 형광등용 안정기 및 HID등용 안정기로서 기구에 넣는 것은 표시 하지 않는다.
정 류 장 치	▶	필요에 따라 종류, 용량, 전압 등을 방기한다.
축 전 지	⊣⊢	필요에 따라 종류, 용량, 전압 등을 방기한다.
발 전 기	Ⓖ	전동기의 적요를 준용한다.

4. 전등 · 전력

4.1 조명 기구

명 칭	그림 기호	적 요
일반용 조명 백 열 등 HID 등	○	(1) 벽붙이는 벽옆을 칠한다. (2) 기구 종류를 표시하는 경우는 ○ 안이나 또는 방기로 글자명, 숫자 등의 문자기호를 기입하고 도면의 비고 등에 표시한다. 보기: Ⓝ ○나 ① ○₁ Ⓐ ○ᴀ 등 같은 방에 같은 기구를 여러개 시설하는 경우는 통합하여 문자기호와 기구수를 기입하여도 좋다. (3) (2)에 따르기 어려운 경우는 다음 보기에 따른다. 걸림 로제트만 ◐ 팬 던 트 ⊖ 실링 · 직접부착 Ⓒⓛ 샹들리에 Ⓒⓗ 매입 기구 Ⓓⓛ (◎ 로 하여도 좋다) (4) 용량을 표시하는 경우는 와트수(W)×램프수로 표시한다. 보기: 100 200×3 (5) 옥외등은 ⊗ 로 하여도 좋다. (6) HID등의 종류를 표시하는 경우는 용량 앞에 다음 기호를 붙인다. 수 은 등 H 메탈 헬라이드등 M 나트륨등 N 보기: H400
형 광 등	⊏○⊐	(1) 그림 기호 ⊏○⊐ 는 ⊏⊖⊐ 로 표시하여도 좋다. (2) 벽붙이는 벽옆을 칠한다. 가로붙이인 경우: ⊏◐⊐ 세로붙이인 경우: (3) 기구 종류를 표시하는 경우는 ○ 안이나 또는 방기로 글자명, 숫자 등의 문자기호를 기입하고 도면의 비고 등에 표시한다.

명　칭	그림 기호	적　요
		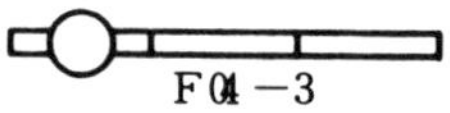 보기 : ⓝ　◯나　①　◯₁　Ⓐ　◯A　등 같은 방에 같은 기구를 여러개 시설하는 경우는 통합하여 문자기호와 기구수를 기입하여도 좋다. 또한, 여기에 따르기 어려운 경우는 일반용 조명, 백열등, HID 등의 적용 (3)을 준용한다 (4) 용량을 표시하는 경우는 램프의 크기(형)×램프수로 표시한다. 또, 용량 앞에 F를 붙인다. 보기 : F 40　　　F 40×2 (5) 용량 외에 기구수를 표시하는 경우는 램프의 크기(형)×램프수―기구수로 표시한다. 보기 : F 40―2　　　F 40×2―3 (6) 기구내 배선의 연결방법을 표시하는 경우는 다음과 같다. 보기 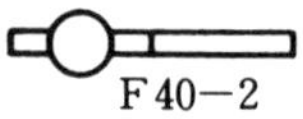 :　F 40―2　　　F 04 ―3 (7) 기구의 대소 및 모양에 따라 표시하여도 좋다. 보기   :
비상용 조명 (건축 기준법에 따르는 것) 백 열 등	●	(1) 일반용 조명 백열등의 적요를 준용한다. 다만, 기구의 종류를 표시하는 경우는 방기한다. (2) 일반용 조명 형광등에 조립하는 경우는 다음과 같다. 
형 광 등		(1) 일반용 조명 백열등의 적요를 준용한다. 다만, 기구의 종류를 표시하는 경우는 방기한다. (2) 계단에 설치하는 통로유도등과 겸용인 것은  　　로 한다.
유도등(소방법에 따르는 것) 백 열 등	⊗	(1) 일반용 조명 백열등의 적요를 준용한다. (2) 객석 유도등인 경우는 필요에 따라 S를 방기한다. ⊗S
형 광 등		(1) 일반용 조명 백열등의 적요를 준용한다. (2) 기구의 종류를 표시하는 경우는 방기한다. 보기  : ⊗중 (3) 통로 유도등인 경우는 필요에 따라 화살표를 기입한다. 보기   : (4) 계단에 설치하는 비상용 조명과 겸용인 것은  　　로 한다.
불멸 또는 비상용등 (건축 기준법, 소방법에 따르지 않는 것) 백 열 등	⊗	(1) 벽붙이는 벽옆을 칠한다. ⊗ (2) 일반용 조명 백열등의 적요를 준용한다. 다만, 기구의 종류를 표시하는 경우는 방기한다.

명 칭	그림 기호	적 요
형 광 등	▭⊗▭	(1) 벽붙이는 벽옆을 칠한다. ▭⊗▭ (2) 일반용 조명 형광등의 적요을 준용한다. 다만, 기구의 종류를 표시하는 경우는 방기한다.

4.2 콘 센 트

명 칭	그림 기호	적 요
콘 센 트	⦂	(1) 그림 기호는 벽붙이를 표시하고 옆벽을 칠한다. (2) 그림 기호 ⦂ 는 ⊟ 로 표시하여도 좋다. (3) 천정에 부착하는 경우는 다음과 같다. ⦂ (4) 바닥에 부착하는 경우는 다음과 같다. ⦂ (4) 용량의 표시방법은 다음과 같다. 　a. 15A는 방기하지 않는다. 　b. 20A 이상은 암페어수를 방기한다. 　　보기: ⦂20A (6) 2구 이상인 경우는 구수를 방기한다. 　보기: ⦂2 (7) 3극 이상인 것은 극수를 방기한다. 　보기: ⦂3P (8) 종류를 표시하는 경우는 다음과 같다. 　　빠짐 방지형　⦂LK 　　걸 림 형　⦂T 　　접지극붙이　⦂E 　　접지단자붙이　⦂ET 　　누전차단기붙이　⦂EL (9) 방수형은 WP를 방기한다. ⦂WP (10) 방폭형은 EX를 방기한다. ⦂EX (11) 타이머붙이, 덮개붙이 등 특수한 것은 방기한다. (12) 의료용은 H를 방기한다. ⦂H (13) 전원 종별을 명확히 하고 싶은 경우는 그 뜻을 방기한다.
비상 콘센트(소방법에 따르는 것)	⊙ ⦂	

4.3 점 멸 기

명 칭	그림 기호	적 요
점 멸 기	●	(1) 용량의 표시방법은 다음과 같다. a. 10A는 방기하지 않는다. b. 15A 이상은 전류치를 방기한다. **보기** : ●$_{15A}$ (2) 극수의 표시방법은 다음과 같다. a. 단극은 방기하지 않는다. b. 2극 또는 3로, 4로는 각각 2P 또는 3, 4의 숫자를 방기한다. **보기** : ●$_{2P}$ ●$_{3}$ (3) 플라스틱은 P를 방기한다. ●$_{P}$ (4) 파일럿 램프를 내장하는 것을 L을 방기한다. ●$_{L}$ (5) 따로 놓여진 파일럿 램프는 ○로 표시한다. **보기** : ○● (6) 방수형은 WP를 방기한다. ●$_{WP}$ (7) 방폭형은 EX를 방기한다. ●$_{EX}$ (8) 타이머붙이는 T를 방기한다. ●$_{T}$ (9) 지동형, 덮개붙이 등 특수한 것은 방기한다. (10) 옥외등 등에 사용하는 자동 점멸기는 A 및 용량을 방기한다. **보기** : ●$_{A(3A)}$
조 광 기		용량을 표시하는 경우는 방기한다. **보기** : 15A
리모콘 스위치	●$_{R}$	(1) 파일럿 램프붙이는 ○을 병기한다. **보기** : ○●$_{R}$ (2) 리모콘 스위치임이 명백한 경우는 R을 생략하여도 좋다.
실렉터 스위치	⊛	(1) 점멸 회로수를 방기한다. **보기** : ⊛$_{9}$ (2) 파일럿 램프붙이는 L을 방기한다. **보기** : ⊛$_{9L}$
리모콘 릴레이	▲	리모콘 릴레이를 집합하여 부착하는 경우는 [▲▲▲]를 사용하고 릴레이수를 방기한다. **보기** : [▲▲▲]$_{10}$

4.4 개폐기 및 계기

명 칭	그림 기호	적 요
개 폐 기	S	(1) 상자들이인 경우는 상자의 재질 등을 방기한다. (2) 극수, 정격전류, 퓨즈 정격전류 등을 방기한다. 　보기 : S $\begin{array}{l}\text{2P 30A}\\f\text{15A}\end{array}$ (3) 전류계붙이는 Ⓢ 를 사용하고 전류계의 정격전류를 방기한다. 　보기 : Ⓢ $\begin{array}{l}\text{3P 30A}\\f\text{15A}\\\text{A5}\end{array}$
배선용 차단기	B	(1) 상자들이인 경우는 상자의 재질 등을 방기한다. (2) 극수, 프레임의 크기, 정격전류 등을 방기한다. 　보기 : B $\begin{array}{l}\text{3P}\\\text{225AF}\\\text{150A}\end{array}$ (3) 모터브레이커를 표시하는 경우는 Ⓑ 를 사용한다. (4) B 를 S$_\text{MCB}$ 로서 표시하여도 좋다.
누전 차단기	E	(1) 상자들이인 경우는 상자의 재질 등을 방기한다. (2) 과전류 소자붙이는 극수, 프레임의 크기, 정격전류, 정격 감도전류 등 과전류 소자 없음은 극수, 정격전류, 정격 감도전류 등을 방기한다. 　　**과전류 소자붙이의 보기 :** E $\begin{array}{l}\text{2P}\\\text{30AF}\\\text{15A}\\\text{30mA}\end{array}$ 　　**과전류 소자없음의 보기 : :** E $\begin{array}{l}\text{2P}\\\text{15A}\\\text{30mA}\end{array}$ (3) 과전류 소자붙이는 BE 를 사용하여도 좋다. (4) E 를 S$_\text{ELB}$ 로 표시하여도 좋다.
전자 개폐기용 누름 버튼	◉B	텀블러형 등인 경우도 이것을 사용한다. 파일럿 램프붙이인 경우는 L을 방기한다.
압력 스위치	◉P	
플로트 스위치	◉F	
플로트리스 스위치 전극	◉LF	전극수를 방기한다. 보기 : ◉LF3
타임 스위치	TS	
전력량계	Ⓦh	(1) 필요에 따라 전기방식, 전압, 전류 등을 방기한다. (2) 그림 기호 Ⓦh 는 Ⓦн 로 표시하여도 좋다.
전력량계 (상자들이 또는 후드붙이)	Wh	(1) 전력량계의 적요를 준용한다. (2) 집합 계기상자에 넣는 경우는 전력량계의 수를 방기한다. 　보기 : Wh$_{12}$
변류기 (상자들이)	CT	필요에 따라 전류를 방기한다.

명　칭	그림 기호	적　요
전류 제한기	Ⓛ	(1) 필요에 따라 전류를 방기한다. (2) 상자들이인 경우는 그 뜻을 방기한다.
누전 경보기	Ⓖ	필요에 따라 종류를 방기한다.
누전화재 경보기(소방법에 따르는 것)	Ⓕ	필요에 따라 급별을 방기한다.
지진 감지기	㊓	필요에 따라 작동특성을 방기한다. 보기 : ㊓ 100　170cm/s²　㊓ 100～170Gal

4.5　배전반 · 분전반 · 제어반

명　칭	그림 기호	적　요
배전반, 분전반 및 제어반	▭	(1) 종류를 구별하는 경우는 다음과 같다. 　　배 전 반　⊠ 　　분 전 반　◪ 　　제 어 반　⊠ (2) 직류용은 그 뜻을 방기한다. (3) 재해방지 전원회로용 배전반 등인 경우는 2중틀로 하고 필요에 따라 종별을 방기한다. 　　보기 : ⊠ 1종　　◪ 2종

5.　통신 · 신호
5.1　전　화

명　칭	그림 기호	적　요
내선 전화기	Ⓣ	버튼 전화기를 구별하는 경우는 BT를 방기한다. 　　ⓉBT
가입 전화기	Ⓣ	
공중 전화기	⒫	
팩시밀리	MF	
전 환 기	▣	양쪽을 끊는 전화기인 경우는 다음과 같다. 　　▣
보 안 기	⊟	집합 보안기인 경우는 다음과 같이 표시하고 개수(실장/용량)를 방기한다. 보기 ⊞ $\frac{3}{5}$

명 칭	그림 기호	적 요
단 자 반	⊟	(1) 대수(실장/용량)을 방기한다. 보기: ⊟ $\frac{30P}{40P}$ (2) 전화 이외의 단자반에도 이것을 적용한다. (3) 중간 단자반, 주 단자반, 국선용 단자반을 구별하는 경우는 다음과 같다. 　　중간 단자반　▤ 　　주 단자반　▤ 　　국선용 단자반　▤
본 배선반	MDF	
교 환 기	⊠	
버튼 전화 주장치	▭	형식을 기입한다. 보기: 206
전화용 아우트렛	◉	(1) 벽붙이는 벽옆을 칠한다. 　　◉ (2) 바닥에 설치하는 경우는 다음에 따라도 좋다. 　　◉

5.2 경보 · 호출 · 표시장치

명 칭	그림 기호	적 요
누름 버튼	▣	(1) 벽붙이는 벽옆을 칠한다. 　　▣ (2) 2개 이상인 경우는 버튼수를 방기한다. 보기: ▣₃ (3) 간호부 호출용은 ▣N 또는 N 로 한다. (4) 복귀용은 다음에 따른다. 　　●
손잡이 누름버튼	◉	간호부 호출용은 ◉N 또는 Ⓝ 로 한다.
벨	⌓	경보용, 시보용을 구별하는 경우는 다음과 같다. 　경보용　A 　시보용　T
버 저	◁	경보용, 시보용을 구별하는 경우는 다음과 같다. 　경보용　A 　시보용　T

명 칭	그림 기호	적 요
차 임	♩	
경보 수신반	▭	
간호부 호출용 수신반	N C	창수를 방기한다. 보기: N C 10
표시기(반)	▥	창수를 방기한다. 보기: ▥ 10
표시 스위치 (발신기)	◉	표시 스위치반은 다음에 따라 표시하고 스위치수를 방기한다. 보기: ●●● 10
표 시 등	◎	벽붙이는 벽옆을 칠한다. ◉

5.3 전기시계 설비

명 칭	그림 기호	적 요
자 시 계	◔	(1) 모양, 종류 등을 표시하는 경우는 그 뜻을 방기한다. (2) 아우트렛만인 경우는 ◔ 로 한다. (3) 스피커붙이 자시계는 다음과 같이 표시한다. ⊗
시보 자시계	◱	자시계의 적요를 준용한다.
부 시 계	◷	시계 감시반에 부시계를 조립한 경우는 ◷ 로 한다.

5.4 확성장치 및 인터폰

명 칭	그림 기호	적 요
스 피 커	◁	(1) 벽붙이는 벽옆을 칠한다. ◁ (2) 모양, 종류를 표시하는 경우는 그 뜻을 방기한다. (3) 소방용 설비 등에 사용하는 것은 필요에 따라 F를 방기한다. (4) 아우트렛만인 경우는 다음과 같다. ◀ (5) 방향을 표시하는 경우는 다음과 같다. ◁→ (6) 폰형 스피커를 구별하는 경우는 다음과 같다. ◁

명 칭	그림 기호	적 요
잭	Ⓙ	종별을 표시할 때는 방기한다. 　마이크로폰용 잭　　Ⓙ_M 　스피커용 잭　　Ⓙ_S
감 쇠 기		
라디오 안테나	T_R	
전화기형 인터폰 (부)		
전화기형 인터폰 (자)		
스피커형 인터폰 (부)		
스피커형 인터폰 (자)		간호부 호출용으로 사용하는 경우는 N을 방기한다.
증 폭 기	AMP	소방용 설비 등에 사용하는 것은 필요에 따라 F를 방기한다.
원격 조작기	RM	소방용 설비 등에 사용하는 것은 필요에 따라 F를 방기한다.

5.5 텔레비전

명 칭	그림 기호	적 요
텔레비전 안테나	T	필요에 따라 VHF, UHF, 소자수 등을 방기한다.
혼합·분파기		
증 폭 기		
4분기기		
2분기기		
4분배기		
2분배기		
직렬 유닛 1단자형 (75Ω)		(1) 분기단자 300Ω형인 경우는 ⊖ 로 한다. (2) 종단 저항붙이인 경우는 R을 방기한다.

명 칭	그림 기호	적 요
직렬 유닛 2단자형 (75Ω, 300Ω)	ⓞ	(1) 분기단자 75Ω 2단자인 경우는 ⓟ 로 한다. (2) 종단 저항붙이인 경우는 R을 방기한다. ⓞR
벽면 단자	⟶○	
기기 수용상자	▭	

6. 방 화

6.1 자동 화재검지 설비

명 칭	그림 기호	적 요
차동식 스폿형 감지기	⏝	필요에 따라 종별을 방기한다.
보상식 스폿형 감지기	⏚	필요에 따라 종별을 방기한다.
정온식 스폿형 감지기	⏝	(1) 필요에 따라 종별을 방기한다. (2) 방수인 것은 로 한다. (3) 내산인 것은 로 한다. (4) 내알칼리인 것은 로 한다. (5) 방폭인 것은 EX를 방기한다.
연기 감지기	$\boxed{S}$	(1) 필요에 따라 종별을 방기한다. (2) 점검 박수붙이인 경우는 로 한다. (3) 매입한 것은 로 한다.
감 지 선	⊸⊶	(1) 필요에 따라 종별을 방기한다. (2) 감지선과 전선의 접속점은 로 한다. (3) 가건물 및 천정안에 시설할 경우는 로 한다. (4) 관통 위치는 로 한다.
공 기 관	▬▬	(1) 배선용 그림 기호보다 굵게 한다. (2) 가건물 및 천정안에 시설할 경우는 로 한다. (3) 관통 위치는 로 한다.
열 전 대	▬◼▬	가건물 및 천정 안에 시설할 경우는 로 한다.
열반도체	◎◎	
차동식 분포형 감지기의 검출부	⧗	필요에 따라 종별을 방기한다.

명 칭	그림 기호	적 요
P형 발신기	ⓟ	(1) 옥외용인 것은  ⓟ 로 한다. (2) 방폭인 것은 EX를 방기한다.
회로 시험기	◉	
경 보 벨	Ⓑ	(1) 방수용인 것은  Ⓑ 로 한다. (2) 방폭인 것은 EX를 방기한다.
수 신 기	 ⊠	다른 설비의 기능을 갖는 경우는 필요에 따라 해당설비의 그림 기호를 방기한다. 　보기 :　　가스누설 경보설비와 일체인 것 　⊠△ 　　　가스누설 경보설비 및 방배연 연동과 일체인 것 　⊠△△
부 수신기 (표시기)	 ⊟	
중 계 기	▯	
표 시 등	◑	
표 지 판	 ◺	
보 조 전 원	 TR	
이 보 기	R	필요에 따라 해당 설비의 기호를 방기한다. 　경비회사 등 기기　　　G 　비상 방송　　　　　　E 　소화 장치　　　　　　X 　소 화 전　　　　　　H 　방화문·배연 등　　　D 　기　타　　　　　　　F
차동 스폿 시험기	T	필요에 따라 개수를 방기한다.
종단 저항기	Ω	 보기 : ⊟Ω ⓟΩ ⊠Ω
기기 수용상자	▭	
경계구역 경계선	▬▬·▬	배선의 그림 기호보다 굵게 한다.
경계구역 번호	 ◯	(1) ◯ 안에 경계구역 번호를 넣는다. (2) 필요에 따라 ⊖ 로 하고 상부에 필요사항, 하부에 경계구역 번호를 넣는다. 　보기   : ⊖계단 ⊖샤프트

6.2 비상경보 설비

명　칭	그림 기호	적　　요
기동 장치	Ⓕ	(1) 방수용인 것은 ⌂Ⓕ 로 한다. (2) 방폭인 것은 EX를 방기한다.
비상 전화기	ⒺⓉ	필요에 따라 번호를 방기한다.
경 보 벨	Ⓑ	
경보 사이렌	◁○	
경보구역 경계선	■━■━■━	자동 화재경보 설비의 경계구역 경계선의 적요를 준용한다.
경보구역 번호	△	△ 안에 경보구역 번호를 넣는다.

(상기 이외의 그림 기호에 대하여는 **6.1**을 준용한다.)

6.3 소화 설비

명　칭	그림 기호	적　　요
기동 버튼	Ⓔ	가스계 소화설비는 G, 수계 소화설비는 W를 방기한다.
경 보 벨	Ⓑ	자동 화재경보 설비의 경보벨 적요를 준용한다.
경 보 버저	ⒷⓏ	자동 화재경보 설비의 경보벨 적요를 준용한다.
사 이 렌	◁○	자동 화재경보 설비의 경보벨 적요를 준용한다.
제 어 반	▨	
표 시 반	▤	필요에 따라 창수를 방기한다. 보기: ▤₃
표 시 등	◑	시동표시등과 겸용인 것은 ◉ 로 한다.

6.4 방화 댐퍼, 방화문 등의 제어기기

명　칭	그림 기호	적　　요
연기 감지기 (전용인 것)	Ⓢ	(1) 필요에 따라 종별을 방기한다. (2) 매입인 것은 Ⓢ 로 한다.
열 감지기 (전용인 것)	⊖	필요에 따라 종류, 종별을 방기한다.
자동 폐쇄 장치	ⒺⓇ	용도를 표시하는 경우는 다음 기호를 방기한다. 　방화문용　　　　　　D 　방화 셔터용　　　　　S 　연기방지 수직 벽용　W 　방화 댐퍼용　　　　　SD

명 칭	그림 기호	적 요
연동 제어기		조작부를 가진 것은 [기호] 로 한다.
동작 구역번호	◇	◇ 안에 동작 구역번호를 넣는다.

6.5 가스누설 경보관계 설비

명 칭	그림 기호	적 요
검 지 기	G	(1) 벽걸이형인 것에서는 G 로 한다. (2) 분리형의 검지부는 G 로 한다. (3) 버저, 램프를 내장하고 있는 것은 필요에 따라 그 뜻을 방기한다. 보기: G L G L.B
검지구역 경보장치	BZ	자동 화재경보 설비의 경보벨 적요를 준용한다.
음성 경보장치		5.4의 스피커 적요를 준용한다.
수 신 기		
중 계 기		(1) 복수개로 일체인 것은 개수를 방기한다. 보기: X3 (2) 가스누설 표시등의 중계기에서는 [기호] 로 한다.
표 시 등		
경계구역 경계선	▬ ▬ ▬▬	
경계구역 번호	△	△ 안에 경계구역 번호를 넣는다.

6.6 무선통신 보조 설비

명 칭	그림 기호	적 요
누설 동축 케이블	▬▬	(1) 일반 배선용 그림 기호보다 굵게 한다. (2) 천정은 은폐하는 경우는 ▬▬ ▬▬ 를 사용하여도 좋다. (3) 필요에 따라 종별, 형식, 사용길이 등을 기입한다. 보기: LC×500 100m (4) 내열형인 것은 필요에 따라 H를 기입한다. 보기: H−LC×200 50m
안 테 나		(1) 필요에 따라 종별, 형식 등을 기입한다. (2) 내열형인 것은 필요에 따라 H를 방기한다.
혼 합 기		주파수가 다른 경우는 다음과 같다.

명 칭	그림 기호	적 요
분 배 기		(1) 분배수에 따른 그림 기호로 한다. **4 분기기의 보기 :** (2) 필요에 따라 종별 등을 방기한다.
분 기 기		필요에 따라 분기수에 따른 그림 기호로 한다. **2 분기기의 보기 :**
종단 저항기		
무선기 접속단자		필요에 따라 소방용 F, 경찰용 P, 자위용 G를 방기한다. **보기 :** F
커 넥 터		필요에 따라 생략할 수 있다.
분 파 기 (필터를 포함한다)		

7. 피뢰 설비

명 칭	그림 기호	적 요
돌 침 부		평면도용
		입면도용
피뢰도선 및 지붕위 도체		(1) 필요에 따라 재료의 종류, 크기 등을을 방기한다. (2) 접속점은 다음과 같다.
접지저항 측정용 단 자.		접지용 단자상자에 넣는 경우는 다음과 같다.

3. 전기 기술자를 위한 건축용 약어와 기호표

약　　호	원　　어	우 리 말 표 기
ⓐ	AT	~에서
A. B.	Anchor Bolt	앵커 보울트
ABBREV.	Abbreviation	약　어
ABS.	Asbestos	석　면
A. C. B.	Asbestos Cement Board	석면 슬레이트관
ACST.	Acoustic	음　향
ACST. PLAS.	Acoustical Plaster	음향 플래스터
ACT.	Actual	실제의
ADD.	Addition	부　기
AGGR.	Aggregate	자갈 (콘크리이트의 골재)
AIRCOND.	Air Conditioning	에어 컨디셔닝
APPD.	Approved	인정하는
ARCH.	Architecture, Architectural	건축 ,건축의
ASRH.	Asphalt	아스팔트
A. T.	Asphalt tile	아스팔트 타일
AUTO.	Automatic	자　동
AX.	Axis	축
B.	Bath Room	욕실
BD.	Board	판
B. H.	Boiler House	독립 보일러실
B. L.	Building Line	건축 기준선
BLDG.	Building	건　물
BLK.	Block	블　록
BLR.	Boiler	보일러
BM.	Beam	보
B. M.	Bench Mark	표준점
B. M.	Bending Moment	휨 모우먼트
BOT.	Bottom	토　대
B. P.	Blue Print	청사진
BR.	Bed Room	침실
B. R.	Boiler Room	보일러실 (옥내)
BRK.	Brick	벽　돌
BRS.	Brass	황　동
BRZ.	Bronze	청　동
BSMT.	Basement	지하실
BT.	Bent	굽　은

약　　호	원　　어	우리말표기
BT.	Bolt	보울트
C 또는 CL.	Center Line	중심선
CAB.	Cabinet	옷　장
C. B.	Coal Bin	저탄고
CEM.	Cement	시멘트
CEM. MORT.	Cement Mortar	시멘트 모르타르
CEM. P.	Cement Water Paint	물시멘트 페인트
CEM. PLAS.	Cement Plaster	시멘트 플래스터
CER.	Ceramic	사　기
CIG.	Ceiling	천　장
C. J.	Control Joint	컨트롤 조인트
CL.	Closet	골　방
CLA.	Class	반
CLR.	Clear	정확하게
C. O.	Clean Out	청소구
COL.	Column	기　둥
CONC.	Concrete	콘크리이트
CONC. B.	Concrete Block	콘크리이트 블록
CON. C.	Concrete Ceiling	콘크리이트 천장
CONC. F.	Concrete Floor	콘크리이트 바닥
CONST.	Construction	공　사
CONT.	Continuous	연　속
COP.	Copper	구　리
COR.	Corner	모서리
CORR.	Corridor	복　도
CORRG.	Corrugated	골　진
C. T.	Ceramic Tile	사기 타일
C. TO C.	Center to Center	중심에서 중심까지
CTR.	Center	중　심
CTR.	Counter	카운터
CYL. L.	Cylinder Lock	실린더 자물쇠
DET.	Detail	상세도
DIA.	Diameter	지　름
DIM.	Dimension	치　수
DIST.	Distance	거　리
DIST. 또는 DO.	Ditto	앞과 같음
D. J.	Dummy Joint	더미 조인트
DN.	Down	아　래
D. R.	Dining Room	식　당
DR.	Drain	드레인

약 호	원 어	우 리 말 표 기
D. S.	Down Spout	홈 통
DWG.	Drawing	제도 도면
EA.	Each	각 각
EL. 또는 ELEV.	Elevation	압면도
ELEC.	Electric	전 기
ENT.	Entrance	현 관
EQUIP.	Equipment	장비 설비
EST.	Estimate	견 적
E. TO E.	End to End	끝에서 끝까지
EXP.	Exposed	노 출
EXP. BT.	Expansion Bolt	익스팬션 보울트
EXP. JT.	Expansion Joint	익스팬션 조인트
EXT.	Exterior	외 부
F. BRK.	Fir Brick	내화 벽돌
F. D.	Floor Drain	플로어-드레인
F. DR.	Fire Door	방화문
F. H. C.	Fire Hose Cap	소화 호오스 연결구
F. H. W. S.	Flat Head Wood Screw	납작머리 나사못
FIG.	Figure	도 형
FIN.	Finish	끝맺음
FIN. FL.	Finish Floor	끝맺음 바닥
FL.	Floor	바 닥
FND.	Foundation	기 초
F. PRF.	Fire Proof	내 화
FR.	Frame	형 틀
F. S.	Far Side	원 측
F. S.	Full Size	실 측
FT.	Feet, Foot Feet.	피이트
FTG.	Footing	기 초
GA.	Gage	게이지
GALY.	Galvanized	전기 도금한
G. I. S.	Galvanized Iron Sheet	아연 철판
G. L.	Ground Line	지 면
GL. BL.	Glass Block	유리 블록
GRN.	Green	녹 색
GYP.	Gypsum	석 고
HDW.	Hardware	철 물
HGT. 또는 H.	Height	높 이
HOR.	Horizontal	수평의
HTG.	Heating	난 방

약 호	원 어	우 리 말 표 기
I. D.	Inside Diameter	안지름
IN.	Inch	인 치
INCL.	Include	포함하다
INS.	Insulation	절 연
INT.	Interior	내 부
JT.	Joint	조인트
L.	Line	선
L. 또는 LE. 또는 LGTH.	Length	길 이
LAB.	Laboratory	실험실
LAD.	Ladder	사다리
LAV.	Lavatory	세면소
LB(s).	Pound(s)	파운드
LBR.	Lumber	재 목
LEV.	Level	수 평
LINO.	Linoleum	리놀륨
L T.	Light	빛
LVD.	Louvered Door	비늘판 문
MATL.	Material	재 료
MAX.	Maximum	최대의
MEC.	Mechanic	기 계
MECH.	Mechanical	기계의
MET.	Metal	금 속
MH.	Manhole	맨호울
MIN.	Minimum	최소의
MISC.	Miscellaneous	여러가지의
M. O.	Masonry Opening	벽돌 혹은 블록벽돌의 트인
M. PART.	Movable Partition	가동할 수 있는 벽
N. I. C.	Not in Contract	계약에 포함하지 않음
NO.	Nail	못
NO.	Number	번 호
N. S.	Near Side	근 측
N. S.	Non Slip	논 슬립
O. C.	On Center	중심거리
O. D.	Outside Diameter	바깥지름
OFF.	Office	사무실
OPNG.	Opening	개구부
OPP.	Opposite	반 대
O. TO O.	Out to Out	밖에서 밖까지
PARTN.	Partition	분할 구분
PC.	Piece	조 각

약 호	원 어	우 리 말 표 기
PG.	Page	페이지
PLAS.	Plaster	플래스터
PL. 또는 R.	Plate (Steel)	철 판
PLMB.	Plumbing	연판 공사
PLSTC.	Plastic	플라스틱
PNL.	Panel	판 자
POL.	Pollshed	닦은 광택 있는
PR.	Pair	짝
PRMLD.	Premolded	미리 묻어 놓은
P. SL.	Pipe Sleeve	파이프 슬리이브
P. S. I.	Pounds per Square Inch	제곱인치당 파운드
PTD.	Painted	페인트 칠한
R.	Riser	계단 높이
R. 또는 r.	Radius	반지름
RAD.	Radiator	방열기
RD.	Road	길
R. D. REF.	Roof Drain Reference	지붕 드레인
REINF.	Reinforcing	보강한
RF.	Roof	지 붕
RFG.	Roofing	루우핑
RM.	Room	방
RT.	Right	오른쪽
RUB.	Rubber	고 무
SC.	Scale	축 척
SCUP.	Scupper	배수관
SECT.	Section	단 면
SERV.	Service	서어비스
SHT.	Sheet	장
SK.	Sink	개수기
SLV.	Sleeve	슬리이브
S. M.	Surface Measure	표면 측정
SPEC.	Specifications	시방서
SQ.	Square	정사각형
ST.	Stairs	계 단
STD.	Standard	표 준
STG.	Storage	창 고
STL.	Steel	철
STN.	Stone	돌
STR.	Structure	구 조
SUR.	Surface	표 면

약　　　　　호	원　　　　어	우 리 말 표 기
S. V.	Safety Valve	안전 밸브
SW.	Switch	스위치
SYM.	Symbol	기 호
T.	Toilet	변 소
T. C.	Terra-Cotta	테라코타
TECH.	Technical	기술의
TEL.	Telephone	전 화
TEMP.	Temperature	기 온
TER.	Terrazzo	테라조
THK.	Thickness	두 께
TYP.	Typical	대표적인
UP	Up	위
UR.	Urinal	소변기
VENT.	Ventilate	환기하다
VENT.	Ventilator	환기 장치
VERT.	Vertical	수직의
VEST.	Vestibule	현 관
VOL.	Volume	용 량
W.	Wall	벽 체
W. C.	Water Closet	변 소
WD.	Wood	목재, 나무
W. H.	Water Hole	물구멍
W. HSE.	Ware-House	창 고
WTH.	Width	폭

4. 전기 기술자를 위한 현장에서 사용하는 외래어

※ 다음 용어는 표준어가 아니다. 다른 사람이 사용할 때 알아듣기 위해서 참고로 하되 우리
자신이 사용하는 것은 삼가하자.

〔ㄱ〕

가가도	굽	가라네리	건비빔
가가미	거울	가라도	양판문
가가미이다	양판(兩板)	가라리	루우버
가게이시기미기사	가경식 믹서	가라스	유리
가꼬이	울	가라스구쩨	오구(烏口)
가꾸다시	도내기칼	가라즈미	메쌓기
가꾸데쓰보오	각철봉	가랑	꼭지(수도)
가꾸맹	모난 면	가리가꼬이	가설울타리
가구라	농노	가리고야	헛간·헛일간
가꾸목	각목(角木)	가리구미다데	가조립
가꾸바시라	네모기둥·사각기둥	가리보루도	가보울트
가꾸빠이뿌	각파이프	가리세이산	가청산
가꾸부쩨	문선(門線)·사진틀	가리시메	가조이기
가꾸세기	각석(角石)	가리지끼	임시깔기
가꾸아시	모난 다리	가리요오세쓰	가용접
가꾸야	가구점·가구공	가리지구도오	가축토
가꾸이다	각널	가마	솥
가꾸자이	각재(角材)	가마쩨	울거미
가꾸항	교반(攪拌)	가미이다	지형
가기	열쇠	가바나	조속기
가끼나라시	긁어 고르기	가베	벽
가끼다시	긁어내기	가베지리	벽쎔
가끼오도시	긁어내기	가부리아쯔사	피복두께
가끼오도시시아게	줄긋기마무리	가사	전등갓
가나모노	철물(鐵物)	가사기	두겁대
가나반	쇠숫돌(목수연장)	가사네쯔기데	겹이음
가네가다	금형	가사아게	돋우기
가네고데	쇠흙손	가사이시	갓돌
가네기리	쇠톱	가산바이	화산회
가네사꾸	곡자(曲尺)	가세쓰가키	가설울타리
가다	틀·본·꼴	가세인	카세인
가다기리	외쪽깎기	가세쯔고오지	가설공사
가다가리도리	외쪽깎기	가세쯔자이료	가설재료
가다나가레야네	외쪽지붕	가스가이	꺾쇠
가다도리	본뜨기	가스겟도	개스킷
가다로꾸	견본책	가시메	죄기·눈죽이기
가다모리	외쪽돋기	가와라보오	기와가락
가다아시바	외줄비계	가와스나	강모래
가다와꾸	거푸집	가와자리	강자갈
가다와꾸이다	거푸집널	가이깡	애관
가다이다	본판(本板·型板)	가이꼬오부	개구부
가도	모서리	가이당	계단
가도가네	모서리쇠·코너비드	가이시	애자
가라구사	당초무늬	가주우	하중
		가주우시갱	하중시험
		가지야	대장간

가쿠코오	확공(擴孔)	고미 센	산지
가쿠테쓰보오	각철봉	고바	좁은면·옆면
가히히시	괴임돌	고바다데	옆세우기
간나	대패	고방가라	바둑무늬
간데라	칸델라	고부다시	혹두기
간소오수우수쿠	건조수축	고쓰자이	골재
간죠	지불·셈·계산	고시	징두리·허리
갓쇼오	ㅅ(시옷)자 보	고시야네	솟을지붕
갭	간격	고야	헛간
게꼬미	챌판	고야구미	지붕틀
게다	보	고야바리	지붕보
게다바꼬	신장	고야스께	날메
게비끼	금쇠·금매김	고오까	경화(硬化)
게쇼오메지	치장줄눈	고고께쓰	응결
게쓰고오자이	결합재	고오데쓰강	강철관
게아게	단높이(계단의)	고오데쓰구이	강철말뚝
게야	부섭집	고오덴죠	우물반자
게야기	느티나무	고오라이	갱 내
게이료오렝가	경량벽돌	고오란	난간
게이료오공구리도	경량콘크리트	고오몽	갱문(坑門)
게이샤	경사(토목)·물매(건축)	고오바이	물매(건축)·경사(토목)
게지	게이지	고오세끼	경석(硬石)
겐나와	줄자	고오세이게다	합성보
겐노오	쇠메	고오시	격자(格子)
겐노오다다끼	메다듬	고오자이가고오	강재 가공
겐노오바라이	메다듬	고오죠오리벳도	공장리벳
겐또	짐작	고오죠오요오세쓰	공장용접
겐바	현장(現場)	고오테이	공정
겐바우찌공구리구이	제자리 콘크리트 말뚝	고오테이효오	공정표
겐바하이고오	현장배합	고와리	오림목
겐세이	견제	곤고오부쓰	혼합물
겐슨즈	현치도	곤와자이료오	혼화재료
겐승	원척도	곤와자이	혼화제
겐승이다	본뜨기판	공고가랑	혼합꼭지
겐찌이시	견치돌	공고오	비비기(혼합)
겐찌이시즈미	견치돌쌓기	공고사	금강사
겟소꾸셍	결속선	공구리	콘크리트
젬마	연마	공구리못	콘크리트못
겡깡	현관	교다이	경대
고까베	실벽(挾壁)	교오도	강도
고구찌	마구리(벽돌의)·마구리(末口)·작은일	교오시타이	공시체
고구찌즈미	마구리쌓기	구강쓰미	공간쌓기
고다다끼	잔다듬	구기	못
고단스	작은장	구라인다	공구연삭기·연마기·그라인더
고데	흙손·납땜인두	구랏사	분쇄기·크럿셔
고데이다	흙받기	구랑구	크랭크
고로	굴대	구로	검정
고로비도에	굴름받이	구로뎃뼁	흑철판
고마까시	속임수	구루마	수레
고마이	외	구루미	호도나무
고마이까베	외벽	구리가다	쇠시리

구리뿌	끼우개		〔ㄴ〕
구리시	잡석	나까가마쩨	중간막이
구미꼬	살 (창)	나까게다	계단멍에
구미다데	짜기·조립	나가네	길이 (돌벽의)
구미다데기고오	조립기호	나가네쯔미	길이쌓기
구미다데아시	틀비계·조립비계	나까누리	재벌바름 (미장)
구미도리벤죠	수거식 변소 (收去式便所)		재벌칠 (칠)
구배	물매 (건축)·경사 (토목)	나가다이간나	긴대패
구사비	쐐기	나까마	거간·시세
구쓰	웰의 끝날	나가시	개수기
구열	균열	나가시다이	개수대
구우게키	공극 (空隙)	나까오시	불계 (不計)
구운반셍	누구린 철선	나까치기	속치기
구이	말뚝	나가호조	긴장부
구이우찌	말뚝박기	나게야리	도급주기
굿사구기	굴착기	나나메	사선 (斜線)
권척	줄자	나나메자이	사재 (斜材)
규우게쓰세멘도	급결시멘트	나라까시	떡갈나무
규우게쓰자이	급결제	나라비	줄
규우고자이	급경제	나라시	고르기
규우스이강	급수관	나마꼬이다	골함석
규우스이젱	급수전	나마리	납 (鉛)
그라이시바	금잔디	나마시	소둔
그린	녹색	나미	보통 2mm유리
기가다	목형	나미날합판	치장합판
기까이네리	기계비빔	나오시	고침질
기고데	나무흙손	나와바리	줄쳐보기
기도리	마름질	나이깡	뇌관
기레빠시	조각·잔토막	나이교오	내업 (內業)
기레쓰	균열	난네리	묽은비빔
기리	송곳	난세키	연석
기리까이	바꾸기	낫도	너트
기리꼬미	덤핑 (입찰의)	네꼬	굄
기리꼬	다이야몬드무늬	네꾸아시	개다리발
기리기자미	바심질	네다	장선 (長線)
기리도리	깎아내기 (땅깎기)	네다우게	장선받이
기리바리	버팀기둥·버팀대	네당빠이뿌	환수관 (換水管)
기리이시	다듬돌	네리	비빔
기리이시쯔미	다듬돌쌓기	네리가다	비비기
기리즈마	박공 (朴工)	네리나오시	거듭비비기·다시비빔
기리즈마가베	박공벽	네리부네	비빔상자
기리즈마야네	박공지붕	네리삽	비빔삽
기무네	나사송곳	네리쯔미	찰쌓기
기소	기초	네리하꼬	비빔상자
기소고오지	기초공사	네무	이름
기준뎅	기준점	네바리	터파기
기준멘	기준면	네쓰미	기초쌓기
기즈 (기스)	흠	네야끼	그슬음
기즈리	줄대	네이시	밑돌·밑창돌
기즈리가베	줄대벽	네지	나사
기지뎅	기지점	네지마와시	나사돌리개
기호오공구리도	기포콘크리트	네지테	뒤틀림
깅게쯔자이	긴결재		

넨도	점토 진흙	니마이	두장두께 벽
넷떼루	상표	니방	이번
노가다	토공 (土工)	니부	두푼
노깡	토관 (土管)	니스	니스
노꼬	톱	니승	두치
노꼬기리야네	톱날지붕	니뿌르	니플
노꼬리	나머지	니오로시	짐부리기
노끼	처마	니즈꾸리	짐묶으기
노끼게다	처마도리	니쥬마와시	곱돌리기
노끼다까	처마높이	니쥬우마도	겹창·이중창
노끼도이	처마홈통	니혼	두가닥
노기스	버어니어캘리퍼스	닛빠	니퍼
노로	횟물·시멘트풀		
노로비끼	횟물먹이기	〔ㄷ〕	
노리	비탈·해초풀	다가네	끝이넓은날정
노리가다	비탈머리	다까사	높이
노리까이	갈아타기	다께와리	반달타일
노리멘	비탈면	다꼬	달구
노리비끼	시멘트풀칠	다꼬쯔끼	달구질
노리시아게	비탈다듬기	다나	선반
노리지리	비탈끝	다니	지붕골
노무리	단풍	다니기리	모치기
노미	끌	다니도이	골홈통
노미구찌	유입구	다다기	도드락망치
노미기리	정다듬	다데	세로
노바시	늘이기	다데가마쩨	선내·세로틀
노보리삼바시	비계다리	다데꼬	수직갱도
노뿌	손잡이·노브애자	다데구	창호(窓戶)
노부찌	반자틀대	다데구가나모노	창호철물
노비	늘음	다데구고오지	창호공사
노즈라	거친면·제면	다데구야	창호공
노지	지붕널·개판	다데도이	선홈통
노지이다	지붕널·개판	다데마에	세우기
논스리뿌	미끄럼막이·논슬립	다데메지	세로줄눈
누끼	꿸대·빼냄	다데보	세움대
누끼다이	깔판	다데와꾸	선틀
누노기소	줄기초	다루끼	서까래·붙임대
누노마루타	나사돌리개	다루끼와리	서까래나누기
네지테	뒤틀림	다루마스위치	애자개폐기
넨도	점토 진흙	다마	구슬
넷떼루	상표	다마부찌	구슬선
누끼다이	깔판	다마이시	호박돌
누노기소	줄기초	다마쟈리	구슬자갈
누노마루타	비계띠장	다메마스	수채통
누노보리	줄기초파기	다보	꽂임 (촉)
누리까에	재칠	다뿌방	단자판
누리시로	바름두께	다시방	앞서랍
누리지	바름바탕	다이	대
뉴에끼	유액	다이까렝가	내화벽돌
니까와	아교	다이꼬바리	양면붙이기
니고부	이오토막	다이꼬오도시	양면치기
니다에	짐받이	다이꾸	대목

다이나모미타	동력계	도꼬시메	바닥다짐
다이루	타일	도고오	토공(土工)
다이루고오지	타일공사	도고오지	토공사
다이알	다이얼	도구루마	문바퀴
다이와	밑둘레	도꾸이	단골
다찌아기리	치올림	도노꼬	토분(土粉)
단다이간나	짧은대패	도노꾸누리	토분먹임
단도리	마련	도다나	선반
단멘즈	단면도	도다이	토대(土台)
단스	옷장	도당	함석
담뿌도라꾸	덤프트럭	도도리	객토(客土)
담뿌카	덤프카	도도리바	토취장
답바	높이	도도메	흙막이(防築)
답뿌	탭	도라무	드럼
당까	들것	도라무미기사	드럼믹서
당고오	담합(談合)	도라뿌	트랩
당기리	층단깎기	도라이바	나사돌리개
데꼬	지렛대	도라스	트러스
데꼬보꼬	오목볼록	도락다아	트럭터
데끼다까	기성고	도란스	변압기
데나오시	재손질	도레라	트레일러
데네리	삽비비기	도로꼬	트로이차
데마	품	도로바꼬	흙상자
데마도	내달이창	도로뿌함마	떨공이
데마찌	대기	도리쯔게	붙이기
데모도	조력공	도마	다짐바닥
데보리	손파기	도메	연귀(燕口)
데뿌	테이프	도보꼬자이료오	토목재료
데쓰이다	철판	도보꼬고고가	토목공학
데우찌	손치기·인력치기	도보꾸로	두꺼비집
데즈라	출역(出役)	도비	비계공
데쯔가부도	안전모	도비이시	디딤돌
데쯔고오시	쇠창살(鐵格子)	도사쬬	사토장
데즈리	난간·난간두겁	도사	토사(土砂)
데즈리파이프	난간관·난간파이프	도소고오지	칠공사
덴마도	천창(天窓)	도아다리	문소란
덴바	윗면	도아다리사꾸리야	문받이턱
덴아쓰	전압(轉壓)	도오고오	도갱(導坑)
덴자이	채움재	도오자시	충도리
덴쬬가와	모래내	도오카센	도화선
덴쬬오	천정·천장	도와꾸	문틀
덴지	전지	도이	홈통
덴찌	회중전등	도이시	숫돌
뎃고쓰고오지	철골공사	도쬬오	양토(土粉)
뎃낑	철근	도쬬오	양토(壤土)
뎃낑고오지	철근공사	돈내기	도급·하청
뎃낑공구리도	철근콘크리트	드리루	드릴
뎃빵	철판		
도가다	토공(土工)		〔ㄹ〕
도가이	등외벽돌	라스	철망
도깡	토관(土管)	라셍뎃낑	나선철근
도꼬보리	터파기	라이닝구	라이닝

라이칸	뇌관	리와인딩	되감기
라이트	조명	리쯔멘즈	입면도
라지에타	방열기	리카피	복사 (recoppy)
란낑간나	썰매 대패	릴	두루마리
란쯔미	막쌓기 (亂積)	릴리프밸브	안전밸브 (relief valve)
람마	고창 (高窓)	링구	링 (ring)
랩핑	포장		
레바	손잡이·레버		〔ㅁ〕
레베루	레벨·수평·수준기		
레에기	쇠갈퀴	마가리	꼬부림
레에루	레일	마가리요쯔메	곡사
레지스타	저항기	마고우께	재삼도급
레키세이	역청	마구라기	침목 (枕木)
렝가	벽돌	마구사	웃인방
렝가고데	벽돌흙손	마구사바리	인방보
렝가고오지	벽돌공사	마꾸라	받침목
렝가망치	벽돌망치	마그네트	자석
렝가와리	벽돌나누기	마그네트보당	기동단추
렝가죠오	벽돌구조	마끼까이	되감기
렝가쯔미	벽돌쌓기	마끼다네	라이닝 (liring)
로가	여과	마끼도리	두루마리·감개
로가기	여과기	마끼	두루마리·권 (卷)
로가마구	여과막	마기리	엘보우 (elbow)
로가스나	여과모래	마끼자꾸·마끼자	테이프자
로가자이	여과재	마다구기	거멀못
로가지	여과지	마도	창
로꼬부가꾸	육푼각	마도다이	창대
로꾸부이다	육푼널	마도리	간살잡기
로꾸인치브로꾸	육인치블록	마도메	막음질
로그	원목	마도와꾸	창틀
로끼	처마	마루	둥근
로라	로울러 (roller)	마루간나	원형대패
로라비아링	로울러베어링	마루내	죽
로링	압연 (rolling)	마루노꼬	둥근톱
로스	손실	마루노미	둥근끌
로오까	복도 (corridor)	마루도	둥근칼
료오비라끼	쌍여닫이	마루메지	둥근줄눈
루바	루우버	마루빠찌	원형세면기
루베	입방미터 (m³)	마루뻰찌	둥근펜치 (plier)
류베	입방미터 (m³)	마루메지고데	둥근줄눈흙손
류우쯔보	입방형	마루비끼	원목자르기
리구바시	육교·구름다리	마루맹	둥근면
리꾸사꾸	배낭	마루보	둥근봉
리꾸야네	평지붕	마루오도시	오르내리꽂이쇠
리마	리이머 (reamer)	마루다	통나무
리빠	니퍼 (nipper)	마루다아시바	통나무비계
리벳도	리벳	마루펜	둥근펜
리벳도데우지	리벳손치기	마리옹	멀리온 (mullion)
리벳도아나	리벳구멍	마바시라	샛기둥
리벳도우지	리벳치기	마사끼	사철나무
리야카	손수레	마사	석비례
리와인다	되감개	마사메	곧은결 (grain)
		마와리부쩨	돌림띠

마이가리	가불	모도구찌	밑마구리
마와리	둘레	모데링구	모델링 (modeling)
마와리부쩨	돌림대	모루	줄무늬유리
마즈끼리	간막이벽	모루따루	모르타르
마쩨고바	영세공장	모리도	흙쌓기
마호병	보온병	모미지	단풍나무
만땅	가득	모부라	못쓸벽돌
말구 (末口)	끝마무리 · 끝지름	모요	무늬 · 상황 · 형세
맞내끼	바이스	모야	중도리
맛뜨	매트	모자이	모재
망홀	맨호울 (manhole)	모쩨고미	안고돌기 · 떼어맡기
매너 (manner)	태도	모쩨다시즈미	내쌓기 (벽돌의)
매취	성냥	모쩨오꾸리	까치발
맨션	저택	모타	전동기
메	눈	목소구	목측 (visual observation)
메가네	안경 · 복스렌치	몽키	몽키스패너 (monkey
메가네이시	구멍돌		spanner) 낙하메 · 떨공이
메꾸라가베	민벽	무네	지붕마루
메꾸라암거	맹암거 · 속도랑	무가다	민모양
메꾸라마도	벽창호	무시로	거적
메뉴	식단	무라나오시	고름질
메다 (meter)	계기	무킹공구리도	무근콘크리트 (plain
메가폰	확성기		concrete)
메다데	날세우기	문비	문짝
메다루	금속	문와꾸	문틀
메로메	눈먹임	문하시라	문기둥
메모리	눈금	미꼬미	옆면 (側面)
메쓰부시	틈막이	미가끼판	마강판
메스콘	암코운 (femalecone)	미끼리부쩨	선두름
메이다	틈막이대	미끼샤	믹서 (mixer)
메이카	제조회사 (maker)	미끼샤도라꾸	믹서트럭 (mixertruck)
메이크업 (make-up)	치장	미다시공구리도	제치장콘크리트
메지	줄눈	미도리즈	목측도 (目側圖)
메지고데	줄눈흙손	미미시바	갓떼 (eargrass)
메지보	줄눈쇠	미수뻬빠	물연마지
메지보리	줄눈파기	미쓰모리	견적
메지보오	줄눈대	미즈끼리	물끊기
메지와리	줄눈나누기	미즈가에	물푸기
메쯔부시	틈막	미즈네리	물비빔
메트레스 (mattress)	두꺼운자리	미즈누끼	규준대
멕끼	도금	미즈누끼공 (孔)	물빼기구멍
멘끼	면대	미즈다리	물홀림
멤버	회원 (member)	미즈모리	수평보기
멘나라시	면고르기	미즈다다기	물받침
멘도리	모접기	미즈미가끼	물갈기
멘도리간나	쇠시리대패	미즈시메	물다짐
멘도이다	착고	미즈이도	수평실 · 수평줄
멘시아게	면마무리	미아이	맞봄 (對面) · 맛선
모꾸고오지	목공사		
모꾸네지	나사못		〔ㅂ〕
모꾸렝가	나무벽돌	바겐세일	염가매출
모꾸리	나뭇결 (木理)	바께스	양동이

바꾸라	향나무	보까시	불명
빠나	버어너	보강사꾸리	방풍개탕
빠데	퍼티	보당	단추
빠데도메	퍼티땜	보당핀셋트	고정집게
바란스	균형	보도	보울트
빠루	노루발못빼기	보도시메	보울트죄이기
바르브	밸브	보디	차체·몸통
바리깡	이발기	보로	걸레
바이캇타	바이컷터·절단기	보로꼬	블록
바이다	밑창판(블록제작의)	보루방	드릴머시인
바이또	바이트	보링	보오링
빠이루함마	말뚝해머	보링구	보오링
빠이뿌	파이프·관	보링기까이	보오링기계
빠이뿌렌치	파이프렌치	보오스이자이	보울트죄이기
빠이뿌아시바	파이프비계	보오루답	보올탭
바캉스	휴양	보오스이사이	방수제
바이스다이	바이스대	보오후사이	방부제
박낑	패킹	보오도	보울트
박스	상자·곽	보오고사쿠	방호책
반네루	패널	보이라	보일러
반도	띠·밴드	복스	복스렌치
반도브레이꾸	밴드브레이크·띠제동기	본사이	분재(盆栽)
반셍	굵은철선	뽄치	펀치
발근(拔根)	뿌리뽑기	뽈	포올·표적대
발브	밸브	볼베어링	보올베어링
밤바	범퍼	볼방	드릴머시인
빳다	배트	볼트메다	전압기
밧데리	축전지	뽐뿌	펌프
밧데리에끼	축전지액	뵤오	리벳
방웃짜	지반고르기	보오꼬오	리벳구멍
뻥꾸	펑크	뵤오데우치	리벳손치기
배트	받침대	뵤오우치	리벳팅
백라이트	조명	부가가리	품셈
빽미러	뒷거울	부각	내림각
벌류(筏流)	멧목	부라사게	꼬리손잡이
베니다	합판	뿌라구	플러그(plug)
베니야	합판	부라시	솔·브러시
베니야이다	합판	뿌라이야	플라이어
베드	침대	브레끼와야	브레이크와이어·제동줄
베다기소	온통기초(總基礎)	부레끼레바	브레이크레버·제동간
베루도콤베야	벨트콘베이어·피대운반기	부로뻬라	프로펠러
베리마쯔	잣나무	부로커	소개업자
뻬빠	페이퍼·연마지	부록	블록
베스라인	기선(基線)	부리	바퀴
뻬인또	페인트	부싱구	붓싱(bushing)
벤또	도시락	부지	대지
벤딩	구부리기	부토	덮인흙(건축)·표토(토목)
뻰찌	펜치	분빠이	나누기·분배
벤찌마크	기준점	분산사이	분산제
벵가라	빨강칠·주토	붐	부움·사태
벵기	변기	브리게	함석
뻥끼	페인트	비니루	비닐

비니루카바	비닐커버 · 비닐덮개	세고오	시공
비아링	베어링	세고오게이각구	시공계획
비젼	미래상	세고오즈	시공도
삔	핀 (pin)	세꼬오난도	시공연도
삔용	피니언 (pinion	세끼사이바고	적재상자
빔	보 (beam)	세끼상	적산
		세끼이다	거푸집널
	〔ㅅ〕	세끼자이	석재
		세끼훈	돌가루
사까메	엇결	세루모다	기동전동기
사까메구기	가시못	세리	아아치
사깡	미장공 · 미장이	세리쯔미	아아치틀기
사깡고오지	미장공사	세멘도간	시멘트건
사게부리	다림추	세이	춤
사게후리이드	춧줄	세이고가쥬우	정하중
샤구깡기	착암기	세이다	죽널
사구라	벗나무	세이뎃낑	정철근
사구리	짚어보기	세이소오즈미	바른층쌓기
사꾸리	홈파기	세이즈	점토
사라네지고데	평줄눈흙손	세조끼	여과기
사비도메	녹막이	섹가이	석회
사비도메누리	녹막이칠	섹게이구깡	설계구간
사사라게다	따낸옆판	섹게이즈	설계도
사시가네	곡척	센	산지 · 비녀장
사시꼬미 (죠오)	꽂이쇠 · 콘센트	센방	선반
사시꾸찌	낄구멍	센죠	세척
사양서	시방서	센토루	아아치받침
사이	재 (才)	센칸	잠함 · 공기케이슨
사이가시껭	재하시험	셋팅	장치 · 고정
사이뉴우사쓰	재입찰	소구료오	측량
사이레이	재령	소고쓰자이	굵은골재
사이세끼	부순돌	소데	팔걸이
사이코쓰자이	잔골재	소도비라끼	밖여닫이
사이풀이	재적풀이	소리야네	욱은지붕
사진가꾸	사진틀	소에이다	덧판
사카마키	역라이닝 (inverted lining)	소오보리	온통파기
사카사	인버트 (nvert)	소지	청소
산승	세치 (三寸)	소켓도	소켓
산승가꾸	세치각 (三寸角)	솟각구	안식각
살수	물뿌리기	쇼꾸닝	직공
삼방	3 번	쇼구멘즈	측면도
삼부	세푼	쇼멘즈	정면도
삿보도	받침기둥	쇼오사이즈	상세도
상	살	쇼오지	장지
샘풀	견본 · 시료 · 샘풀	쇼오트	합선
샤꾸리	홈파기	수채공	물푸기
샤꾸리간나	홈파기대패	슈뎃낑	주철근
샤꾸즈에	장척 (長尺)	슈우스이도오	취수탑
샤후드	샤프트 (shaft) · 축	슝고오	준공
샷다	셔터 (shutter)	슝고오식기	준공식
샷슈	새시 (sash)	슝고오즈	준공도
서어치라이트 (search- light)	탐조등	쓰까보오	다짐대

스까시	오려내기 · 도려내기	스이츄우요오세이	수중양생
쓰께가다마	다짐	스이헤이멘	수평면
스께보오	다짐대	스지까이	가새
쓰꾸레이빠	스크레이퍼	쓰찌스데바	사토장
쓰꾸에	책상	스지시바	줄떼
스끄야	직각자	스카시대	실톱대
스기	삼나무	스카시에미	완공
쓰끼가다메	다지기	스케루	축척
쓰기메	줄눈이음쇠	스킨파스	표면닦기
소끼이다	무늬목	스타트다마	점등관
스나	모래	스타프 (staff)	함척 · 표척
스나까베	모래벽 (砂壁)	스테이지	무대
스다레기리	정줄다듬	스토브	난로
스데공구리	밑창콘크리트	스트링 (string)	줄
스데이시	사서	스틸 (steel)	강 · 강철
스뎅	스테인레스	스팡	스팬 · 간사이
스레또	슬레이트	스페아 (spare)	예비
쓰르봐라	덩굴장미	스페아깡	예비통
스리	간유리	스포크	바퀴살
스리가라스	간유리 · 뽀얀유리	스폰지	스펀지
스리꼬이	먹임	스프링클러 (sprinkler)	살수기
쓰리보리	구덩이파기	쑨도매	치 (寸) 끊기
스마스끼	테두리애관	승보	치수
스미	먹긋기	승시쩌다루까	1 치 7 푼붙임대
쓰미	쌓기	시겐가쥬우	시험하중
스메리도메	미끄럼막이	시껭구이	시험말뚝
스미 갓쇼오	귓자보	시깡보리	시험파기
스미고오바이	귀물매	시꾸이	회반죽
스미기	추녀	시구찌	맞춤
스미끼리	모따기	시그날	신호
스미다시	먹매김	시끼	문지방
스미다이	구석탁자	시끼게다	깔도리
스미바리	귓보	시끼리가베	간막이벽
스미바시라	모서리기둥	시끼빠데	받침퍼티
스미사시	먹칼	시끼이	밑홈대
스미우찌	먹줄치기	시끼지	대지
스미쯔게	먹줄치기	시다가마쩌	밑막이
스빠나	스패너	시다고야	일간
스베리도메	미끄럼막이	사다누리	초벌칠
스보기리	평띠기	사다마리	밑둘레
스보리	온통파기	시다미이다	비늘판
쓰보호리	구덩이파기	시다바	밑면
스사	여물	시다우께	하도급
쓰야게시누리	무광칠	시다우께오이	하도급
쓰야다시	광내기	시다지	바탕
스에구지	밑마구리	시다지고리라에	바탕만들기
스이로	수로	시다지누리	바탕바름
스이미쓰세이	수밀성	시라메지	평줄눈
스이아쓰	수압	시라메지고대	평줄눈흙손
스이준기	수준기	시로	백색
스이준뎅	수준점	시로꾸	4 × 6 재
스이지바	취사장	시로도	무쟁이 · 기능이 없는사람

시료오	시료
시링구소켓도	천정소켓
시마이	마감
시메	조이기·조짐
시바	잔디
시보리	조이기
시부	십장
시부이지	소란
시스이이다	지수판
시아게	마무리
시아게간나	치장대패
시요오쇼	시방서
시이트베르또	시이트벨트·안전대
시쥰센	기준선
시찌꼬	7·5토막
시지료꾸	지지력
시찌부	7푼
시키나라시	퍼고르기
시테이교오도	지정강도
시호코호	동바리
신다시	심내기
신도오기	진동기
신슈구조인또	신축이음
신쮸우	놋(쇠)·황동
신쮸우부라쉬	놋(쇠)솔
신쯔까	왕대공
심베기	심벽
심보	축·축대
싯꾸이	회반죽
싱까베	심벽
싱고오기	신호기
싱고오쇼	신호기
싱스미	심먹
씽크대	개수대

〔ㅇ〕

아까	빨강
아까렝가	붉은벽돌
아까보	짐꾼
아까징끼	머큐럼
아게사게마도	오르내리창
아게이시	따낸돌
아나방	구멍철판
아나자라이	구멍가심
아다리	맞닿기
아다마	머리
아데	덧댐
아데방	버커(bucker)
아도가다즈께	끝정리
아도도리	뒤차지
아라까베	초벽
아라간나	거친대패

아라뻬빠	거친연마지
아라이다시	씻어내기
아라이시	멘돌
아라오꼬시	막가리(rough plowing)
아라히쟈리	씻은자갈
아리다도	앨리데이드(alidade)
아리호조	주먹장부
아마오사에	비흘림
아마지마이	비아무림(flashing)
아미	그물
아미도	그물문
아미후루이	망채
아바라낑	늑근
아시	발
아시가다메	밑둥잡이
아시바	비계·비계발판
아시바마루다	비계통나무·비계목
아시바이다	발판
아시바자이	비계목
아야	무늬
아오리	갈구리걸쇠
아오리도메	문버팀쇠
아오샤싱	청사진
아이가끼	반턱
아이가다	I형강
아이구찌	맞댐자리
아이롱	다리미
아이롱부라쉬	쇠솔
아이바	돌접촉부·돌물림
아찌	아아치
안떼나	안테나
암메다	전류계
안쏙각구	안식각
안젠리쓰	안전율
안젠가쥬우	안전하중
안젠벤	안전변
알리바이	부재증명
압가랑	누름전
앙까	앵커·정착
앙각	올림각
앙꼬도이	깔대기홈통
앙교	암거
앙구르	앵글
앙케이트	설문
앨보	엘보우
야구라	네모틀
야기리	박공벽
야끼스기렝가	팔벽돌
야나기	버드나무
야네	지붕
야네고오지	지붕공사
야네마도	지붕창

야네후끼	지붕잇기	오시부쩨	누름대
야또꾸	집게	오시이다	밑판
야리가다	규준틀	오시이레	반침
야리꾸리	변통	오야	우두머리
야리끼리	도급주기	오야가다	우두머리
야리나오시	다시하기	오야지	주인
야마	톱니	오오가네	큰 직각자
야마내다	톱니내다	오오까베	평벽
야마도메	흙막이널	오오기리	많이깎기
야마모리	고봉쌓기	오오모리	높이쌓기
야마석수	채석공	오오바리	큰보
야마스나	산모래	오오비끼	멍애
야마쟈리	산자갈	오오헤기	옹벽
야마짓기	무더기쌓기	오이꼬시	앞지르기
야미	암거래	오이와라	짚덮기
야스리	줄	옴메다	저항계
야이다	널 말뚝	와까마쓰	소나무
야쬬오	야장	와꾸	틀·울거미
야지	야유	와니스	니스
어어스	접지 (接地)	와리구리이시	잡석
에노구	그림물감	와리이시	깬돌
에도기리	두모접기	와요단스	일본장
에르보	엘보우	와이어가라스	와이어유리
에아부레끼	에어브레이크·공기제동기	와이어레스	무선
에아함마	에어해머·공기해머	와이어로프	쇠밧줄
엔도쯔	굴뚝	와이어브랏시	쇠솔
엔세끼	연석 (綠石)	왓또	와트
연목	서까래	왓또메다	적산전력계
연와	벽돌	왓또아와메다	와트아워메터·적산전력계
연장	공구	요꼬	가로
오가베	평벽	요꼬메지	가로줄눈
오까자이	가로재 (橫材)	요꼬하메	가로판벽
오께	나무통	요구찌	오픈렌치
오꾸	안길이	요로이도	비늘문
오니가와라	용머리	요로이마도	비늘창
오도리바	계단참	요모리	더돋기·더쌓기
오리마게뎃낑	절곡철근	요비링	초인종
오리보루또	가시보울트	요비셍	예비선
오리쟈꾸	접자 (尺)	요세기바리	쪽매널깔기
오비기	멍애	요세무네야네	모임지붕
오비끼	거푸집보	요소데책상	양수책상
오비낑	대근 (帶筋)	요오깡	반절 (벽돌의)
오비노꼬	줄톱	요오세키하이고오	용적배합
오비뎃낑	띠철근	요오쬬오	양생
오비데쯔	띠쇠	요오헤키	옹벽
오사마리	아무리기	용인찌부로꾸	4인치 블록
오사에	누름	우께도리	도급
오사에빠데	누름퍼티	우께이이	도급
오사에보	누름대	우께이시	뜬돌
오삽	평삽	우데기	팔대
오스답	나사내기	우라고메	뒤채움
오시다시쯔미	내쌓기	우라고미	뒤채움

우라고메이시	우김돌
우라이다	뒤판
우료우	우량(雨量)
우마	발돋음대
우메꼬미스위찌	매입형스위치
우메다데	메우기
우메모도시	되메우기
우시비끼	쇠갈구
우와가마쩨	웃막이
우와누리	정벌바름·정벌칠
우와바리	정벌바름
우인찌	윈치
우찌꼬미	부어넣기·콘크리트치기
우찌노리	안목
우찌누리	초벌바르기
우찌도이	안홈통
우찌마끼	속말기
우찌바나시공구리또	제치장 콘크리트
우찌쓰기메	시공줄눈·시공이음새
우찌와께메세사이쇼	내역명세서
우찌쯔기	이어붓기
우키이시	뜬돌
운형자	곡선자
원구(元口)	밑지름·밑마구리
윈찌	윈치
유까	바닥
유까이다	마루널
유까트랩	바닥트랩
유끼도메	눈막이
유니온	이음쇠
유니폼	제복
유루미	느슨하다
유우코오스이료오	유효수량
이게이강	이형관
이게이뎃낑	이형철근
이다	널
이다도	널문
이다메	널결·무늬결
이다자이	널재·판재
이도	우물
이도가다와꾸	이동거푸집
이도노꾸	실톱
이도마사	가는곧은결
이로쯔께	색올림(着色)
이리모야야네	합각지붕
이모노	주물
이모노가다	주형
이모노보이라	주철보일러
이모노시	주물사
이모메지	통줄눈
이승	한치
이시가기	석축

이시와다	석면
이시와리	돌나누기
이시즈미	돌쌓기
이어링	귀걸이
이중마도	이중창
이중와꾸	이중창틀
이찌링데구루마	1균수차·외바퀴수레
이찌마이가베	벽돌한장 두께 벽
이찌마이항	한장반
이찌방	1번
이찌브베니야	3 mm두께 합판
이게이뎃낑	이형철근
인쇼오뎅구이	보조말뚝
인찌사시	인치자
입빠이	잔뜩
잉꼬트	강괴·잉곳

〔ㅈ〕

자다나	찬장
자동센방	자동선반
자유조방	자유정첩
자이료오오끼바	재료둘곳·재료장
자이료오효오	재료표
잔도	잔토
잣세끼	잡석
쟈가고	돌망태
쟈리	자갈
쟈바라	돌림띠
쟈바라샤워	줄샤워
전면센방 정	정면선반
젠다이	창선반
젯다이요오세키	절대용적
조기(대)	규준대
조방	정첩
죠오	자물쇠
죠오까쇼오	정화조
죠오고오	배합(配合)
죠오기(定規)	규준대
죠오끼	증기·스팀
죠오끼요오죠	증기양생
죠오나	자귀
죠오방	정첩(丁蝶)
죠오사꾸	수장(修裝)
죠인또	이음새·조인트
죽척(竹尺)	대자
쯔까	동바리
쯔게쯔게	맞댄이음
쯔끼가다메	다짐
쯔끼노리	손끌
쯔기데	이음새
쯔기보오	다짐대
즈리	버력

쯔리가나모	달쇠(吊鐵)	하게누리	솔칠
쯔리기	달대	하께비끼(시아게)	솔질마무리
쯔리기우게	달대받이	하꼬	감잡이쇠
쯔리덴죠오	반자	하꼬방	판자집
쯔리아시바	달비계(懸飛階)	하꼬조오	함자물쇠
쯔리히모	고패줄	하기기	걸레받이
쯔미오르시	싣고부리기	하나가꾸시	처마돌림
쯔아다시	광내기(光내기)	하라끼	여닫이
쯔야게시누리	무광칠	하라이시	여장
쯔이다	줄눈대	하라이시(張石)	돌붙임
쯔이다데	가리개	하리	보
쯔이쯔까고야구미	쌍대공지붕틀	하리시바	건축:잔디심기·토목:메붙이기
지기리	은장	하리이시	돌붙임
지나라시	땅고르기(地均)	하메고로시마도	붙박이창
지도리	엇모	하바	폭(幅)·나비
지리	벽쌤·벽홈	하바끼	걸레받이
지미쓰	치밀	하시꼬	사닥다리
지방	지반	하시고바리	사다리보
지자이죠오방	자유정첩	하시고바시라	사다리기둥
진조오세끼	인조석(人造石)	하시라	기둥(柱)
진조오세끼고다다끼	인조석단다듬	하시라와리	기둥나누기(柱配置)
진조오세끼누리쓰게	인조석바름	하마스	반토막(벽돌의)
진조오세끼누리	인조석바름	하이킹	배근(配筋)
진조오세끼도기다시	인조석갈기	하이고오교오도	배합강도
진조오세끼아라이다시	인조석 씻어내기	하이고오세게이	배합설계

[ㅊ]

청부	도급(都給)	하이낑	배근
초자(硝子)	유리	하쩨마끼(바리)	테두리보(臣梁)

[ㅋ]

카프	마개
캇다	절단기·커터
콘베야	컨베이어
쿠사비	쇄기
큐승	9 치
크로스타이	입자잇기
키이	열쇠

[ㅌ]

티가다	T 형틀

[ㅍ]

파내루	패널
파이푸	장햇대
파이프	파이프·관
파이프렌치	파이프
판넬	패널
피트랩	피트랩

[ㅎ]

하가네	강·강철
하께	솔
하게구찌	배출구

하쩨인치부로꾸	8 인치블록
하청	하도급
하후이다	박공널(朴工板)
한다	땜납
한다고데	납땜인두
한다쓰게	납땜(鑞接)
한다쯔기데	납땜이음
한도루	(철근공사의) 비아벤더
한도메	반연귀(半燕口)
한바	밥집·가처소
한사이	1 재
함마	쇠메
함마이쯔에	반장쌓기
합바	발파
핫빠	조각유리
핫승	8 치
핫빠리	담김공
헤라	주걱
호네구미	뼈대(骨體)
호리가다	터파기·흙파기
호리꼬미히끼데	오목손걸이
호소	장부(柄)
호오교오야네	모임지붕
호오즈에	버팀대

호조미조	가는홈	**후앙**	환풍기 · 통풍기
호조사미	장부맞춤	**혹꾸**	갈고리
호꾸낑	부근 (副筋)	**후쿠코오**	라이닝
효오준후누이	표준채	**후키쓰케**	뿜어붙이기
혼다나	책상	**훈도오**	추
혼다데	책꽂이	**훈마쓰도**	분말도
혼바꼬	책장	**훗찌**	테
혼바시라	본기둥 (本柱)	**히까에**	돌길이
홍아시바	쌍줄비계	**히까에 바시라**	버팀기둥 (支柱)
후끼쓰께	뿜기	**히까에시쯔**	대기실
후끼쓰께누리	뿜어바르기	**히꼬미**	안옥음
후끼칠	뿜칠	**히꾸이**	처반죽
후노리	해초풀 (海草糊)	**히기다시**	서랍
후란스오도시	민고두꽂이쇠	**히끼도**	외미닫이
후란지	플랜지	**히끼 와께**	쌍미닫이
후레도메	대공밑잡이	**히끼찌 가이**	미서기
후로링	플로어링	**히끼찌 가이도**	미서기문
후리도바	문틀홈	**히끼찌 가이마도**	미서기창
후미즈라	디딤바닥	**히라**	면(벽돌의)
후세즈	평면도 · 기초평면도 · 지붕 평면도	**히로고마이**	평고대
		히사시	채양
후시도메	옹이땜	**히즈꾸리**	화조 (火造)

인치자 구독법

일본식

$\frac{1}{64}''$	이찌링, 니모고시	$\frac{5}{8}''$	고 부
$\frac{1}{32}''$	니링고모	$\frac{3}{4}''$	로꾸부
$\frac{1}{16}''$	고 링	$\frac{7}{8}''$	나사부
$\frac{1}{8}''$	이찌부	$1''$	이찌인치
$\frac{3}{8}''$	이찌부 고링	$1\frac{1}{4}''$	이찌인치 니부 (인치니부)
$\frac{1}{4}''$	니 부	$1\frac{1}{2}''$	이찌인치 욘부 (인치항)
$\frac{3}{8}''$	산 부	$2''$	니인치
$\frac{7}{16}''$	산부 고링	$10''$	쥬인치
$\frac{1}{2}''$	욘 부	$20''$	니쥬인치
$\frac{9}{16}''$	욘부 고링	$100''$	햐꾸인치

구독법 (척관법)

일본식

1 푼(分)	이찌부	1 치(寸)	잇 승
2 푼(分)	니 부	2 치(寸)	니 승
3 푼(分)	산 부	3 치(寸)	산 승
4 푼(分)	욘 부	4 치(寸)	욘 승
5 푼(分)	고 부	5 치(寸)	고 승
6 푼(分)	로꾸부	6 치(寸)	록 승
7 푼(分)	히찌부 / 나나부	7 치(寸)	나나승
8 푼(分)	하찌부	8 치(寸)	핫 승
9 푼(分)	큐 부	9 치(寸)	큐 승
$3\frac{1}{2}$ 푼(分)	산부고링	$8\frac{1}{2}$ 치(寸)	핫승고부
3.5 푼(分)	산부고링	8.5 치(寸)	핫승고부

일본 관계 규격

1. 실내 배선용 그림기호 (JIS C 0303-1984에서 발췌)

〔1〕 일반배선(배관·덕트·금속선 보호 등을 포함)

명 칭	그림기호	적 요
천 정 은 폐 배 선 바 닥 은 폐 배 선 노 출 은 폐 배 선	───── ─ ─ ─ - - - - - -	(1) 천정 은폐(隱蔽) 배선 가운데 천정 내부 배선을 구별할 경우는 천정 내부 배선에 ──·──·── 을 사용해도 된다. (2) 노출배선 가운데 바닥면 노출배선을 구별할 경우에는 바닥면 노출배선에 ──··──··── 를 사용해도 된다. (3) 전선의 종류를 나타낼 필요가 있는 경우에는 기호를 기입한다. 　예 : 600V 비닐 절연 전선 IV 　　　600V 2종 비닐 절연 전선 HIV 　　　가교 폴리에틸렌 절연 비닐 시스 케이블 CV 　　　600V 비닐 절연 비닐 시스 케이블(평형) VVF 　　　내화(耐火) 케이블 FP 　　　내열(耐熱) 전선 HP 　　　통신용 PVC 옥내선 TIV (4) 절연(絕緣) 전선의 굵기 및 전선수는 다음과 같이 기입한다. 　단위가 명백한 경우에는 단위를 생략해도 된다. 　예 : ╫ 1.6　╫ 2　╫ 2mm²　╫ 8 　숫자 표기의 예 : 1.6×5 / 5.5×1 　단, 시방서 등에서 전선의 굵기 및 전선수가 명백한 경우에는 기입하지 않아도 된다. (5) 케이블의 굵기 및 선심수(또는 대수)는 다음과 같이 기입하고 필요에 따라서 전압을 기입한다.

명 칭	그림기호	적 요
		예 : 1.6mm 3심의 경우 1.6-3C 0.5mm 100쌍의 경우 0.5-100P 단, 시방서 등에서 케이블의 굵기 및 선심수가 명백한 경우에는 기입하지 않아도 된다. (6) 전선의 접속점은 다음에 의한다. (7) 배관은 다음과 같이 표현한다. 1.6(19) 강제(鋼製) 전선관의 경우 1.6(VE16) 경질(硬質) 비닐 전선관의 경우 1.6(F₂17) 이종(二種) 금속제 가요 전선관의 경우 1.6(PF16) 합성 수지제 가요관의 경우 (19) 전선이 들어있지 않는 경우 단, 시방서 등에 명백한 경우는 기입하지 않아도 된다.
입 상 (立上) 인 하 (引下) 소 통 (素通)		(1) 동일계의 입상, 인하는 특별히 표시하지 않는다. (2) 관, 선 등의 굵기를 명기한다. 단, 명확한 경우는 기입하지 않아도 된다. (3) 필요에 따라, 공사 종별을 표기한다. (4) 케이블의 방화구획 관통부는 다음과 같이 표기한다. 입상 인하 소통
풀 박스 및 접속함	⊠	(1) 재료의 종류, 치수를 표시한다. (2) 박스의 대소 및 형상에 따라 표시한다.
VVF용 조인트 박스	⊘	단자붙이인 것을 나타낼 경우는 t로 표기한다.

[2] 조 명 기 구

명　　　칭	그림기호	적　　　　　　　요
일 반 용 조 명 백 열 등 H I D 등	○	(1) 벽붙이는 벽면을 칠한다. ◗ (2) 기구의 종류를 나타낼 경우는, ○ 의 속이나 또는 표기로써 한글, 숫자 등의 문자기호를 기입하고 도면의 비교란 등에 표시한다. 　예 : ㉮ ○가 ① ○₁ Ⓐ ○ₐ 같은 실(室)에 같은 기구를 다수 시설할 경우에는 통합해서 문자기호와 기구수를 기입해도 된다. (3) (2)로써 곤란한 경우에는 다음 예에 의한다. 　　걸침 로제트만　◖ 　　펜던트(pendant)　⊖ 　　실링(ceiling) · 직결　Ⓒ🇱 　　샹들리어　Ⓒ🇭 　　매입기구　🇩🇱　(◎ 로 해도 된다) (4) 용량을 나타낼 경우는 와트수(數) (W)×램프수로 표시한다. 　　예 : 100　200×3 (5) 옥외등은 ⊗ 로 해도 된다. (6) HID등의 종류 표시를 나타낼 경우는 용량 앞에 다음의 기호를 붙인다. 　　수　은　등　H 　　메탈 핼라이드등　M 　　나 트 륨 등　N 　　예 : H 400
형 광 등	▭○▭	(1) 그림기호 ▭○▭ 는, ▭⊖▭ 로 표시해도 된다. (2) 벽붙이는, 벽측을 칠한다. 　　가로붙이의 경우 : ▭◐▭ 　　세로붙이의 경우 : ⬚ (3) 기구의 종류를 나타낼 경우는, ○ 속이나 또는 표기로써 글자, 숫자 등의 문자 기호를 기입하고 도면의 비고란 등에 표시한다. 　예 : ㉮ ○가 ① ○₁ Ⓐ ○ₐ

명 칭	그림기호	적 요
		같은 실에 같은 기구를 다수 시설할 경우에는 통합해서 문자기호와 기구수를 기입해도 된다. 　또한 이것으로써 어려울 경우에는 일반용 조명 백열등, HID등(灯)의 적용 (3)을 준용한다. (4) 용량을 나타낼 경우에는 램프의 크기(형)×램프수로 표시한다. 또 용량의 앞에 F를 붙인다. 　예 : F 40　　F40×2 (5) 용량 이외로 기구수를 나타낼 경우에는 램프의 크기(형)×램프수-기구수로 표시한다. 　예 : F 40-2　　F 40×2-3 (6) 기구내 배선의 연결 방식을 나타낼 경우에는 다음에 의한다. 　예  : F40-2　　F40-3 (7) 기구의 대소 및 형상(形狀)에 따라 표시해도 된다. 　예  :
비 상 용 조 명 (건축 기준법에 의한 것) 백 열 등		(1) 일반용 조명 백열등의 적요(摘要)를 준용한다. 단, 기구의 종류를 나타낼 경우에는 표기한다. (2) 일반용 조명 형광등에 장착할 경우에는 다음에 의한다. 
형 광 등		(1) 일반용 조명 형광등의 적요를 준용한다. 기구의 종류를 나타낼 경우에는 표기한다. (2) 계단을 설치하는 통로 유도등과 겸용인것은  　으로 한다.
유 도 등 (소방법에 의한 것) 백 열 등		(1) 일반용 조명 백열등의 적요를 준용한다. (2) 객석(客席) 유도등의 경우는, 필요에 따라 S를 표기한다. 
형 광 등		(1) 일반용 조명 형광등의 적요를 준용한다. (2) 기구의 종류를 나타낼 경우에는 표기한다. 　예 :  (3) 통로 유도등의 경우에는 필요에 따라 화살 표시를 기입한다. 　예 :  (4) 계단에 설치되는 비상용 조명과 겸용인것은  으로한다.

명 칭	그림기호	적 요
불멸 또는 비상용 등 (灯)(건축 기준법, 소 방법에 따르지 않는 것) 백 열 등	⊗	(1) 벽붙이는 벽면을 칠한다. (2) 일반용 조명 백열등의 적요를 준용한다. 　　단, 기구의 종류를 나타낼 경우에는 표기한다.
형 광 등	⊷⊗⊶	(1) 벽붙이는 벽면을 칠한다. (2) 일반용 조명 형광등의 적요를 준용한다. 　　단, 기구의 종류를 나타낼 경우에는 표기한다.

〔3〕 점 멸 기

명 칭	그림기호	적 요
점 멸 기	●	(1) 용량의 표현방법은 아래에 의한다. 　　a. 10A는 표기하지 않는다. 　　b. 15A이상은 암페어수를 표기한다. 　　예 :　●15A (2) 극수의 표현방법은 아래에 의한다. 　　a. 단극은 표기하지 않는다. 　　b. 2극 또는 3로(路), 4로는 각각 2P 또는 3, 4의 　　　숫자를 표기한다. 　　예 :　●2P　●3 (3) 풀 스위치는 P를 표기한다. 　　　●P (4) 파일럿 램프(pilot lamp)를 내장하는 것은 L을 표 　　기한다.　● (5) 별도로 설치된 파일럿 램프는 ○으로 한다 　　예 :　●○ (6) 방수형은 WP를 표기한다. 　　　●WP (7) 방폭형은 EX를 표기한다. 　　　●EX (8) 타이머붙이는 T를 표기한다. 　　　●T (9) 지동형, 뚜껑붙이 등 특수한 것은 표기한다. (10) 옥외등 등에 사용하는 자동 점멸기는 A 및 용량 　　(容量)을 표기한다. 　　예 :　●A(3A)

명 칭	그림기호	적 요
조 광 기		용량을 나타낼 경우는 표기한다. 예: 15A
리 모 컨 스 위 치	●R	(1) 파일럿 램프붙이는 ○을 병기한다. 예: ○●R (2) 리모컨 스위치라는 것이 명백할 경우에는 R을 생략 해도 된다.

2. 전기용 도기호 (JIS C 0301−1982에서 발췌)

명 칭	그 림 기 호	명 칭	그 림 기 호
도 선	(접속하지 않음) (접속한다) (분기)	접 지	(외함에 접지)
저 항 또 는 저 항 기	(일반) (유도가 없을 때) (가변저항)	정전용량 또는 콘 덴 서	(가변)
인 덕 턴 스 또 는 코 일	(일반) (철심) (가변) (상호) (가변상호)	전 지	
변 압 기			상수, 접속을 표기한다.
계기용 변압기			상수(相數), 접속을 표기한다.
변 류 기		영 상 변 류 기	
계 기 용 전 환 계 폐 기	(전압 회로용) (전류 회로용)	피 뢰 기	

명 칭	그 림 기 호		명 칭	그 림 기 호	
	계열 1	계열 2		계열 1	계열 2
일 반 접 점 a 접 점 개 폐 기			수동조작 잔류 접점 b 접 점 (브레이크 접점)		
b 접 점 (브레이크 접점)			퓨 즈 포 장 형		
수동조작 자동복 귀 접점 (푸시형) a 접 점 (메이크 접점)			개 방 형		
b 접 점 (브레이크 접점)			계 전 기 접 점 a 접 점 (메이크 접점)		
기계적 접점 (리밋 스위치) a 접 점 (메이크 접점)			b 접 점 (브레이크 접점)		
b 접 점 (브레이크 접점)			c 접 점		
수동조작 잔류 접점 a 접 점 (메이크 접점)			보 조 스 위 치 a 접 점 (메이크 접점)		
			b 접 점 (브레이크 접점)		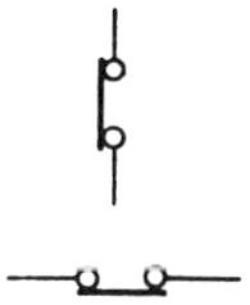

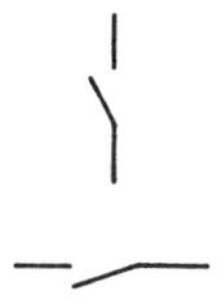

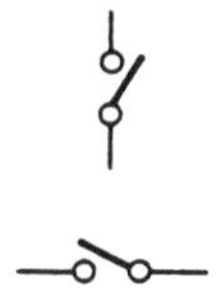

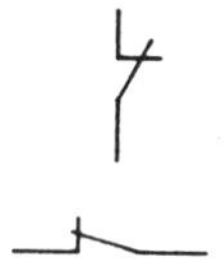

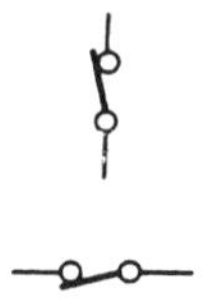

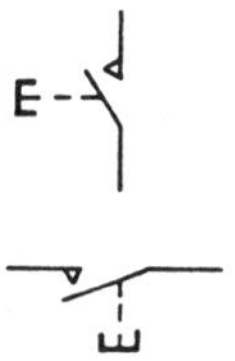

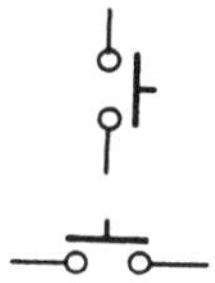

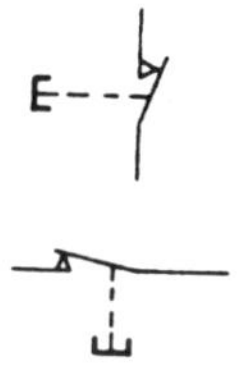

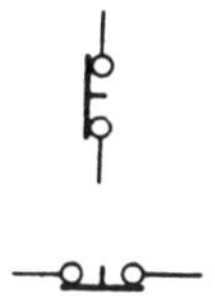

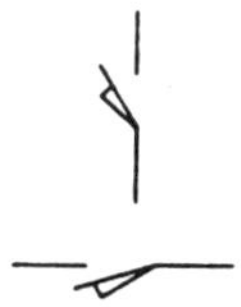

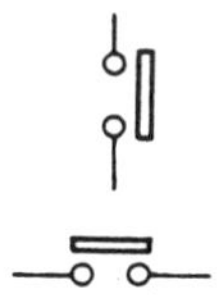

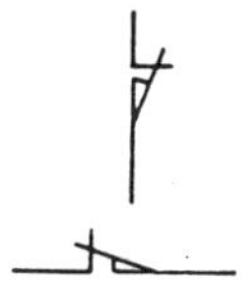

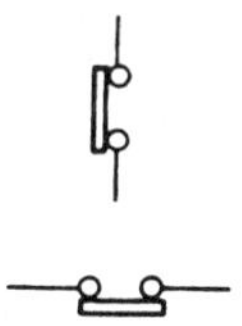

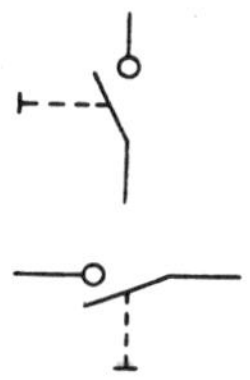

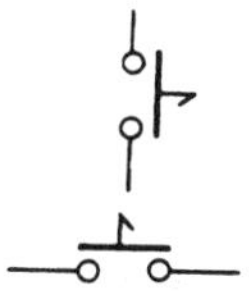

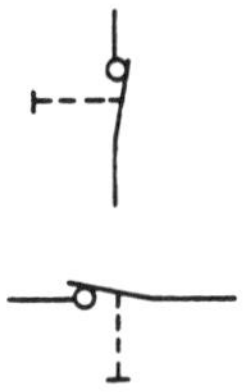

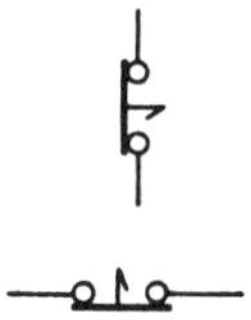

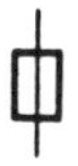

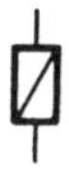

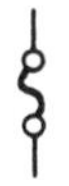

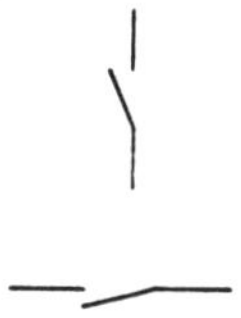

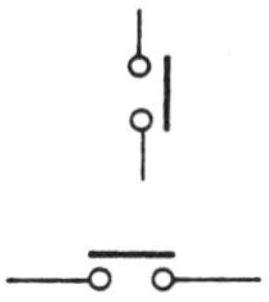

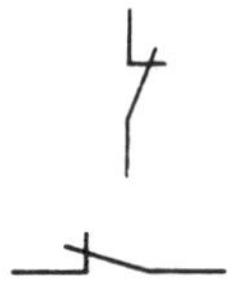

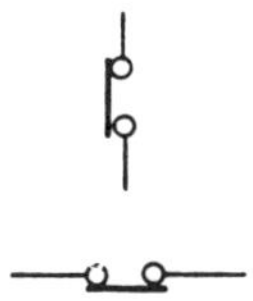

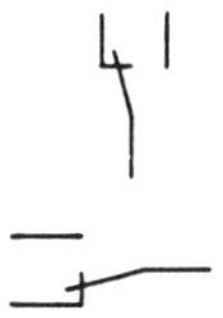

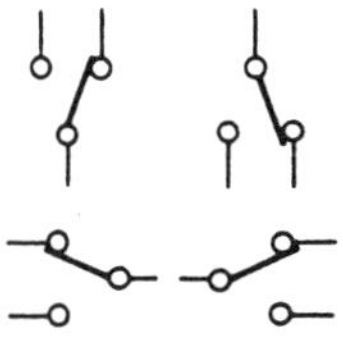

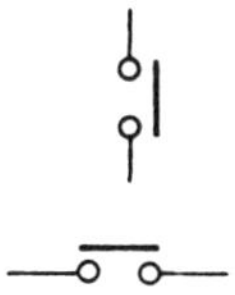

명 칭	그림기호 계열 1	그림기호 계열 2
수동 복귀 접점 a 접 점 (메이크 접점)	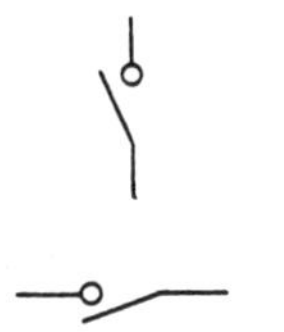	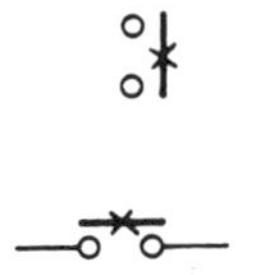
b 접 점 (브레이크 접점)	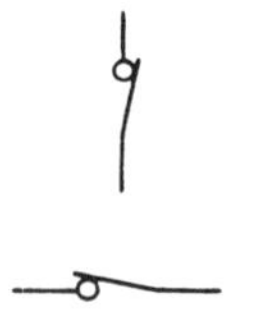	
한정 시간 동작 접점 a 접 점 ((메이크 접점))	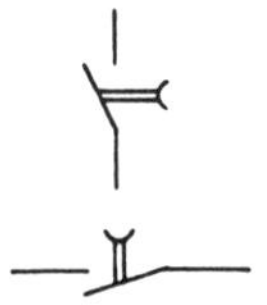	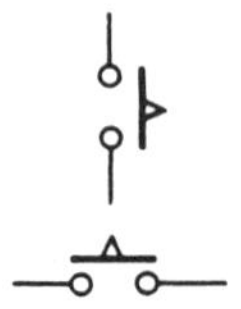
b 접 점 (브레이크 접점)	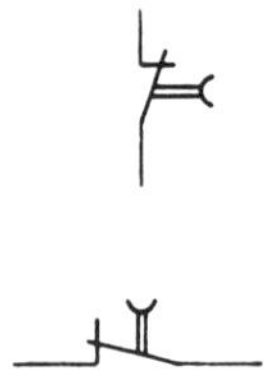	
한정 시간 복귀 접점 a 접 점 (메이크 접점)	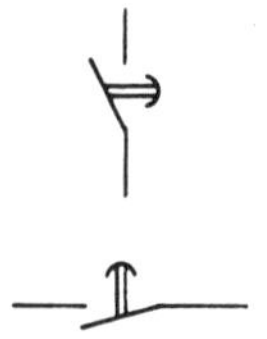	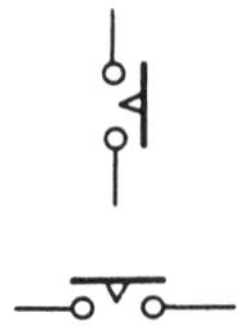
b 접 점 (브레이크 접점)	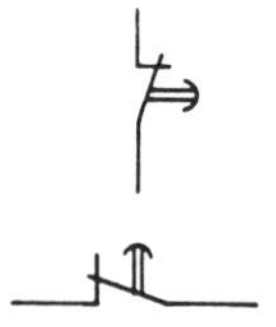	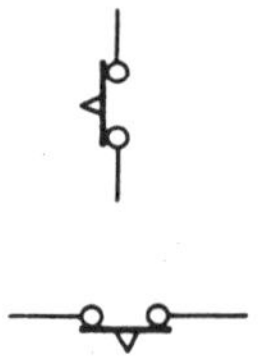
전자 접촉기 접점 좌 : a 접점 우 : b 접점	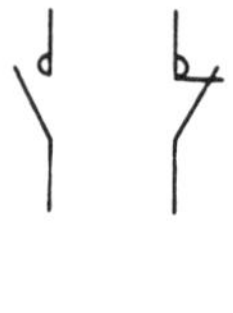	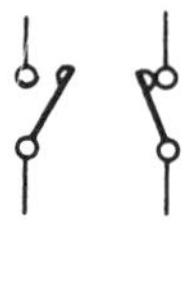

명 칭	그림기호 계열 1	그림기호 계열 2
전 동 기	 직류기	 유도기
전 자 코 일	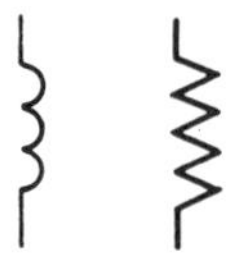 전력 부문에서 코일을 표시할 경우에 아래 그림을 사용하면 된다 	
단 로 기 (일 반)		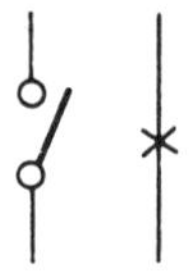
케 이 블 헤 드		
기 중 차 단 기 (일 반) 배 선 용 차 단 기		
제어용 전자 코일	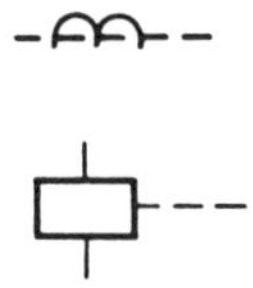	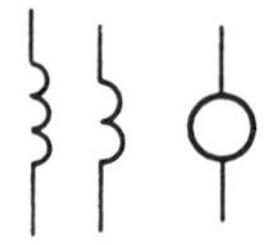
계 전 기 (일 반)		
램 프	IEC 색을 명시하고자 할 때 C_2 적 C_5 녹 C_3 황색 C_6 청 C_4 황 C_9 백	

명 칭	그 림 기 호		명 칭	그 림 기 호	
	계열 1	계열 2		계열 1	계열 2
램 프	○ 색을 구별하고자 할 때 적 RL 황색 OL 황 YL 녹 GL 청 BL 백 WL 투명 TC 예 : RL ○ 또는 ⓇⓁ		교 류 차 단 기 (일 반)		
			부 하 개 폐 기 (일 반)		

3. 자동 제어 기구번호 (JEM 1090−1964에서 발췌)

기구 번호	기 구 명 칭	기구 번호	기 구 명 칭
1	주제어 (主制御) 개폐기 또는 계전기	26	정지기 온도 계전기
2	기동, 또는 폐로시연계전기	27	교류 부족 전압 계전기
3	조작 개폐기	28	경보장치
4	주제어 회로용 접촉기 또는 계전기	29	소화장치
5	정지 개폐기 또는 계전기	30	기기의 상태 또는 고장 표시 장치
6	기동 차단기, 접촉기, 개폐기 또는 계전기	31	계자 (界磁)변경 차단기, 접촉기 또는 계전기
7	조정 개폐기	32	직류 역류 계전기
8	제어 전원 개폐기	33	위치 개폐기 또는 위치 검출장치
9	각 자전극 (磁轉極) 개폐기, 접촉기 또는 계전기	34	전동 순서 제어기
10	순서 개폐기 또는 프로그램 조정기	35	브러시 조작 또는 슬립링 단락장치
11	시험 개폐기 또는 계전기	36	극성 계전기
12	과속도 개폐기 또는 계전기	37	부족 (不足) 전류 계전기
13	동기속도 개폐기 또는 계전기	38	축수 (軸受) 온도 계전기
14	저속도 개폐기 또는 계전기	39	(예비번호)
15	속도 조정 장치	40	계자 (界磁) 전류 전기 또는 계자 상실 계전기
16	표시선 감시 계전기	41	계자 차단기, 접촉기 또는 개폐기
17	표시선 계전기	42	운전 차단기, 접촉기 또는 개폐기
18	가속 또는 감속 접촉기 또는 계전기	43	제어 회로 절환 (切換) 접촉기, 개폐기 또는 계전기
19	기동, 운전 절환 접촉기 또는 계전기	44	거리 계전기
20	보기변 (補機弁)	45	직류 과전압 계전기
21	주기변 (主機弁)	46	역상 (逆相) 또는 상불평형 (相不平衡) 전류 계전기
22	(예비번호)	47	결상 (缺相) 또는 역상 (逆相) 전압 계전기
23	온도 조정 계전기	48	삽체 검출 계전기
24	탭 절환기구	49	회전기 온도 계전기
25	동기 검출 장치	50	단락 선택 계전기 또는 지락 (地絡) 선택 계전기

기구 번호	기 구 명 칭	기구 번호	기 구 명 칭
51	교류 과전류 계전기 또는 지락(地絡) 과전류 계전기	76	직류 과전류 계전기
52	교류 차단기 또는 접촉기	77	부하(負荷) 조정 장치
53	여자(勵磁) 계전기 또는 여고(勵孤) 계전기	78	반송 보호 위상(位相) 비교 계전기
54	직류 고속도(高速度) 차단기	79	교류 재폐로(再閉路) 계전기
55	자동력률 조정기 또는 역률(力率) 계전기	80	직류 부족 전압 계전기
56	슬립 계전기 또는 동기는 편차 검출 계전기	81	조속기(調速機) 구동 장치
57	자동 전류 조정기 또는 전류 계전기	82	직류 재폐로 계전기
58	(예비 번호)	83	선택 접촉기, 개폐로 또는 계전기
59	교류 과전압 계전기	84	전압 계전기
60	자동 전압 평균 조정기 또는 전압 평형 계전기	85	신호 계전기
61	자동 전류 평형 조정기 또는 전류 평형 계전기	86	폐색(閉索) 계전기
62	정지 또는 개로시연(開路時延) 계전기	87	전류차동(電流差動) 계전기
63	압력 계전기	88	보기용(補機用) 접촉기 또는 개폐기
64	지락 과전압 계전기	89	단로기(斷路器)
65	조속(調速) 장치	90	자동 전압 조정기 또는 자동 전압 조정 계전기
66	계속 계전기	91	자동 전력 조정기 또는 전력 계전기
67	교류 전력 방향 계전기 또는 지락 방향 계전기	92	문짝
68	혼입 검출기	93	(예비 번호)
69	흐름 계전기	94	자유 트립 접촉기 또는 계전기
70	가속 저항기	95	자동 주파 조정기 또는 주파수 계전기
71	정류(整流) 소자 고장 검출 장치	96	정지 유도기 내부 고장 검출 장치
72	직류 차단기 또는 접촉기	97	런너
73	단락용 차단기 또는 접촉기	98	연락 장치
74	조정 밸브	99	자동 기록 장치
75	제동(制動) 장치		

전기공사 시공도 보는 법

1992. 4. 27. 초 판 1쇄 발행
2021. 4. 13. 초 판 10쇄 발행

지은이 | 구로키 노부토모 · 나카무라 아키노리 · 니시 미노루
옮긴이 | 월간 전기기술편집부
펴낸이 | 이종춘
펴낸곳 | **BM** ㈜도서출판 **성안당**
주소 | 04032 서울시 마포구 양화로 127 첨단빌딩 3층(출판기획 R&D 센터)
　　　 10881 경기도 파주시 문발로 112 파주 출판 문화도시(제작 및 물류)
전화 | 02) 3142-0036
　　　 031) 950-6300
팩스 | 031) 955-0510
등록 | 1973. 2. 1. 제406-2005-000046호
출판사 홈페이지 | **www.cyber.co.kr**
ISBN | 978-89-315-2604-2 (13560)
정가 | 28,000원

이 책을 만든 사람들
교정·교열 | 이태원
전산편집 | 김인환
표지 디자인 | 박현정
홍보 | 김계향, 유미나, 서세원
국제부 | 이선민, 조혜란, 김혜숙
마케팅 | 구본철, 차정욱, 나진호, 이동후, 강호묵
마케팅 지원 | 장상범, 박지연
제작 | 김유석

■ **도서 A/S 안내**

성안당에서 발행하는 모든 도서는 저자와 출판사, 그리고 독자가 함께 만들어 나갑니다.
좋은 책을 펴내기 위해 많은 노력을 기울이고 있습니다. 혹시라도 내용상의 오류나 오탈자 등이
발견되면 **"좋은 책은 나라의 보배"**로서 우리 모두가 함께 만들어 간다는 마음으로 연락주시기
바랍니다. 수정 보완하여 더 나은 책이 되도록 최선을 다하겠습니다.
성안당은 늘 독자 여러분들의 소중한 의견을 기다리고 있습니다. 좋은 의견을 보내주시는 분께는
성안당 쇼핑몰의 포인트(3,000포인트)를 적립해 드립니다.

잘못 만들어진 책이나 부록 등이 파손된 경우에는 교환해 드립니다.